高等学校计算机类专业实践系列教材

Access 程序设计

主　编　何　青　钱　宇　林慧琼

副主编　王浩宇　吴绪玲　刘娅岚

西安电子科技大学出版社

内 容 简 介

本书以应用为出发点，通过项目案例系统介绍了 Access 2016 数据库的开发与应用。从数据库的基础理论开始，全面系统地介绍了数据库的基础知识、数据表的创建和管理、表的创建与应用、数据的查询和应用、窗体和控件的应用、报表的创建和应用、宏的创建和使用、模块与 VBA 程序设计并给出了应用相关知识解决实际问题的项目综合实训。

本书可作为高等院校学生学习"Access 程序设计"课程的教材，也可作为相关技术人员的参考书。

图书在版编目(CIP)数据

Access 程序设计 / 何青，钱宇，林慧琼主编. —西安：西安电子科技大学出版社，2022.8
ISBN 978 - 7 - 5606 - 6599 - 3

Ⅰ. ①A… Ⅱ. ①何… ②钱… ③林… Ⅲ. ①关系数据库系统—程序设计—高等学校—教材 Ⅳ. ①TP311.138

中国版本图书馆 CIP 数据核字(2022)第 135357 号

策　　划　刘玉芳　刘统军
责任编辑　于文平　赵婧丽
出版发行　西安电子科技大学出版社(西安市太白南路 2 号)
电　　话　(029)88202421　88201467　　　邮　　编　710071
网　　址　www.xduph.com　　　　　　　电子邮箱　xdupfxb001@163.com
经　　销　新华书店
印刷单位　陕西日报社
版　　次　2022 年 8 月第 1 版　2022 年 8 月第 1 次印刷
开　　本　787 毫米×1092 毫米　1/16　印　张　17.5
字　　数　412 千字
印　　数　1～3000 册
定　　价　58.00 元
ISBN 978 - 7 - 5606 - 6599 - 3 / TP

XDUP 6901001-1

如有印装问题可调换

前　言

现代信息技术为人类带来了高效、便捷的信息服务，对人们的生活、工作和学习产生了前所未有的重要影响，极大地推动着社会快速向前发展。

Access 2016 是微软公司推出的办公系列软件中一款功能强大的关系型数据库管理软件，主要用于对数据进行组织、管理和共享，也是当前最受广大用户喜爱的桌面数据库管理软件之一。Access 2016 在继承前一版本的基础上，新增了模板外观、多彩主题等功能。

本书以"项目案例"为出发点，以实际应用激发学生的学习兴趣。在编写过程中，力求简洁易懂、便于教学，在结构安排上，系统地从数据库的基础理论知识开始，由浅入深、循序渐进地展开，对数据库的创建、数据处理、窗体的设计应用、报表的设计应用、宏、模块和 VBA 等进行了全面系统的介绍，并配有详细的案例操作过程描述，尽力做到理论联系实际。

全书共分为 9 章，系统介绍了 Access 2016 数据库的基础和应用。第 1 章介绍了数据库的基础知识；第 2 章介绍了 Access 2016 数据库的界面及功能等基础知识；第 3 章介绍了表的创建、管理和应用；第 4 章介绍了查询的创建和基本操作；第 5 章介绍了窗体的创建、管理和应用；第 6 章介绍了报表的创建、管理和应用；第 7 章介绍了宏的创建和使用；第 8 章介绍了模块与 VBA 程序设计；第 9 章介绍了项目实例。全书以"教学管理系统"数据库为主线，贯穿第 2 章到第 8 章，系统讲解了该数据库的构建过程。每章都配有大量的例题和图表，用简练的语言翔实地讲述每个知识点，并结合项目式案例指导学生上机操作，以加深学生对知识点的理解和运用，提高其动手能力和实际操作能力。

作者分工如下：何青编写第 1、2 章，钱宇编写第 3 章，林慧琼编写第 4 章，刘娅岚编写第 5、6 章，吴绪玲编写第 7、8 章，王浩宇编写第 9 章，何青、钱宇负责全书的统稿工作。

由于编者水平有限，且计算机技术发展日新月异，书中不妥之处在所难免，敬请读者批评指正。

编　者
2022 年 5 月

目　　录

第1章 数据库基础

内容要点

➢ 了解数据管理的发展;
➢ 掌握数据库系统及其组成;
➢ 了解数据模型;
➢ 掌握关系数据库;
➢ 了解数据库设计基础。

数据库技术产生于 20 世纪 60 年代,它是现代信息科学与技术的重要组成部分,是计算机数据处理与信息管理系统的核心,是计算机科学中的一个重要分支。随着数据库技术的发展,其应用范围已经由早期的科学计算,逐步渗透到各行各业的业务中,如银行业务、证券市场业务、火车飞机订票业务等。

本章主要介绍数据管理发展概况、数据库系统、数据模型、关系数据库和数据库设计基础等知识。

1.1 数据管理发展概况

自从世界上第一台电子数字计算机诞生以来,数据管理经历了从人工管理到先进的数据库、数据仓库、数据挖掘的演变。

1.1.1 数据、信息和数据处理

1. 数据

数据(Data)是指存储在某种存储介质(如计算机)上,能够被识别的物理符号的集合,数据能够反映事物的客观特性。在日常生活中,人们用自然语言描述事物,而在计算机中,为了存储和处理这些事物,就要抽象出事物中人们感兴趣的、有代表性的特征,并用这些特征来描述事物,这些描述符号被人们称为数据,并赋予了特定的语义,例如,"杨林""73"都是数据。数据具有刻画事物、传递信息的功能。

数据有一定的结构,其结构又分为型和值。数据的型是指数据的数据类型,如整型、实型、字符型等;数据的值是指符合数据类型的具体值,如整型数据 73。

数据的表现形式可以是多种多样的,可以是数字、字母、文字和其他特殊字符组成

的文本形式，也可以是图形、图像、动画、影像、声音等多媒体形式。在计算机系统中，一切能被计算机接收和处理的物理符号都称为数据。

2. 信息

信息(Information)是客观现实世界中的事物、事件和概念的抽象反映。它所反映的是某一客观系统中某一事物某一方面的属性或某一时刻的表现形式。信息是数据的内涵，是对数据的语义解释，是数据含义的体现，信息对于数据接收者来说是有意义的。例如，"杨林""73"只是单纯的数据，没有实际具体的意义，但如果我们对数据进行解释，解释为"杨林的数据库成绩为 73 分"，那么这就是一条有意义的信息。再如，"杨林今年73 岁""杨林驾驶的汽车当前的车速为 73 km/h"等都是有意义的信息。同一条数据可以根据实际需要解释为多条有意义的数据。

3. 数据与信息的关系

数据和信息是两个互相联系、互相依赖但又互相区别的概念。数据是用来记录信息的可识别的符号，是信息的具体表现形式，是信息的载体。信息则是有用的数据，是数据的内涵。信息是通过数据符号来传播的，而数据若不具有知识性和有用性，则不能称为信息，因此只有经过加工处理，形成的具有使用价值的数据才能称为信息。

4. 数据处理

数据要经过加工处理才能成为有意义的信息，这个加工处理就称为数据处理(Data Processing)。数据处理是对各种形式的数据进行收集、整理、存储、加工和传播的一系列活动的总和。数据处理也称为信息处理，简单来说就是将数据转换为信息的过程。数据处理的基本目的是从大量的、杂乱无章的甚至难以理解的原始数据中，整理、提炼、抽取出对人们有价值、有意义的数据(信息)作为决策的依据。

数据处理的真正含义是为了产生信息而处理数据。数据、信息和数据处理的关系如图 1-1 所示。

图 1-1　数据、信息和数据处理的关系

数据的组织、存储、检查和维护等工作是数据处理的基本环节，这些工作一般统称为数据管理。

1.1.2　数据管理技术的发展

数据管理技术就是数据库技术，是应对数据管理任务需要而产生的。数据管理是指对数据进行分类、组织、编码、存储、检索和维护，是数据处理的核心问题。随着计算机技术的不断发展，在应用需求的推动下，在计算机硬件、软件发展的基础上，数据管理技术经历了人工管理、文件系统、数据库系统 3 个阶段，每个阶段的发展都以数据存储冗余(重复)不断减小、数据独立性不断增强、数据操作更加方便简单为标志。

1. 人工管理阶段

20 世纪 50 年代中期以前，计算机主要应用于科学计算，数据量较小，一般不需要长期保存数据，再加上受到当时硬件和软件技术的限制，外部存储器只有纸带、卡片和磁带，没有硬盘等可以直接进行存取的存储设备；软件方面没有操作系统，没有对数据进行管理的系统软件；数据的管理完全在程序中进行，数据处理的方式基本上是批处理。

在这个阶段，数据操作在裸机上进行，由人工进行数据的管理。程序员在编写应用程序时既要设计算法，又要考虑数据的逻辑结构、物理结构以及输入/输出方法等问题。程序与数据是一个整体，数据是面向程序的，如果数据脱离了程序就无任何存在的价值。一组数据只能对应一个程序，无法被其他程序使用，因此程序与程序之间存在大量的冗余数据。各程序之间的数据不能相互传递，缺少共享性，应用程序的设计和维护负担繁重。另外，如果数据的类型、格式或者输入/输出方式等逻辑结构或者物理结构发生变化，则必须对应用程序做出相应的修改。概括起来，这个阶段有如下特点：

(1) 数据不保存。

(2) 程序与数据不具有独立性，数据完全依赖程序。

(3) 数据不能共享，冗余度极高。

(4) 用户管理数据。

在人工管理阶段，数据和程序之间的关系如图 1-2 所示。

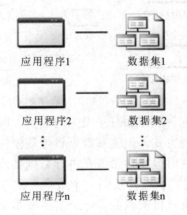

图 1-2　人工管理阶段数据和程序之间的关系

2. 文件系统阶段

在 20 世纪 50 年代后期到 60 年代中期，计算机不仅用于科学计算，还大量用于信息处理。随着数据量的增加，数据的存储、检索和维护等问题都成为急需解决的问题，并且此时数据结构和数据管理技术也已经迅速发展起来。在硬件方面，出现了能直接存取的大容量外部存储器，如硬盘、磁鼓等，这为计算机系统管理数据提供了物质基础。在软件方面，出现了高级语言和操作系统等软件。其中，操作系统中的文件系统是专门用来管理外部存储设备中数据的管理软件，文件是操作系统管理的重要资源之一，也是数据存储在外部存储设备中的最小单位。文件系统为数据管理提供了技术支持。

文件系统提供了在外部存储器上长期保存数据并对数据进行存取的手段。用户可以把相关数据组织成一个文件存放在计算机中，由文件系统对数据进行存取管理。数据的处理方式有批处理，也有联机实时处理。由于计算机此时大量用于信息处理，因此需要用户能随时对文件进行查询、修改、插入和删除等处理。

文件中只存储数据，不存储文件记录的结构描述信息，对数据的操作都以记录为单位。文件的建立、存取、查询、插入、删除、修改等所有操作都要用程序来实现。在文件系统阶段，文件的逻辑结构与存储结构有一定的区别，这样就使得程序与数据有一定的独立性。数据的存储结构变化不一定会影响到程序，因此程序员可以集中精力进行算法设计，从而极大地减少了维护程序的工作量。这个阶段有如下特点：

(1) 数据可以"文件"的形式长期保存。

(2) 程序与数据具有独立性，但独立性低。

(3) 数据共享性差，数据冗余大。

(4) 对数据的操作都以记录为单位。

(5) 数据的逻辑结构和物理结构有了比较简单的区别。

在文件系统阶段，数据和程序之间的关系如图 1-3 所示。

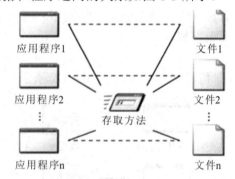

图 1-3　文件系统阶段数据和程序之间的关系

文件系统使计算机在数据管理方面有了很大的进步。时至今日，文件系统仍是一般高级语言普遍采用的数据管理方式。但随着数据管理规模的扩大，数据量急剧增加，使用数据的用户也越来越多，这时候文件系统在进行数据处理时就显露出了以下缺陷：

(1) 数据冗余度大。数据冗余度是指同一个数据重复存储时的重复程度。在文件系统阶段，各数据文件之间没有直接的联系，一个文件基本上对应一个应用程序，即使两组数据完全相同，当应用在两个应用程序上时，这些数据也必须存储为两个文件，数据不能共享，因此数据的冗余度大。

(2) 数据独立性差。文件系统中的文件是为某一特定应用服务的，许多情况下不同的应用程序使用的数据和程序是相互依赖的，系统不宜进行扩充。一旦改变数据的逻辑结构，就必须修改相应的应用程序，而应用程序发生改变(比如改用另一种程序设计语言来编写程序)，也需要修改数据结构。

(3) 数据联系弱。由于相同数据重复存储、各自管理，各文件中的数据之间没有联系，因此在进行数据的更新操作时，容易造成各文件中的数据不一致。例如，学校的教务处、财务处、宿管中心这三个部门建立的文件中都有学生的详细资料，如姓名、学号、身份证号、联系电话、家庭住址等，如果某个学生的家庭地址改变，就需要修改这三个部门文件中的家庭地址数据，否则会引起同一数据在三个部门中不一致。

3. 数据库系统阶段

20 世纪 60 年代末，随着技术的进步，计算机硬件和软件技术得到了飞速发展，计算机应用的范围越来越广，管理的对象规模越来越大，需要处理的数据量急剧增加。同时随着硬件技术的发展，出现了大容量的磁盘，使数据能为尽可能多的应用程序服务。同时多种应用、多种语言相互覆盖地共享数据集合的要求也越来越强烈，由此数据库技术应运而生，出现了统一管理数据的专门软件系统，即数据库系统，数据管理进入了数据库系统阶段。在数据库系统阶段，应用程序与数据库的关系通过数据库管理系统(Database Management System，DBMS)来实现。

与人工管理和文件系统阶段相比，数据库系统阶段具有以下特点：

(1) 数据不再只针对某一特定应用，而是面向全组织，具有整体的结构性。

(2) 数据共享性高，冗余度小。

(3) 程序与数据间具有较高的独立性。

(4) 实现了对数据的统一控制和管理。

在数据库系统阶段，数据和程序之间的关系如图 1-4 所示。

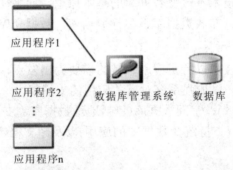

图 1-4　数据库系统阶段数据和程序之间的关系

以上三个阶段的特点对照参见表 1-1。

表 1-1　数据管理三阶段的特点对照

特点	人工管理阶段	文件系统阶段	数据库系统阶段
数据的管理者	用户	文件系统	数据库管理系统
数据面向的对象	某一应用程序	某一应用程序	现实世界
数据共享程度	无共享，冗余度极大	共享性差，冗余度大	共享性高，冗余度小
数据的独立性	不独立，完全依赖程序	独立性差	具有高度的物理独立性和一定的逻辑独立性
数据的结构化	无结构	记录内有结构,整体无结构	整体结构化，用数据模型描述
数据控制能力	应用程序自己控制	应用程序自己控制	由数据库管理系统提供数据的安全性、完整性、并发控制和恢复能力

4. 新一代数据库管理技术

数据库技术开始于 20 世纪 60 年代末，经历了最初的基于文件的初级系统以及 20 世纪六七十年代流行的层次系统和网状系统阶段，目前广泛使用的是关系型数据库系统。数据库应用也从简单的事务管理发展到各个应用领域，如用于决策支持的数据库、用于多媒体技术的多媒体数据库等，但应用最广泛的还是基于事务管理的各类数据库。目前新一代数据库管理技术主要具有以下特点。

1) 整体系统方面

相对于传统数据库而言，新一代数据库管理技术在数据模型及其语言、事务处理与执行模型、数据逻辑组织与物理存储等方面，都集成了新的技术、工具和机制，如面向对象的数据库、主动数据库、实时数据库等。

2) 体系结构方面

新一代数据库管理技术不改变数据库的基本原理，而是在系统的体系结构方面采用和集成了新的技术，如分布式数据库、并行数据库、数据仓库等。

3) 应用方面

新一代数据库管理技术以特定应用领域的需要为出发点，在某些方面采用和引入了一些非传统数据库技术，以加强系统对有关应用的支撑能力，如工程数据库(支持 CAD、CAM、CIMS 等应用领域)、空间数据库(包括地理数据库，支持地理信息系统(GIS)的应用)、科学与统计数据库(支持统计数据中的应用)以及超文档数据库(包括多媒体数据库)和网络数据库等。

5. 分布式数据库系统

分布式数据库(Distributed DataBase，DDB)是数据库技术与网络技术相结合的产物。随着传统的数据库技术日趋成熟，计算机网络技术飞速发展，网络的应用范围也在不断扩充，数据库应用已经普遍建立在计算机网络之上。这时，以前所用的集中式数据库系统就表现出了它的不足之处：一是数据按实际需要已经在网络上完成了分布存储，这时再采用集中式处理，会出现通信开销大的情况；二是应用程序集中在一台计算机上运行，一旦这台计算机发生故障，则整个系统都会受到影响，可靠性不高；三是集中式处理导致系统的规模和配置都不够灵活，系统的可扩充性差。

在这种形势下，集中式数据库的"集中计算"开始向"分布计算"发展。在分布式数据库系统中，一个应用程序可以对数据库进行透明操作，数据库中的数据分别在不同的局部数据库中存储，由不同的数据库管理系统(DBMS)进行管理，在不同的机器上运行，由不同的操作系统支持，被不同的通信网络连接在一起。

分布式数据库系统有两种：一种在物理上是分布的，但逻辑上却是集中的；另一种在物理上和逻辑上都是分布的，也就是联邦数据库。

第一种分布式数据库在逻辑上是一个统一的整体，在物理上则分别存储在不同的物理节点上。一个应用程序通过网络连接可以访问分布在不同地理位置的数据库，它的分布性表现在数据库中的数据不存储在同一场地。更确切地说，不存储在同一计算机的存储设备上。这就是分布式数据库与集中式数据库的区别。从用户的角度看，一个分布式数据库系统在逻辑上和集中式数据库系统一样，用户可以在任何一个场地执行全局应用，就好像那些数据存储在同一台计算机上，由单个数据库管理系统(DBMS)管理一样，用户并没有感觉不一样。

联邦数据库(Federated DataBase，FDB)技术的提出就是为了实现对相互独立运行的多个数据库的互操作。通常称相互独立运行的数据库系统为单元数据库系统。所谓联邦数据库系统，是一组彼此协作且又相互独立的单元数据库系统的集合，它将单元数据库系统按不同程度进行集成，为该系统提供整体控制和协同操作的软件叫联邦数据库管理系统(Federated DataBase Management System，FDBMS)。一个单元数据库可以加入若干个联邦数据库管理系统，每个单元数据库系统可以是集中式的，也可以是分布式的，或者是另外一个 FDBMS。它允许数据库管理人员定义数据子集，这些子集统一形成一个虚拟数据库，提供给联邦数据库管理系统内的其他用户使用。

6. 面向对象的数据库系统

面向对象的数据库系统(Object-Oriented DataBase System，OODBS)是将面向对象技术与数据库技术相结合产生的。

面向对象的数据库系统支持定义和操作面向对象的数据库，它应满足两个标准：首先它是数据库系统，其次它是面向对象的系统。第一个标准为数据库系统应具备的能力(持久性、事务管理、并发控制、恢复、查询、版本管理、完整性、安全性)。第二个标准要求面向对象的数据库充分支持完整的面向对象(OO)的概念和控制机制。综上所述，可将面向对象的数据库简写为：面向对象的数据库＝面向对象的系统＋数据库能力。

面向对象的数据库系统必须支持面向对象的数据模型，具有面向对象的特性。一个面向对象的数据模型可用面向对象的观点来描述现实世界实体(对象)的逻辑组织、对象之间的限制和联系等。

把面向对象的方法和数据库技术结合起来可以使数据库系统的分析、设计最大程度地与人们对客观世界的认识相一致，对提高应用的开发效率及增强应用系统界面的友好性、系统的可伸缩性和可扩充性等具有重要的意义。

7. 数据仓库

随着客户机/服务器技术的成熟和并行数据库的发展，信息处理技术实现了从大量的事务型数据库中抽取数据，并将其清理、转换为新的存储格式的过程，即为实现决策目标而把数据聚合在一种特殊的格式中。随着此过程的发展和完善，这种支持决策的、特殊的数据存储被称为数据仓库(Data Warehouse，DW 或 DWH)。

数据仓库由数据仓库之父比尔·恩门(Bill Inmon)于 1990 年提出。他在 1991 年出版的 *Building the Data Warehouse*(《建立数据仓库》)一书中所提出的定义被广泛接受——数据仓库(Data Warehouse)是一个面向主题的(Subject Oriented)、集成的(Integrated)、相对稳定的(Non-Volatile)、随时间变化(Time Variant)的数据集合，用于支持管理决策(Decision Making Support)。

这里的主题是指用户使用数据仓库进行决策时所关心的重点方面，如收入、客户、销售渠道等。所谓面向主题，是指数据仓库内的信息是按主题进行组织的，而不是像业务支撑系统那样是按照业务功能进行组织的。

集成是指数据仓库中的信息不是从各个业务系统中简单抽取出来的，而是经过一系列加工、整理和汇总的过程，因此数据仓库中的信息是关于整个企业的一致的全局信息。

随时间变化是指数据仓库内的信息并不只是反映企业当前的状态，而是记录了从过去某一时点到当前各个阶段的信息。

相对稳定是指源数据加载成功后，一般不会修改，只执行查询操作。

8. 数据挖掘

随着社会和科技的不断发展，数据挖掘(Data Mining)引起了信息产业界的极大关注，其主要原因是存在大量数据，可以广泛使用，并且迫切需要将这些数据转换成有用的信息和知识。获取的信息和知识可以广泛用于各种应用，包括商务管理、生产控制、市场分析、工程设计和科学探索等。

数据挖掘是人工智能和数据库领域研究的热点问题。所谓数据挖掘，是指从数据库的大量数据中揭示出隐含的、先前未知的并有潜在价值的信息的非平凡过程。数据挖掘是一种决策支持过程，它主要基于人工智能、机器学习、模式识别、统计学、数据库、可视化技术等，高度自动化地分析企业的数据，做出归纳性的推理，从中挖掘出潜在的模式，帮助决策者调整市场策略，减少风险，做出正确的决策。简单来说，数据挖掘就是从大量数据中提取或"挖掘"知识。知识发现过程由以下三个阶段组成：数据准备、数据挖掘、结果表达和解释。数据挖掘可以与用户或知识库交互。

数据挖掘和数据仓库的协同工作可以简化数据挖掘过程中的重要步骤，提高数据挖掘的效率和能力，确保数据挖掘过程中数据来源的广泛性和完整性。数据挖掘已经成为数据仓库应用中极为重要和相对独立的工具。

9. 大数据

大数据(Big Data)或称巨量数据、海量数据，指的是所涉及的数据量规模巨大，无法通过主流软件工具在合理时间内截取、管理、处理并整理成为人类所能解读的信息的数据集合。

在维克托·迈尔-舍恩伯格及肯尼斯·库克耶编写的《大数据时代》中，大数据指不用随机分析法(抽样调查)这样的捷径，而采用所有数据进行分析处理。大数据的 5V 特点(由 IBM 提出)是：Volume(大量)、Velocity(高速)、Variety(多样)、Value(低价值密度)、Veracity(真实性)。

随着云时代的来临，大数据也吸引了越来越多的关注。从技术上看，大数据与云计算的关系就像一枚硬币的正反面一样密不可分。大数据必然无法用单台的计算机进行处理，必须采用分布式架构。它的特色在于对海量数据进行分布式数据挖掘，但它必须依托云计算的分布式处理、分布式数据库和云存储、虚拟化技术。

10. 元宇宙

元宇宙(Metaverse)是利用科技手段进行链接与创造的与现实世界映射和交互的虚拟世界，它具备新型社会体系的数字生活空间。

元宇宙本质上是对现实世界的虚拟化、数字化过程，需要对内容生产、经济系统、用户体验以及实体世界内容等进行大量改造。但元宇宙的发展是循序渐进的，其在共享的基础设施、标准及协议的支撑下，由众多工具、平台不断融合、进化而最终成形。它基于扩展现实(VR 和 AR)技术提供沉浸式体验，基于数字孪生技术生成现实世界的镜像，基于区块链技术搭建经济体系，将虚拟世界与现实世界在经济系统、社交系统、身份系统上密切融合，并且允许每个用户进行内容生产和世界编辑。

"元宇宙"一词出现于 1992 年的科幻小说《雪崩》。该小说描绘了一个庞大的虚拟现实世界。在这里，人们用数字化身来控制世界并相互竞争以提高自己的地位。现在看来，该小说描述的是超前的未来世界。在原著中，元宇宙(Metaverse)是由 Meta 和 Verse 两个单词组成的，Meta 表示超越，Verse 代表宇宙(universe)，合起来即为"超越宇宙"：一个平行于现实世界运行的人造空间，是互联网的下一个阶段，由 AR、VR、3D 等技术支持的虚拟现实的网络世界。关于"元宇宙"，比较认可的思想源头是美国数学家和计算机专家弗诺·文奇教授在其 1981 年出版的小说《真名实姓》中创造性地构思的一个通过脑机接口进入并获得感官体验的虚拟世界。

1.2 数据库系统

数据库系统(DataBase System，DBS)是指引入数据库技术后的计算机系统。它能够有组织地、动态地存储大量相关数据，并能提供数据处理和信息资源共享。

数据库系统实际上是一个集合体，一般由硬件系统、软件系统、数据库、数据库管理系统、数据库应用系统、数据库管理员和用户组成。数据库系统的组成如图 1-5 所示。

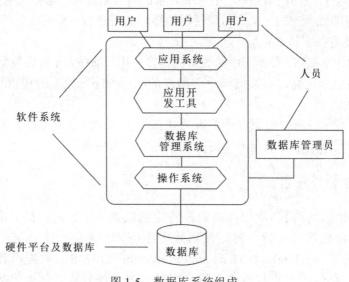

图 1-5 数据库系统组成

1.2.1 硬件系统

硬件系统是指构成计算机系统的各种物理设备，包括存储所需的外部设备。由于数据库系统承担着数据管理的任务，它主要在计算机操作系统的支持下工作，而且包含着数据库管理例行程序、应用程序、数据缓冲区等，因此要求有足够大的内存空间。同时，由于用户的数据库管理软件都要保存在外部存储器上，因此对外部存储器容量的要求也很高。另外，外部存储器还应该具有较高的数据传输能力，以提高数据传输率。硬件的配置应满足整个数据库系统的需要。

1.2.2　软件系统

数据库系统中的软件系统包括操作系统、数据库管理系统、与数据库接口的高级语言及其编译系统和以数据库管理系统为核心的应用开发工具。

1.2.3　数据库

数据库(DataBase，DB)是数据库系统的数据源，简单来说，数据库是存放数据的"仓库"。数据库是长期存储在计算机内的、有组织的、可共享的数据的集合。数据库中的数据按一定的数据模型组织、描述和存储，具有较小的冗余度、较高的数据独立性和易扩展性，可为各种用户共享。例如，一个学校可以将全部学生的数据存入数据库进行管理，图书馆可以将全部图书信息存入数据库进行管理。

数据库中不仅包括描述事物的数据本身，还包括相关事物之间的关系。数据库中的数据不只面向某一种特定的应用，而且可以面向多种应用，可以被多个用户、多个应用程序共享。比如，某一学校的数据库可以被学校下属的各个部门、各个院系的有关管理人员共享使用，而且可供各个管理人员运行的不同的应用程序共享使用。比如学校教务处管理的教务系统、图书馆管理的图书系统、财务处管理的财务系统等，都会使用到学生信息数据库。当然，为保障数据库的安全，对于使用数据库的用户应有相应权限的限制。

数据库主要有以下特点：

(1) 数据的共享性高。数据库中的数据能为多个用户服务，并可被各个应用程序共享。

(2) 数据的独立性高。在数据库中，用户的应用程序与数据的逻辑组织和物理存储方式都是无关的。

(3) 数据的完整性好。数据库中的数据在操作和维护过程中可以保证正确无误。

(4) 数据的冗余度小。数据库中的数据会尽可能避免重复。

1.2.4　数据库管理系统

数据库的建立、使用和维护都是通过特定的数据库语言进行的。正如使用高级语言需要解释/编译程序的支持一样，使用数据库语言也需要一个特定的支持软件，这就是数据库管理系统(DataBase Management System，DBMS)。数据库管理系统是数据库系统的核心，是位于用户与操作系统之间的一种系统软件，负责数据库中的数据组织、操纵、维护、控制、保护和数据服务等。用户不能直接接触数据库，而是利用数据库管理系统提供的一整套命令，对数据库进行各种操作，从而实现用户对数据的处理要求。

目前主要的 DBMS 有关系型数据库系统，如 Oracle、DB2、SQL Server、MY SQL、Access 等，也有非关系型数据库系统，如 MongoDB、Redis、Hbase、Neo4j 等。

一般来说，数据库管理系统应该具有以下功能。

1．数据定义功能

DBMS 提供了数据定义语言(Data Definition Language，DDL)，用于定义数据库结构、数据之间的联系等。用户通过它可以方便地对数据库中的数据对象进行定义。例如，数据库、表、存储过程、视图等都是数据库中的对象，都需要通过定义才能使用。

2．数据操纵功能

DBMS 提供了数据操纵语言(Data Manipulation Language，DML)，主要用于操纵数据库中的数据，实现对数据库数据的基本存取操作。数据操纵功能包括查找、插入、删除和修改等语句，是数据库的主要应用。

3．数据库控制和管理功能

DBMS 提供了数据控制语言(Data Control Language，DCL)，用于实现对数据库的并发控制、安全性检查、完整性约束条件的检查等。它们在数据库运行过程中监视对数据库的各种操作，控制管理数据库资源，处理多用户的并发操作等。

4．数据库维护功能

DBMS 还提供了一些应用程序，用于对已经建立好的数据库进行维护，包括数据库的转储与恢复、数据库的重组与重构、数据库性能的监视与分析等。

5．数据库通信功能

在分布式环境下或网络数据库系统中，DBMS 为不同数据库间提供了通信的功能。

1.2.5　数据库应用系统

数据库应用系统(DataBase Application System，DBAS)是系统开发人员使用计算机高级语言利用数据库系统资源开发出来的，对数据库中的数据进行处理和加工的软件。如教务管理系统、图书管理系统、证券实时行情系统等。

1.2.6　人员

数据库系统的人员主要有 3 类：终端用户、数据库应用系统开发人员和数据库管理员。

1．终端用户

终端用户是数据库的使用者，通过应用程序与数据库进行交互。

2．数据库应用系统开发人员

数据库应用系统开发人员负责分析、设计、开发、维护数据库系统中的各类应用程序，数据库系统一般需要 1 个以上的数据库应用系统开发人员在开发周期内完成数据库结构设计、应用程序开发等任务。

3．数据库管理员

数据库管理员(DataBase Administrator，DBA)是高级用户，其职能是管理、监督、维护数据库系统的正常运行，负责全面管理和控制数据库系统。

在数据库系统中，各层次之间的相互关系如图 1-6 所示。

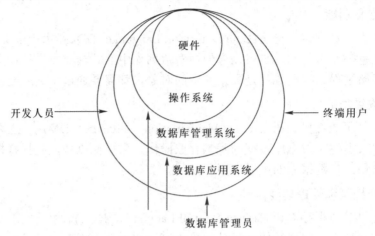

图 1-6　数据库系统各层次之间的相互关系

1.2.7　数据库系统的特点

数据库系统的主要特点如下：

1. 数据结构化

数据库系统实现整体数据的结构化，是数据库的主要特征之一，也是数据库系统与文件系统的本质区别。

2. 数据共享

在数据库系统中，所有的程序都存取同一份数据库。一个库中的数据不仅可为同一企业或机构之间的各个部门所共享，也可为不同单位、地域甚至不同国家的用户所共享。

3. 数据独立性

在数据库系统中，用户的应用程序与存储在磁盘上的数据库中的数据是相互独立的。用户不需要了解数据实际的存取方式，只需要通过数据库系统的存取命令就可以得到所需要的数据。

4. 可控冗余度

实现共享后，不必要的重复数据将全部消除，这样可以节省存储空间、减少存取时间、避免数据之间的不相容性和不一致性。但为了提高查询效率，有时也会保留少量重复数据，比如学生基本信息表和学生成绩表中都有学生的学号数据。数据库系统中的冗余度可由设计人员控制。

5. 安全性保护

安全性保护是指保护数据以防止不合法使用所造成数据破坏或泄密，可以通过设置访问权限、对数据加密等手段实现。

6. 数据完整性控制

数据完整性是指数据的正确性、有效性和相容性。数据库系统提供了必要的功能，保证了数据在输入、修改过程中始终符合原来的数据定义和规定。

7. 并发控制

并发控制是指多个用户进程在同一时刻期望存取同一数据时发生的事件。为了避免并发进程间相互干扰进而导致错误的结果或破坏数据完整性，必须对多用户的并发操作加以控制和协调。

8. 故障发现和恢复控制

在数据库系统运行中，由于用户操作失误或硬件及软件的故障，可能使得数据库遭到局部性或全局性损坏，但系统能进行应急性处理，把数据库恢复到正确状态。

1.2.8　数据库系统的体系结构

数据库内部体系结构是数据库系统的一个总框架。为了有效地组织和管理数据，提高数据库的逻辑独立性和物理独立性，人们为数据库设计了一个严谨的体系结构。现在DBMS 的产品多种多样，可在不同的操作系统支持下工作，大多数数据库系统的内部体系结构是三级模式和两级映象结构。

三级模式分别是外模式、模式和内模式。

两级映象分别是外模式到模式的映象和模式到内模式的映象。

三级模式和两级映象如图 1-7 所示。

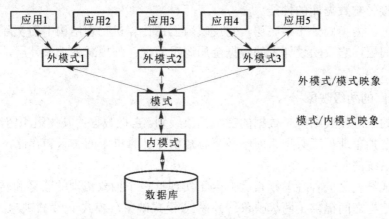

图 1-7　数据库系统的三级模式和两级映象

美国国家标准协会(American National Standards Institute，ANSI)的数据库管理系统研究小组于 1978 年提出了数据库结构标准化的建议，将其分为三级：面向用户或应用程序员的用户级、面向建立和维护数据库人员的概念级、面向系统程序员的物理级。用户级对应外模式，概念级对应模式，物理级对应内模式，使不同级别的用户对数据库形成不同的视图。视图是指观察、认识和理解数据的范围、角度和方法，是数据库在用户"眼中"的反映，很显然，不同级别的用户所"看到"的数据库是不同的。

1. 数据库的三级模式结构

为了保障数据与程序之间的独立性，使使用户能以简单的逻辑结构操作数据而无须考虑数据的物理结构，简化应用程序的编制和程序员的负担，增强系统的可靠性，通常DBMS 将数据库的体系结构分为三级模式：外模式、模式和内模式。

1) 外模式

外模式又称为用户模式或子模式，是数据库用户(包括开发人员和最终用户)和数据库系统的接口，是数据库用户的数据视图(view)，是数据库用户可以看见和使用的局部数据的逻辑结构和特征的描述，是与某一应用有关的数据的逻辑表示。

一个数据库通常有多个外模式。当不同用户在应用需求、保密级别等方面存在差异时，其外模式的描述就会有所不同。

外模式是保证数据库安全的重要措施。每个用户只能看见和访问所对应的外模式中的数据，而数据库中的其他数据均不可见。

2) 模式

模式是所有数据库用户的公共数据视图，是数据库中全部数据的逻辑结构和特征的描述，反映了数据库系统的整体观。一个数据库只有一个模式。

模式不但要描述数据的逻辑结构，比如数据记录的组成，各数据项的名称、类型、取值的范围等，而且要描述数据之间的联系以及数据的完整性、安全性等要求。

3) 内模式

内模式也称存储模式或物理模式，是对数据物理结构和存储方式的描述，是数据在数据库内部的表示方式，一个数据库只有一个内模式。内模式对一般用户是透明的，但它的设计直接影响数据库的性能。

总而言之，内模式处于最底层，它反映数据在计算机物理结构中的实际存储形式；模式处于中间层，它反映设计者的数据全局逻辑要求；外模式处于最外层，它反映用户对数据的要求。

2. 数据库的两级映象

数据库的三级模式结构是数据的三个抽象级别。它把数据的具体组织留给 DBMS 去做，用户只要抽象地处理数据，而不必关心数据在计算机中的表示和存储，这样就减轻了用户使用系统的负担。

三级模式结构之间往往差别很大，为了实现这三个抽象级别的联系和转换，DBMS在三级模式结构之间提供了两级映象：外模式/模式映象，模式/内模式映象。

1) 外模式/模式映象

模式描述的是数据的全局逻辑结构，外模式描述的是数据的局部逻辑结构，对应于同一个模式可以有任意多个外模式。对于每个外模式，数据库系统都有一个外模式/模式映象，它定义了该外模式与模式之间的对应关系。这些映象定义通常包含在各自外模式的描述中。当模式改变时(如增加新的关系、新的属性或改变属性的数据类型等)，由数据库管理员对各个外模式/模式映象作相应改变，可以使外模式保持不变。应用程序是依据数据的外模式编写的，从而应用程序不必修改，保证了数据与程序的逻辑独立性，简称逻辑数据独立性。

2) 模式/内模式映象

数据库中不仅只有一个模式，而且也只有一个内模式，所以模式/内模式映象是唯一的，它定义了数据库全局逻辑结构与存储结构之间的对应关系。例如，说明逻辑记录和字段在内部是如何表示的。该映象的定义通常包含在模式描述中。当数据库的存储结构改变了(如选用了另一种存储结构)，由数据库管理员对模式/内模式映象作相应的改变，可以保证模式保持不变，从而应用程序也不必改变，保证了数据与程序的物理独立性，简称物理数据独立性。

1.3　数据模型

计算机不能直接处理现实世界中的具体事物，所以人们必须事先将具体事物转换成计算机能够处理的数据。

1.3.1　基本概念

计算机信息处理的对象是现实生活中的客观事物，在对客观事物实施处理的过程中，首先要经历了解、熟悉的过程，从观测中抽象出大量描述客观事物的信息，再对这些信息进行整理、分类和规范，进而将规范化的信息数据化，最终由数据库系统存储、处理。这一过程涉及三个层次，即现实世界、信息世界和数据世界，经历了两次抽象和转换。

1. 现实世界

现实世界就是人们所能看到的、接触到的世界，是存在于人脑之外的客观世界。现实世界中的事物是客观存在的，事物与事物之间的联系也是客观存在的。客观事物及其相互联系就处于现实世界中，客观事物可以用对象和性质来描述。

2. 信息世界

信息世界就是现实世界在人们头脑中的反映，又称概念世界。客观事物在信息世界中称为实体，反映事物间联系的是实体模型或概念模型。现实世界是物质的，相对而言信息世界是抽象的。

3. 数据世界

数据世界就是信息世界中的信息数据化后对应的产物。现实世界中的客观事物及其联系在数据世界中以数据模型描述。相对于信息世界，数据世界是量化的、物化的。

现实世界中的客观事物通过数据抽象转换为数据世界的数据。数据的抽象过程如图 1-8 所示。首先将现实世界中的客观事物抽象为某一种信息结构，这种信息结构不依赖具体的计算机系统，不是某一个 DBMS 支持的数据模型，而是概念级的模型；然后将概念模型转换为计算机上某一个 DBMS 支持的数据模型。

图 1-8　数据抽象过程

1.3.2　数据模型组成要素

数据模型是对客观事物及联系的数据描述，是概念模型的数据化，即数据模型提供表示和组织数据的方法。一般地讲，数据模型是严格定义的概念的集合，这些概念精确地描述系统的静态特性、动态特性和完整性约束条件。因此，数据模型通常由数据结构、数据操作和数据的完整性约束三部分组成。

1. 数据结构

数据结构是对计算机的数据组织方式和数据之间的联系进行框架性描述的集合，是对数据库静态特征的描述，是刻画一个数据模型性质最重要的方面。因此，在数据库系统中，通常按照其数据结构的类型来命名数据模型。例如，层次结构、网状结构、关系结构的数据模型分别命名为层次模型、网状模型和关系模型。

2. 数据操作

数据操作是指数据库中各记录允许执行的操作的集合，包括操作方法及有关的操作规则等，例如，插入、删除、修改、检索、更新等操作是对数据库动态特征的描述。

3. 数据完整性约束

数据的约束条件是关于数据状态和状态变化的一组完整性约束规则的集合，以保证数据的正确性、有效性和一致性。

数据模型应该反映和规定本数据模型必须遵守的、基本的、通用的完整性约束。此外数据模型还应该提供定义完整性约束的机制，以反映具体所涉及的数据必须遵守的特定语义约束。例如，在学生信息表中，学生的"性别"只能为"男"或"女"。

数据模型是数据库技术的关键，它的三个要素完整地描述了一个数据模型。

1.3.3　数据模型的层次类型

根据数据抽象的不同级别，可以将数据模型分为三层：概念数据模型、逻辑数据模型和物理数据模型。

从现实世界到概念模型的转换由数据库设计人员完成；从概念模型到逻辑模型的转换可由数据库设计人员完成，也可用数据库设计工具协助设计人员来完成；从逻辑模型到物理模型的转换一般由 DBMS 完成。

1. 概念数据模型

概念数据模型是从用户的角度来看的，强调对数据对象的基本表示和概括性描述(包括数据及其联系)，而不考虑计算机具体实现，与具体的 DBMS 无关。

2. 逻辑数据模型

逻辑数据模型是从计算机的角度来看的，用于在数据库系统中实现。概念数据模型必须转化为逻辑数据模型，才能在 DBMS 中实现。

3. 物理数据模型

物理数据模型是从计算机(存储介质)的角度来看的，每种逻辑数据模型在实现时，都有其对应的物理数据模型的支持。

1.3.4　概念数据模型

概念数据模型简称为概念模型或信息模型，是用来建立信息世界的数据模型，与具体的 DBMS 无关。概念数据模型强调语义表达，描述信息结构，是对现实世界的第一层抽象。

1. 基本概念

1) 实体

实体是客观存在并且可以相互区别的事物。实体可以是具体的事物，如一个学生，一本书；也可以是抽象的事物，如一次考试。

2) 属性

属性用于描述实体的特征(性质)，用以区分一个个实体。例如，学生可用学号、姓名、性别、年龄等属性描述，一次考试可用考试时间、考试地点、考试科目等属性描述。

3) 实体型

具有相同属性的实体必然具有共同的特征和性质。用实体名及描述它的各属性名，可以刻画出全部同质实体的共同特征和性质，称为实体型。例如，学生(学号，姓名，性别，出生年月，所在院系，入学时间)就是一个实体型。

4) 实体集

实体集是指具有相同类型及相同属性的实体的集合。如若干个学生实体的集合构成学生实体集。

5) 实体之间的联系

两个实体集之间实体的对应关系称为联系，它反映了现实世界事物之间的相互关联。例如，学生和教师是两个不同的实体集，但学生要修读课程，两者之间就发生了关联，建立了联系。联系的种类分为以下三种：

(1) 一对一联系(1∶1)。

如果实体集 E1 中的每一个实体至多和实体集 E2 中的一个实体有联系，反之亦然，则称 E1 和 E2 是一对一的联系，表示为 1∶1。

例如，图 1-9 所示的是一对一联系的实体集校长和实体集学校，表示一个学校在当前时刻只有一个校长，一个校长在当前时刻只能担任一个学校的校长。因此实体集校长和实体集学校之间是一对一的联系。例如，李木是第一中学的校长，第一中学的校长是李木。按照概念来说，E1 中的每一个实体至多与 E2 中的一个实体有联系，也可以没有联系，如图 1-9 中的实体集 E1 中的陈耳和实体集 E2 中的第二中学。

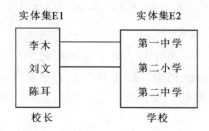

图 1-9　一对一联系的实体集校长和实体集学校

(2) 一对多联系(1∶N)。

如果实体集 E1 中的每个实体与实体集 E2 中的任意多个实体有联系，而实体集 E2

中的每一个实体至多和实体集 E1 中的一个实体有联系，则称 E1 和 E2 之间是一对多的联系，表示为 1∶N，E1 称为一方，E2 称为多方。

　　例如，图 1-10 所示的是一对多联系的实体集学校和实体集学生，表示一个学校在当前时刻可以有多个学生，一个学生在当前时刻只能属于一个学校。因此实体集学校和实体集学生之间是一对多的联系，一方是实体集学校，多方是实体集学生。也可以说实体集学生和实体集学校之间的联系是多对一的联系。在描述时需要注意区分哪个实体集是一方，哪个实体集是多方。

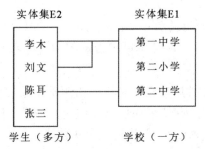

图 1-10　多对一联系的实体集学生和实体集学校

　　(3) 多对多联系(M∶N)。

　　如果实体集 E1 中的每个实体与实体集 E2 中的任意多个实体有联系，反之，实体集 E2 中的每个实体与实体集 E1 中的任意多个实体有联系，则称 E1 和 E2 之间是多对多的联系，表示为 M∶N。

　　例如，图 1-11 所示的是多对多联系的实体集学生和实体集课程，表示一个学生可以修读多门课程，一门课程可以有多个学生修读，因此实体集学生和实体集课程之间是多对多的联系。

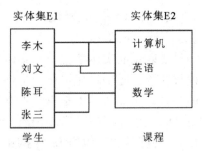

图 1-11　多对多联系的实体集学生和实体集课程

2. 实体-联系模型(E-R 模型)

　　概念模型的表示方法很多，其中最为著名和使用最为广泛的是 P.P.Chen 于 1976 年提出的 E-R(Entity-Relationship)模型。E-R 模型是直接从现实世界中抽象出实体类型及实体间的联系，是对现实世界的一种抽象，它主要由实体、联系和属性组成。E-R 模型的图形表示称为 E-R 图。

　　基本 E-R 图的组成如下：

　　(1) 矩形：表示实体集，实体名称写在矩形框内。

　　(2) 椭圆：表示实体集或联系的属性，椭圆框内标明属性的名称。

(3) 菱形：表示实体间的关系，菱形框内注明联系名称。

(4) 无向边：连接实体和各个属性以及连接实体和联系，同时在无向边上注明联系类型(1∶1，1∶N 或 M∶N)。

图 1-12～图 1-15 所示分别为多个不同实体集之间的多种不同联系的 E-R 图(图中的实体只列出了部分属性)。

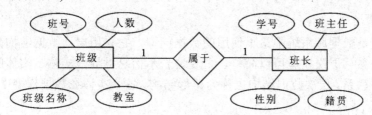

图 1-12 班级和班长的联系对应的 E-R 图

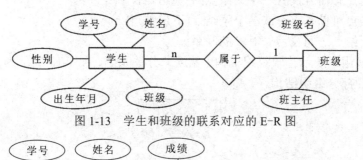

图 1-13 学生和班级的联系对应的 E-R 图

图 1-14 学生和课程的联系对应的 E-R 图

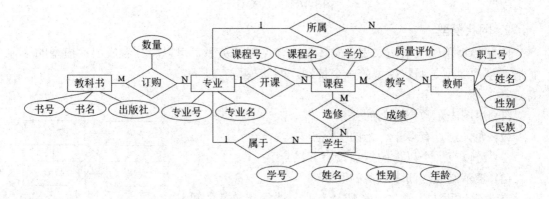

图 1-15 学校信息数据库系统的 E-R 图

1.3.5 逻辑数据模型

逻辑数据模型简称为逻辑模型或数据模型。概念数据模型是概念上的抽象，它与具体的 DBMS 无关，而逻辑数据模型与具体的 DBMS 有关，是 DBMS 所支持的数据模型，描述数据库数据的整体逻辑结构，便于在数据库系统中实现。

用概念数据模型表示的数据必须转化为逻辑数据模型表示的数据，才能在 DBMS 中实现。

根据数据及数据间联系的表示形式的不同，逻辑数据模型主要分为以下四种：

1. 层次模型

层次模型是数据库系统中最早使用的数据模型，它采用层次数据结构来表示实体及实体之间的联系。层次模型可以简单、直观地表示信息世界中实体、实体的属性及实体之间的一对多联系。层次数据结构也称为树形结构，各个实体在数据模型中被称为结点，层次模型有以下特点：

(1) 只有一个最高结点即根结点。

(2) 其余结点有而且仅有一个父结点(上层结点)。

(3) 每个结点可以有零个或多个子结点(下层结点)。

(4) 上下层结点之间表示一对多的联系。

层次模型多用于表示行政组织机构、家族辈分关系等。图 1-16 所示为使用层次模型表示的某高校的部分组织结构。

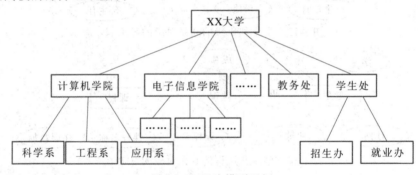

图 1-16　层次模型示例

2. 网状模型

网状模型用网状结构来表示实体及实体之间的关系，可以将其看成层次模型的一种扩展，层次模型是网状模型的一个特例。网状模型有以下特点：

(1) 用图表示数据之间的关系。

(2) 允许结点有多于一个的父结点。

(3) 可以有一个以上的结点没有父结点。

(4) 表示结点之间多对多的联系。

在教学过程中，学生、教师、专业、课程和教室之间的关系可以用网状模型表示，如图 1-17 所示。

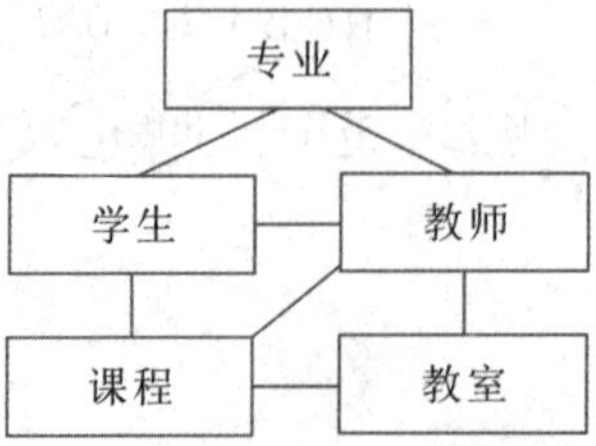

图 1-17　网状模型示例

3. 关系模型

1970 年，IBM 公司的 E.F.Cood 提出了关系模型的概念，首次运用数学方法来研究数据库的结构和数据操作，并将数据库的设计从以经验为主提高到以理论为指导。关系模型用二维表来表示实体及实体之间的联系，一个二维表就是一个关系，它不仅可以反映实体本身，也可以反映实体之间的联系。表 1-2 所示为"学生"关系示例。

表 1-2　"学生"关系

学　号	姓　名	性　别	出生日期	专　业	生源地	邮政编码	政治面貌
20191101	李宇	男	2000/9/5	计算机	天津市西青区大寺镇王村	300015	中共党员
20191102	杨林	女	2001/5/17	计算机	北京市西城区太平街	100012	中共党员
20191103	张山	男	1999/1/10	计算机	济南市历下区华能路	250121	预备党员
20191104	马红	女	2000/3/20	计算机	江苏省南京市秦淮区军农路	210121	共青团员
20191105	林伟	男	1999/2/3	计算机	四川省成都市武侯区新盛路	610026	中共党员
20192101	姜恒	男	1997/12/7	自动化	重庆市渝中区嘉陵江滨江路	400028	预备党员
20192102	崔敏	女	1997/2/24	自动化	北京市朝阳区安贞街道	100102	中共党员

关系模型可以描述一对一、一对多和多对多的联系，并向用户隐藏存取路径，大大提高了数据的独立性及程序员的工作效率。此外，关系模型建立在严格的数学基础之上，支持集合运算。

关系模型是目前最成熟和最重要的一种数据模型，如 Oracle、Sybase、SQL Server 以及本书后面将要介绍的 Microsoft Access 2016 等，都是基于关系模型的关系数据库管理系统。

4. 面向对象模型

面向对象模型是用面向对象的观点来描述现实世界实体的逻辑组织、实体之间的限制和联系的模型。

在面向对象数据模型中，所有现实世界中的实体都可看成对象。一个对象包含若干属性，用于描述对象的特性。属性也是对象，它又可包含其他对象作为其属性。这种递归引用对象的过程可以继续下去，从而组成各种复杂的对象，而且同一个对象可以被多个对象引用。除了属性之外，对象还包含若干方法，用于描述对象的行为。方法又称为操作，它可以改变对象的状态。对象是封装的，它是由数据和操作组成的封装体。

面向对象数据模型比层次模型、网状模型和关系模型更直接、更具体，但由于面向对象模型比较复杂，因此普及度不高。

1.3.6　物理数据模型

物理数据模型是在计算机系统的底层对数据进行抽象，它描述数据在存储介质上的存储方式和存取方法，是面向计算机系统的。物理数据模型反映了数据在存储介质上的存储结构，它不仅与具体的 DBMS 有关，也和操作系统及硬件有关。

在设计一个数据库时，首先需要将现实世界抽象得到概念数据模型，然后将概念数据模型转换为逻辑数据模型，最后将逻辑数据模型转换为物理数据模型。最后一步一般由选定的 DBMS 自动实现。

1.4　关系数据库

关系数据库是支持关系模型的数据库。在关系模型中，不论是实体还是联系都用关系来表示。一个关系模型中所有关系的集合称为关系数据库，也就是说，关系数据库是由若干张二维表组成的，它包括二维表的结构以及二维表中的数据两部分。Access 2016 就是一个关系数据库管理系统，使用它可以创建某一具体应用的关系数据库。

1.4.1　关系模型的基本术语

关系模型理论、日常工作和生活及关系数据库中的术语对照如表 1-3 所示。

表 1-3　术 语 对 照

在关系模型理论中	在日常工作和生活中	在关系数据库中
关系	二维表	数据表
元组	行	记录
属性	列	字段

下面是关系模型中一些主要的基本术语。

1. 关系

关系就是一张二维表，通常将一个没有重复行、重复列的二维表看成一个关系，每个关系都有一个关系名。在 Access 2016 中，一个关系对应一个数据库文件中的表。例如，学生信息管理系统中的课程表就是一个关系，如表 1-4 所示。

表 1-4　课 程 表

课程号	课程名	课程性质	学 分
0110	值班与避碰	A	5
0311	电子商务	B	4
0410	Access 2016	B	2
0411	Python	A	2
0412	C 语言	A	3

2. 元组

二维表中从第二行开始的每一行在关系中称为一个元组，在关系数据库中称为一条记录。"关系"是元组的集合，"元组"是属性值的集合，一个关系模型中的数据就是这样逐行逐列组织起来的。

3. 属性

二维表的每一列在关系中称为一个属性，每个属性都有一个属性名，属性值则是各个元组在该属性上的取值。在关系数据库中表中的一列称为一个字段，属性名也称为字段名。

例如，表 1-4 的第二列中，"课程名"是属性名，"Access 2016"则为第三个元组在"课程名"属性上的取值，称为属性值。

4. 域

属性的取值范围称为域。域作为属性值的集合，其类型与范围具体由属性的性质及其所表示的意义确定。

例如，表 1-4 中"课程性质"属性的域是{A，B}，表 1-2 学生表中性别属性的域是{男，女}。

5. 关键字或码

在关系的多个属性中，能够用来唯一标识元组的属性或属性组称为关键字或码。

例如，表 1-4 中的"课程号"属性是关键字，因为通过课程号可以唯一地确定元组。表 1-2 中的"学号"属性是关键字。

6. 候选关键字或候选码

如果在一个关系中存在多个属性(或属性组)，且都能用来唯一标识该关系中的元组，那么这些属性(或属性组)都称为该关系的候选关键字或候选码。

例如，表 1-4 中，如果没有重名的课程名，那么课程号和课程名都是课程表的候选关键字。学生表中，如果有"身份证号"属性，那么学号和身份证号都是学生表的候选关键字。

7. 主关键字或主码

在一个关系的若干候选关键字中，被指定作为关键字的候选关键字称为该关系的主关键字(简称主键)或主码。

关系的主键只有一个，这个主键可以是一个属性，也可以是多个属性的组合。如表 1-2 的学生表中，选择"学号"作为主键，则此主键是一个属性。图 1-18 中成绩表 score 的主键为(学号，课号)，则此主键是两个属性的组合。

8. 主属性

在一个关系中，包含在任一候选关键字中的属性称为主属性。

例如，表 1-4 课程表中的课程号是主属性。图 1-18 中成绩表 score 的学号和课程号都是主属性。

9. 非主属性或非码属性

在一个关系中，不组成码的属性称为该关系的非主属性或非码属性。

例如，表 1-4 课程表中的课程性质、学分是非主属性。

10. 外部关键字或外码

一个关系的某个属性虽不是该关系的关键字或只是关键字的一部分，但却是另一个关系的关键字，则称这样的属性为该关系的外部关键字(简称外键)或外码。外部关键字是表与表联系的纽带。

例如，在图 1-18 所示的学生表 student 和成绩表 score 中，student 表的主键为"学号"，score 表的主键为(学号，课号)两个属性的组合。score 表中的学号不是 score 表的主键，只是主键的一部分，但它却是 student 表的主键，因此学号在 score 表中被称为外部关键字，通过学号可以使 score 表与 student 表建立联系。比如想查询张平同学 C01 课程的成绩，就可以通过 student 表查询出张平的学号为 99001，再通过 99001 的学号从 score 表中找到两条符合该学号的元组，最后通过课号为 C01 找出成绩为 90，也就是张平同学 C01 课程的成绩为 90。

11. 主表和从表

主表和从表是指通过外键相关联的两个表。外键所在的表称为从表，主键所在的表称为主表。

例如，在图 1-18 中，学生表 student 是主表，而成绩表 score 是从表。

学号(主键)	姓名	性别	年龄
99001	张平	男	18
99002	张清	男	19
99003	刘丽	女	18
99004	王平	女	19

关系 student (主表)

学号(外键)	课号	成绩
99001	C01	90
99001	C02	89
99002	C02	70

关系 score (从表)

图 1-18　学生表 student 和成绩表 score

12. 关系模式

关系模式是对关系的描述，一个关系模式对应一个关系的结构，关系模式的一般格式如下：

　　　　关系名(属性名 1，属性名 2，…，属性名 n)

例如，表 1-4 课程表的关系模式表示如下：

　　　　课程(课程号，课程名，课程性质，学分)

1.4.2　关系的性质

关系是一张二维表，但并不是所有的二维表都是关系，关系应该具有以下性质。

(1) 列是同质的，即每一列中的值是同一类型的数据，来自同一个域。

(2) 不同的列可以出自同一个域，称其中的每一列为一个属性，不同的属性要给予不同的属性名，不允许有重复的属性名。

(3) 列的顺序无所谓，即列的次序可以任意交换。

(4) 任意两个元组不能完全相同。这只是现实中的一般性要求，有些数据库允许在同一张表中存在两个完全相同的元组。

(5) 行的顺序无所谓，即行的次序可以任意交换。

(6) 关系模式必须满足规范化的理论，不允许表中有表。

1.4.3 关系模型的优缺点

1. 优点

(1) 关系模型是建立在严格的数学概念的基础上的。

(2) 无论实体还是实体之间的联系都用关系来表示。对数据的查询结果也是关系(表),因此其概念单一,结构清晰、简单,用户容易理解。

(3) 关系模型的存取路径对用户透明,从而具有更高的数据独立性和安全保密性,也简化了程序员的工作和数据库开发建立的工作。

2. 缺点

由于存取路径对用户透明,查询效率往往不如非关系数据模型。因此为了提高性能,必须对用户的查询请求进行优化,这样就增加了开发数据库管理系统的负担。

1.4.4 关系完整性

关系完整性是为保证数据库中数据的正确性和相容性,对关系模型提出的某种约束条件或规则。完整性通常包括实体完整性、参照完整性和用户自定义完整性,其中实体完整性和参照完整性是关系模型必须满足的完整性约束条件。

1. 实体完整性

实体完整性(Entity Integrity)是指关系的主关键字不能重复也不能取空值。

一个关系对应现实世界中的一个实体集。现实世界中的实体是可以相互区分、识别的,即它们应具有某种唯一性标识。在关系模式中,以主关键字作为唯一性标识,而主关键字中的属性(称为主属性)不能取空值;否则,表明关系模式中存在着不可标识的实体(因空值是不确定的),这与现实世界的实际情况相矛盾,这样的实体就不是一个完整实体。按实体完整性规则要求,主属性不得取空值,如主关键字是多个属性的组合,则所有主属性均不得取空值。

2. 参照完整性

参照完整性(Referential Integrity)是相关联的两个关系之间的约束,当修改一个关系时,为保持数据的一致性,必须对另一个关系进行检查和修改。

例如,在图 1-18 中,如果修改 student 表中某个同学的学号,就必须要同时修改从表 score 表中的学号,否则就会导致两个表中的数据不一致。

3. 用户自定义完整性

实体完整性和参照完整性约束机制主要是针对关系的主键和外键取值必须有效而给出的约束规则。除了实体完整性和参照完整性约束以外,关系数据库管理系统允许用户自定义其他的数据完整性约束条件。用户自定义完整性(User Defined Integrity)约束是用户针对某一具体应用的要求和实际需要,以及按照实际的数据库运行环境要求,对关系中的数据所定义的约束条件,它反映的是某一具体应用所涉及的数据必须要满足的语义要求和条件。这一约束机制一般由关系模型提供定义并检验。

例如,在图 1-18 所示的 score 表中,规定"成绩"属性的取值必须在[0,100]范围内。在表 1-2 所示的学生关系中，规定"性别"属性的取值只能是(男，女)这两个中的其中一个。

1.5 关系运算

关系的基本运算有两类，一类是传统的集合运算(包括并、交、差和广义笛卡儿积等运算)，另一类是专门的关系运算(包括选择、投影和连接)。关系基本运算的结果也是一个关系。

1.5.1 传统的集合运算

传统的集合运算包括并、交、差和广义笛卡儿积等运算。要进行并、交、差运算的两个关系必须具有相同的结构，即属性数目必须相同，且对应的属性取自同一个域。

假定课程 A(见表 1-5)和课程 B(见表 1-6)两个关系结构相同。

表 1-5 课程 A

课程号	课程名	课程性质	学 分
0110	值班与避碰	A	5
0311	电子商务	B	4
0410	Access 2016	B	2

表 1-6 课程 B

课程号	课程名	课程性质	学 分
0410	Access 2016	B	2
0411	Python	A	2
0412	C 语言	A	3

1. 并运算

假设 R 和 S 是两个结构相同的关系，R 和 S 两个关系的并运算可以记作 R∪S，运算结果是将两个关系的所有元组组成一个新的关系,若有完全相同的元组则只留下一个。

课程 A∪课程 B 的并运算结果如表 1-7 所示。

表 1-7 课程 A∪课程 B 的并运算结果

课程号	课程名	课程性质	学 分
0110	值班与避碰	A	5
0311	电子商务	B	4
0410	Access 2016	B	2
0411	Python	A	2
0412	C 语言	A	3

2. 交运算

假设 R 和 S 是两个结构相同的关系，R 和 S 两个关系的交运算可以记作 R∩S，运算结果是将两个关系中的公共元组组成一个新的关系。

课程 A∩课程 B 的交运算结果如表 1-8 所示。

表 1-8　课程 A∩课程 B 的交运算结果

课程号	课程名	课程性质	学　分
0410	Access 2016	B	2

3. 差运算

假设 R 和 S 是两个结构相同的关系，R 和 S 两个关系的差运算可以记作 R-S，运算结果是将属于 R 但不属于 S 的元组组成一个新的关系。

课程 A-课程 B 的差运算结果如表 1-9 所示。

表 1-9　课程 A-课程 B 的差运算结果

课程号	课程名	课程性质	学　分
0110	值班与避碰	A	5
0311	电子商务	B	4

4. 广义笛卡儿积运算

设 R 和 S 是两个关系，如果 R 是 m 元(有 m 个属性)关系，有 i 个元组；S 是 n 元关系，有 j 个元组；则笛卡儿积 R×S 是一个 m+n 元关系，有 i×j 个元组。

实际计算笛卡儿积时，可从 R 的第一个元组开始，依次与 S 的每一个元组组合，然后对 R 的下一个元组进行同样的操作，直至 R 的最后一个元组也进行完同样的操作为止，即可得到 R×S 的全部元组。

学生(如表 1-10 所示)×课程(如表 1-11 所示)的笛卡儿积运算结果如表 1-12 所示。

表 1-10　学　　生

学　号	姓　名	性　别	年　龄
S1	李燕	女	20
S2	吴迪	男	19
S3	贝宁	男	21
S4	赵冰	女	18

表 1-11　课　　程

课程号	课程名	系　别
C1	电路基础	物理
C2	数据结构	计算机
C3	概率统计	数学

表 1-12　学生×课程的笛卡儿积运算结果

学　号	姓　名	性　别	年　龄	课程号	课程名	系　别
S1	李燕	女	20	C1	电路基础	物理
S1	李燕	女	20	C2	数据结构	计算机
S1	李燕	女	20	C3	概率统计	数学
S2	吴迪	男	19	C1	电路基础	物理
S2	吴迪	男	19	C2	数据结构	计算机
S2	吴迪	男	19	C3	概率统计	数学
S3	贝宁	男	21	C1	电路基础	物理
S3	贝宁	男	21	C2	数据结构	计算机
S3	贝宁	男	21	C3	概率统计	数学
S4	赵冰	女	18	C1	电路基础	物理
S4	赵冰	女	18	C2	数据结构	计算机
S4	赵冰	女	18	C3	概率统计	数学

1.5.2　专门的关系运算

专门的关系运算包括 3 种：选择、投影和连接。

1. 选择

选择运算是指从指定的关系中选择某些满足条件的元组构成一个新的关系。选择运算是在二维表中选择满足指定条件的行，它是从行的角度对关系进行运算，选出条件表达式为真的元组。通常将选择运算记作：

$$\sigma_{<条件表达式>}(R)$$

其中 σ 是选择运算符，R 是关系名。

例如，在表 1-10 所示的学生表中，选择所有的女生元组，可以记成：

$$\sigma_{性别 = "女"}(学生)$$

选择的结果集如表 1-13 所示，只有满足当性别属性列的属性值为"女"的元组才会被选择出来放入结果集。

表 1-13　选择所有的女生元组的结果集

学　号	姓　名	性　别	年　龄
S1	李燕	女	20
S4	赵冰	女	18

2. 投影

投影运算是指从指定的关系中选择指定的若干属性列构成一个新的关系。投影运算是在二维表中选择满足指定条件的属性列，它是从列的角度对关系进行运算。通常将投影运算记作：

$$\Pi_S(R)$$

其中 Π 是投影运算符，S 是被投影的属性或属性组，R 是关系名。

例如，在表 1-10 所示的学生表中，取姓名和年龄两个属性，可以记成：

$$\Pi_{姓名，年龄}(学生)$$

投影的结果集如表 1-14 所示，姓名和年龄两个属性列的所有值都被放入结果集中。

表 1-14　选取姓名和年龄两个属性的投影结果集

姓　名	年　龄
李燕	20
吴迪	19
贝宁	21
赵冰	18

3. 连接

连接运算是关系的横向结合。连接运算是把两个关系中满足连接条件的元组组成一个新的关系。连接运算是一种二元运算，可以将两个关系合并成一个大关系。

连接类型有自然连接、内连接、左外连接、右外连接、全外连接等，其中最常用的连接是自然连接。

自然连接是将两个关系中的若干列按照"同名等值"的原则，也就是公共属性名相同，且属性值相等的条件进行连接，并且在结果集中消除重复属性。比如计算关系 R 和关系 S 的自然连接，首先要进行 R×S(笛卡儿积)，然后进行 R 和 S 中所有相同属性等值比较的选择运算，最后通过投影运算去掉重复的属性。

例如，将表 1-10 所示学生表，表 1-11 所示课程表，表 1-15 所示学生选课表三个关系进行自然连接运算，其自然连接运算的结果集如表 1-16 所示。

表 1-15　学 生 选 课

学　号	课程号	等　级
S1	C1	A
S1	C3	B
S2	C1	B
S2	C2	A
S2	C3	B
S3	C1	C
S3	C2	A
S4	C3	C

表 1-16 学生，选课和课程的自然连接结果集

学 号	姓 名	性 别	年 龄	等 级	课程号	课程名	系 别
S1	李燕	女	20	A	C1	电路基础	物理
S1	李燕	女	20	B	C3	概率统计	数学
S2	吴迪	男	19	B	C1	电路基础	物理
S2	吴迪	男	19	A	C2	数据结构	计算机
S2	吴迪	男	19	B	C3	概率统计	数学
S3	贝宁	男	21	C	C1	电路基础	物理
S3	贝宁	男	21	A	C2	数据结构	计算机
S4	赵冰	女	18	C	C3	概率统计	数学

三个关系的自然连接结果的计算方法是：先进行两个有公共属性关系的自然连接，再将连接后的结果与第三个关系进行自然连接。比如上例"学生"和"学生选课"两个关系有公共属性"学号"，"学生选课"和"课程"两个关系有公共属性"课程号"。

假设选取"学生"和"学生选课"两个关系先进行自然连接。自然连接的步骤如下：

(1) 先对"学生"和"学生选课"两个关系做笛卡儿积，结果如表 1-17 所示，因关系中不能存在相同的属性名，因此将原"学生"关系表中的"学号"取别名为"学号 1"，原"学生选课"关系表中的"学号"取别名为"学号 2"。

(2) 再通过选择，将两个关系中公共属性"学号"值相等的元组保留，也就是如果元组中的"学号 1"和"学号 2"两个属性值相等，则该元组保留放入结果集。结果如表 1-18 所示。

(3) 最后通过投影去掉重复的属性"学号"，结果如表 1-19 所示。这样就完成了"学生"和"学生选课"两个关系的自然连接。

接下来再将表 1-19 的结果与表 1-11 的课程关系按同样的方法进行自然连接，就得到表 1-16 所示的三个表的自然连接结果集。

表 1-17 学生×学生选课的笛卡儿积运算结果

学号 1	姓 名	性 别	年 龄	学号 2	课程号	等 级
S1	李燕	女	20	S1	C1	A
S1	李燕	女	20	S1	C3	B
S1	李燕	女	20	S2	C1	B
S1	李燕	女	20	S2	C2	A
S1	李燕	女	20	S2	C3	B
S1	李燕	女	20	S3	C1	C
S1	李燕	女	20	S3	C2	A
S1	李燕	女	20	S4	C3	C
S2	吴迪	男	19	S1	C1	A
S2	吴迪	男	19	S1	C3	B

续表

学号1	姓 名	性 别	年 龄	学号2	课程号	等 级
S2	吴迪	男	19	S2	C1	B
S2	吴迪	男	19	S2	C2	A
S2	吴迪	男	19	S2	C3	B
S2	吴迪	男	19	S3	C1	C
S2	吴迪	男	19	S3	C2	A
S2	吴迪	男	19	S4	C3	C
S3	贝宁	男	21	S1	C1	A
S3	贝宁	男	21	S1	C3	B
S3	贝宁	男	21	S2	C1	B
S3	贝宁	男	21	S2	C2	A
S3	贝宁	男	21	S2	C3	B
S3	贝宁	男	21	S3	C1	C
S3	贝宁	男	21	S3	C2	A
S3	贝宁	男	21	S4	C3	C
S4	赵冰	女	18	S1	C1	A
S4	赵冰	女	18	S1	C3	B
S4	赵冰	女	18	S2	C1	B
S4	赵冰	女	18	S2	C2	A
S4	赵冰	女	18	S2	C3	B
S4	赵冰	女	18	S3	C1	C
S4	赵冰	女	18	S3	C2	A
S4	赵冰	女	18	S4	C3	C

表 1-18 选择表 1-17 中学号属性值相等的元组

学号1	姓 名	性 别	年 龄	学号2	课程号	等 级
S1	李燕	女	20	S1	C1	A
S1	李燕	女	20	S1	C3	B
S2	吴迪	男	19	S2	C1	B
S2	吴迪	男	19	S2	C2	A
S2	吴迪	男	19	S2	C3	B
S3	贝宁	男	21	S3	C1	C
S3	贝宁	男	21	S3	C2	A
S4	赵冰	女	18	S4	C3	C

表 1-19　投影去掉重复属性列"学号"

学号 1	姓 名	性 别	年 龄	课程号	等 级
S1	李燕	女	20	C1	A
S1	李燕	女	20	C3	B
S2	吴迪	男	19	C1	B
S2	吴迪	男	19	C2	A
S2	吴迪	男	19	C3	B
S3	贝宁	男	21	C1	C
S3	贝宁	男	21	C2	A
S4	赵冰	女	18	C3	C

1.6　数据库设计

　　数据库设计是数据库技术的主要内容之一。数据库设计是指对于给定的应用环境(包括硬件环境和操作系统、DBMS 等软件环境)，构建一个性能良好的、能满足用户要求的、能够被选定的 DBMS 所接受的数据库模式，建立数据库及应用系统，使之能够有效地、合理地采集、存储、操作和管理数据，满足企业或组织中各类用户的应用需求。

　　数据库设计的主要内容有数据库的结构特性设计和数据库的行为特性设计，其中，数据库的结构特性设计是关键。

　　数据库的结构特性是静态的，一般情况下不会轻易变动。因此，数据库的结构特性设计又称为静态结构设计。其设计过程是：先将现实世界中的事物与事物之间的联系用 E-R 图表示，再将各个分 E-R 图汇总，得出数据库的概念结构模型，最后将概念结构模型转换为数据库的逻辑结构模型表示。

　　数据库的行为结构设计是指确定数据库用户的行为和动作。数据库用户的行为和动作通常有数据查询和统计、事务处理及报表处理等，这些都需要通过应用程序来表达和执行，因而设计数据库的行为特征要与应用系统的设计结合进行。由于用户的行为是动态的，因此，数据库的行为特性设计也称为数据库的动态设计。其设计过程是：首先将现实世界中的数据及应用情况用数据流图和数据字典表示，并详细描述其中的数据操作要求，进而得出系统的功能结构和数据库的子模式。

　　按照规范设计的方法，将数据库的设计分为如图 1-19 所示的 6 个阶段进行，不同的阶段完成不同的设计内容。

1. 需求分析阶段

　　需求分析的重点是调查、收集与分析用户在数据管理中的信息要求、处理要求、安全性与完整性要求，得到设计系统所必需的需求信息，建立系统说明文档。此阶段包括需求的调查、需求的收集、需求的分析等内容。

　　需求分析阶段的成果是系统需求说明书，此说明书主要包含数据流图、数据字典、系统功能结构图和必要的说明。系统需求说明书是数据库设计的基础文件。

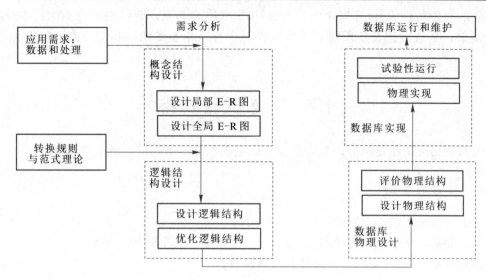

图 1-19　数据库设计步骤

2. 概念结构设计阶段

概念结构设计是整个数据库设计的关键。它通过对用户的需求进行综合、归纳与抽象，形成一个独立于具体 DBMS 的概念模型。一般都以 E-R 模型为工具来描述概念结构。

最常采用的设计策略是：自底向上，即首先定义各局部应用的概念结构，然后将它们集成起来，得到全局的概念结构。

3. 逻辑结构设计阶段

逻辑结构设计的任务就是将概念模型(E-R 模型)转换成特定的 DBMS 系统所支持的数据库的逻辑结构。

关系数据库逻辑结构设计可按以下步骤进行：

(1) 将 E-R 图转换为关系模式。

(2) 将转换后的关系模式向特定的 DBMS 支持的数据模型转换。

(3) 对数据模型进行优化。

4. 数据库物理设计阶段

数据库的物理设计是为逻辑数据模型选取一个最适合的应用环境的物理结构，包括存储结构和存取方法。

5. 数据库实施阶段

数据库实施阶段根据逻辑设计和物理设计的结果建立数据库，编制与调试应用程序，组织数据入库，并进行试运行。

6. 数据库运行和维护阶段

数据库运行和维护阶段是对系统进行评价、调整与修改，不断完善系统。

开发一个完善的数据库应用系统不可能一蹴而就，它往往是上述 6 个阶段的不断反复。而这 6 个阶段不仅包含了数据库的设计过程(静态)，而且包含了数据库应用系统的设计过程(动态)。在设计过程中，应该把数据库的结构特性设计(数据库的静态设计)和数据库的行为特性设计(数据库的动态设计)紧密结合起来，将这两个方面的需求分析、数据抽象、系统设计及实现等各个阶段同时进行，相互参照、相互补充，以完善整体设计。

1.7　关系数据理论

关系数据理论就是指导产生一个具有确定的、好的数据库模式的理论体系。

1.7.1　问题的提出

给出一组如下的关系实例：

学生关系：学生(学号，姓名，性别，出生日期，入学时间，系名)

课程关系：课程(课程号，课程名，学时数)

选课关系：选课(学号，课程号，成绩)

若建立关系模式，则可以有如下两种：

(1) 只有一个关系模式：学生—选课—课程，如表 1-16 所示。

(2) 用三个关系模式：学生(如表 1-10)，课程(如表 1-11)，选课(如表 1-15)。

1. 第一种设计：学生—选课—课程

这种关系模式设计是将所有的实体属性和实体之间的联系都放到一个关系中，该设计存在的问题主要如下：

1) 数据冗余

如表 1-16 所示，同一名学生修读多门课程时，学生的个人信息会重复显示多次；同一门课程被多名学生修读时，课程信息也会重复显示多次，造成数据冗余较大。

2) 修改异常

如表 1-16 所示，如果某一名学生的学号录入错误，需要进行修改，则所有涉及该学生的元组中的学号都需要进行修改。

3) 插入异常

表 1-16 的主键为(学号，课程号)，按实体完整性规则要求，主属性不得取空值，若主关键字是多个属性的组合，则所有主属性均不得取空值。如果新生入学，应录入新生的个人基本信息，但此时新生还未修读任何课程，也就没有课程号，这样该新生信息的课程号主属性为空，不满足实体完整性，也就不能将新生数据录入数据库，显然这是不合理的。同样的道理，若新开设一门课程，还没有学生修读，则这条课程信息也就没有学号，同样也不能录入数据库。

4) 删除异常

如果一门课程只有一名学生修读，而该生后期退学了，就需要删除该学生的这条信息，同时也就应将该门课程一起删除，不能只删除学生个人信息而保留课程信息，因为这样就不满足实体完整性要求。如果一名学生只修读了一门课程，后期该门课程不再开设，需要删除课程信息，那么也会同时将学生的基本信息一起删除。

2. 第二种设计：学生，课程，选课

这种关系模式设计是将所有的实体分开放到单独的关系中，关系之间的联系通过外键来实现，该设计存在的问题主要是查找比较麻烦。比如想查找选修电路基础课程的学生姓名，需要用自然连接实现，而如果使用第一种设计，只需要直接投影、选择即可完成。

本书介绍关系数据理论的其中两个方面——数据依赖和范式。

1.7.2 数据依赖

数据依赖是通过关系中属性间值的决定关系体现出来的数据间的相互关系。数据依赖的类型有函数依赖和多值依赖。

1. 函数依赖的概念

假设有一个关系：学生(学号，姓名，性别，出生日期，入学时间，系名)。在这个关系中显然有：学生学号确定时，该学生的姓名将唯一确定(学号→姓名)；学生学号确定时，该学生的系名将唯一确定(学号→系名)。

2. 函数依赖的定义

在关系模式 R(X，Y)中，X、Y 都是 R 的属性集，当 X 中的取值确定时，Y 中的取值唯一确定，叫作 Y 函数依赖于 X，或 X 函数决定 Y，记作 X→Y，并称 X 为决定因素。

3. 函数依赖的分类

函数依赖分为完全函数依赖、部分函数依赖和传递函数依赖三类。

1) 完全函数依赖与部分函数依赖

假设有一个关系 SDC(学号，系名，系主任名，课程名，成绩)，在 SDC 关系中，有函数依赖学号→系名，系名→系主任名，(学号，课程名)→成绩，SDC 的主关键字应为(学号，课程名)。主属性可以决定所有的非主属性。

显然有(学号，课程名)→系名，(学号，课程名)→系主任名，系名、系主任名对关键字(学号，课程名)的依赖是部分函数依赖。

完全函数依赖与部分函数依赖的定义：在关系模式 R(X，Y)中，X、Y 是 R 中的属性集，X→Y，且对 X 的任一个真子集 X'，不存在 X'→Y，则 X→Y 为完全函数依赖，否则称为部分函数依赖。

2) 传递函数依赖

假设一个关系：SD(学号，系名，系主任名)，在 SD 关系中，有函数依赖学号→系名，系名→系主任名，而 SD 的关键字是学号。显然有学号→系主任名，这样系主任名传递函数依赖于关键字学号。

本来系名可以单独决定系主任名，但由于学号是关键字，在 SD 中不得不由学号起决定作用，这显然是不合理的。

传递函数依赖的定义：在关系模式 R 中，X、Y、Z 是 R 中的属性集，X→Y，Y→Z，且不存在 Y⊆X、Y→X，则称 Z 传递函数依赖于 X。

4. 多值依赖

假设一个关系 ISA(I，S，A)中，I 表示学生兴趣小组，S 表示学生，A 表示某兴趣小组的活动项目。假设每一个兴趣小组有多个学生，有若干活动项目。每一个学生必须参加所在兴趣小组的全部活动项目，每一个活动项目要求该兴趣小组的全部学生都要参加。按照语义有 I→→S，I→→A 成立。

多值依赖的定义：设 X、Y、Z 是关系模式 R 的属性集 U 的子集，并且 Z=U−X−Y。当且仅当对于 R 的任一关系 r，给定的一对(x，z)值有一组 Y 的值，这组值仅仅决定于 x 值而与 z 值无关，称关系模式 R 中的多值依赖 X→→Y 成立。

1.7.3　范式

范式是指符合某种要求的关系模式的集合。规范化的理论是 E.F.Codd 首先提出的。他认为，一个关系数据库中的关系都应满足一定的规范，才能构造出好的数据模式，Codd 把应满足的规范分成若干级，每一级称为一个范式(Normal Form)。各种范式呈递次规范，越高的范式数据库冗余越小。

目前关系数据库有 6 种范式：第一范式(1NF)、第二范式(2NF)、第三范式(3NF)、扩充第三范式(BCNF)、第四范式(4NF)和第五范式(5NF，又称完美范式)。满足最低要求的范式是第一范式(INF)。在第一范式的基础上进一步满足更多规范要求的称为第二范式(2NF)，其余范式以此类推。一般说来，数据库只需满足第三范式(3NF)就基本够用。

将一个低一级范式的关系模式通过模式分解转换为若干个高一级范式的关系模式的集合的过程就叫**规范化**。

1. 第一范式(1NF)

如果关系模式 R 的每一个属性都是不可分解的数据项，则 R 满足第一范式，记为 R∈1NF。

例如，在表 1-20 所示的数据表中，成绩这个属性中还包含了多个子项，所以这个关系就不符合第一范式的规定。

表 1-20　不符合第一范式关系的数据表

学　号	姓　名	成　绩		
		课程 1 成绩	课程 2 成绩	课程 3 成绩
125204001	王一枚	85	75	60
125204002	李碧玉	63	81	74

在任何一个关系数据库中，INF 是对关系模式的基本要求，不满足 INF 的数据库就不是关系数据库。但满足第一范式的关系模式并不一定是一个好的关系模式。例如，关系模式学生(学号，姓名，班级，课程号，成绩，班主任)，显然这个关系模式满足第一范式，但是该关系还存在插入异常、删除异常、数据冗余度大和更新异常等 4 个问题。

2. 第二范式(2NF)

学生关系模式之所以会有上述 4 个问题，其原因是姓名、班级等非主属性对码的部分函数依赖。为了消除部分函数依赖，可以把学生关系分解为两个关系模式：学生(学号，姓名，班级，班主任)和选课(学号，课程号，成绩)。

在分解后的关系模式中，非主属性都完全函数依赖于码了。从而使上述 4 个问题在一定程度上得到了一定的解决。

第二范式定义：若关系模式 R 满足第一范式，即 R∈1NF，并且每个非主属性都完全函数依赖于 R 的码(不存在部分函数依赖)，则 R 满足第二范式，记为 R∈2NF。

3. 第三范式(3NF)

上述分解后的"学生"关系中还存在插入异常、删除异常、数据冗余度大和更新异常等 4 个问题。

原因是该关系模式含有传递函数依赖(学号→班级，班级→班主任)。为了消除该传递函数依赖，可以把"学生"关系模式再分解为两个关系模式：学生(学号，姓名，班级)和班级(班级，班主任)。

在分解后的关系模式中，既没有非主属性对码的部分函数依赖，也没有非主属性对码的传递函数依赖，这在一定程度上解决了上述 4 个问题。

第三范式定义：若关系模式 R∈2NF，且它的每一个非主属性都不传递函数依赖于码，则 R 满足第三范式，记作 R∈3NF。

本 章 小 结

- 了解数据管理发展概况；
- 掌握数据库系统的组成；
- 了解数据模型；
- 掌握关系模型的术语和关系完整性约束；
- 掌握专门的关系运算；
- 了解数据库设计的步骤和关系数据理论。

习　　题

一、选择题

1. 在数据库管理技术的发展中，数据独立性最高的是(　　)。

A. 人工管理　　　　　　B. 文件系统　　　　　　C. 数据库系统

2. 在数据库设计中，将 E-R 图转换成关系数据模型的过程属于(　　)。

A. 需求分析阶段　　　　B. 概念设计阶段　　　　C. 逻辑设计阶段

3. 在关系运算中，选择运算的含义是(　　)。

A. 在基本表中选择满足条件的记录组成一个新的关系

B. 在基本表中选择需要的字段(属性)组成一个新的关系

C. 在基本表中选择满足条件的记录和属性组成一个新的关系

D. 上述说法均是正确的

4. 在数据库系统中，当总体逻辑结构改变时，通过改变(　　)，使局部逻辑结构不变，而使建立在局部逻辑结构之上的应用程序也保持不变，称之为数据的逻辑独立性。

A. 局部逻辑结构到总体逻辑结构的映射

B. 逻辑结构和物理结构之间的映射

C. 应用程序

D. 存储结构

5. 设一个仓库可以存放多种商品，同一种商品只能存放在一个仓库中，则仓库与商品之间是(　　)。

A. 一对一的联系　　　　　　　　　B. 一对多的联系

C. 多对一的联系　　　　　　　　　D. 多对多的联系

6. 医院里的"病人"与"医生"两个实体集之间的联系通常是(　　)。

A. 一对一的联系　　　　　　　　　B. 一对多的联系

C. 多对一的联系　　　　　　　　　D. 多对多的联系

7. 下述中的(　　)，不属于数据库设计的内容。

A. 数据库物理结构　　　　　　　　B. 数据库管理系统

C. 数据库概念结构　　　　　　　　D. 数据库逻辑结构

8. 下面关于实体完整性叙述正确的是(　　)。

A. 实体完整性由用户来维护　　　　B. 关系的主键可以有重复值

C. 主键不能取空值　　　　　　　　D. 空值即是空字符串

9. 数据库(DB)、数据库系统(DBS)及数据库管理系统(DBMS)三者之间的关系是(　　)。

A. DBS 包含 DB 和 DBMS　　　　　B. DBMS 包含 DB 和 DBS

C. DB 包含 DBS 和 DBMS　　　　　D. DBS 就是 DB，也就是 DBMS

10. 下列叙述中，(　　)是错误的。

A. 两个关系中元组的内容完全相同，但顺序不同，则它们是不同的关系

B. 两个关系的属性相同，但顺序不同，则两个关系的结构是相同的

C. 关系中的任意两个元组不能相同

D. 自然连接只有当两个关系含有公共属性名时才能进行运算

二、解答题

1. 简述数据库系统的组成。

2. 简述关系模型的基本术语。

3. 什么是关系的完整性？

4. 数据库设计的步骤有哪些？

第 2 章　Access 2016 入门

内容要点

> ➢ 了解 Access 2016 的工作界面；
> ➢ 掌握 Access 2016 的数据库对象；
> ➢ 掌握数据库的创建方法；
> ➢ 掌握数据库的基本操作；
> ➢ 掌握如何管理数据库；
> ➢ 掌握操作数据库对象的方法。

Access 2016 是 Office 2016 办公软件的一个重要组件，是小型的桌面型关系数据库管理系统(RDBMS)，主要用于数据管理。它可以高效地完成各类中小型数据库管理工作，可以广泛应用于财务、金融、统计和审计等多种管理领域，可以大大提高数据处理的效率。它还特别适合非计算机专业的普通用户用来开发所需的各种数据库应用系统。

2.1　Access 2016 概述

2.1.1　Access 2016 的特点

Access 2016 是微软把数据库引擎的图形用户界面和软件开发工具结合在一起的一种数据库管理软件，是微软办公软件包 Office 的成员之一。在安装 Office 2016 时，通常进行默认安装即可。

1. Access 2016 的主要功能和特点

(1) 不同于其他数据库，Access 2016 提供了众多可视化的操作工具以及多种向导。使用这些工具，用户不用掌握复杂的编程语言，就可以轻松快捷地构建一个功能完善的数据库系统。

(2) Access 2016 提供了内置的 VBA 编程语言，内置了丰富的函数，使高级用户能够开发功能更复杂的数据库系统。

(3) Access 2016 新增了"操作说明搜索"，可以在该处文本里输入与接下来要执行的操作相关的字词和短语，从而快速访问要使用的功能或要执行的操作。

(4) 使用 Access 2016，通过"链接表管理器"对话框中内置的新功能，可以将所有链接的数据源的列表从 Access 2016 数据库应用程序导入到 Excel 中。

(5) Access 2016 各个版本之间具有兼容性，使用 Access 2016 可以查看和使用以 Access 2000/2003/2007/2010/2013 版本创建的数据库，并快速实现各种版本的兼容和转换。用户不用因为 Access 版本的升级而重新设计数据库，不同版本的应用程序和用户间可以便捷地共享数据库资源。

(6) Access 2016 可以通过 ODBC (开放数据库互联技术)与 Oracle、Visual FoxPro 等其他数据库相连，实现数据的交换和共享。此外，作为 Office 办公软件中的一员，Access 2016 还可以与 Word、Excel 等其他 Office 软件实现数据的交互和共享。

2. Access 2016 的 6 大对象

Access 2016 数据库主要由表(Table)、查询(Query)、窗体(Form)、报表(Report)、宏(Macro)和模块(Module) 6 大对象组成，使用它们可以方便地存储数据、检索数据、设计用户界面、输出报表、开发应用系统等。

1) 表

表是数据库的核心与基础，它是 Access 2016 数据库的基本对象，其他数据库对象都是以表为基础来创建的。一个数据库中可包含多个表。表中信息分行、列存储。表中的每一列代表某种特定的数据类型，称为属性或字段；表中的每一行由各个特定的字段组成，称为元组或记录。

2) 查询

查询是数据库的核心操作，是数据库处理和分析数据的工具。查询是在指定的一个或多个表中，根据给定的条件筛选出符合条件的记录而构成的一个新的数据集合，以供用户查看、更改和分析数据。查询的数据源是表或查询。

3) 窗体

窗体是数据信息的主要表现形式。通过窗体可方便地输入、编辑、查询、排序、筛选和显示数据，还可以对窗体进行编程。Access 利用窗体将整个数据库组织起来，从而构成完整的应用系统。窗体的数据源是表或查询。

4) 报表

报表是数据库中数据输出的特有形式，它可对数据进行分类汇总、平均、求和等操作，然后通过打印机打印输出。报表的数据源是表或查询。

5) 宏

宏是一个或多个操作的集合，也可以是若干个宏的集合所组成的宏组。宏可以将数据中的不同对象连在一起，从而形成一个数据管理系统。

6) 模块

模块可以保存 VBA(Visual Basic Applications)的声明和过程。模块的主要作用是建立复杂的 VBA 以完成宏不能完成的任务。

在 Access 2016 数据库中包含多个表，每个表可以分别表示和存储不同类型的信息。通过建立多个表之间的关联，可将存储在不同表中的相关数据有机地结合起来。用户可以通过创建查询在一个表或多个数据表中检索、更新和删除记录，并且可以对数据库中的数据进行各种计算。通过创建联机窗体，用户可以直接对数据库中的记录执行查看和编辑操作。通过创建报表，用户可以将数据以特定的方式加以组织，并将数据按指定的样式进行打印。

3. Access 2016 数据库的用途

Access 2016 数据库的用途非常广泛，不仅可以作为个人的 RDBMS(关系数据库管理系统)使用，还可以用作管理中小型企业和大型公司的大型数据库。Access 2016 数据库的用途主要体现在以下几个方面：

(1) 进行数据分析。Access 2016 具有强大的数据处理、统计分析能力。利用 Access 2016 的查询功能可以方便地进行各类汇总、平均等统计，也可以灵活设置统计的条件。例如，Access 2016 在统计分析上万条记录、十几万条记录及以上的数据时速度快且操作方便，这一点是 Excel 无法相比的，使用 Access 2016 能够提高工作效率。

(2) 能够开发软件。Access 2016 还可以用来开发软件，如生产管理、销售管理、库存管理等各类企业的管理软件，其最大的优点是易学，非计算机专业的人员也能学会，低成本地满足了从事企业管理工作的人员的管理需要。

(3) 使用表格模板。在 Access 2016 中，只需键入需要跟踪的内容，Access 2016 便会使用表格模板提供能够完成相关任务的应用程序。Access 2016 可处理字段、关系和规则的复杂计算，以便用户能够集中精力处理项目。

2.1.2　Access 2016 的启动与退出

在 Windows 操作系统中，启动和关闭 Access 2016 类似于平常启动任意一个应用程序。启动后打开的 Access 2016 窗口也继承了微软公司产品的一贯风格。

1. 启动 Access 2016

在 Windows 10 操作系统中，启动 Access 2016 一般可选用以下 3 种方法：

(1) 执行"开始"→"程序"→"Access 2016"命令，可启动 Access 2016。

(2) 如果在桌面上有 Access 2016 的快捷方式，可以直接双击该图标，或单击鼠标右键，在弹出的快捷菜单中执行"打开"命令，即可启动 Access 2016。

(3) 双击扩展名为 .mdb 或 .accdb 的数据库文件，或在扩展名为.mdb 或.accdb 的数据库文件上单击鼠标右键，在弹出的快捷菜单中选择"打开"命令，也可启动 Access 2016。此方法会同时打开所选的数据库文件。

2. 退出 Access 2016

在 Windows 10 操作系统中，退出 Access 2016 通常可以采用以下 5 种方式：

(1) 单击窗口右上角的关闭按钮。

　　(2) 使用快捷键【Alt+F4】。

　　(3) 右击标题栏，在弹出的菜单中单击关闭按钮。

　　(4) 双击窗口左上角。

　　(5) 右键单击任务栏图标 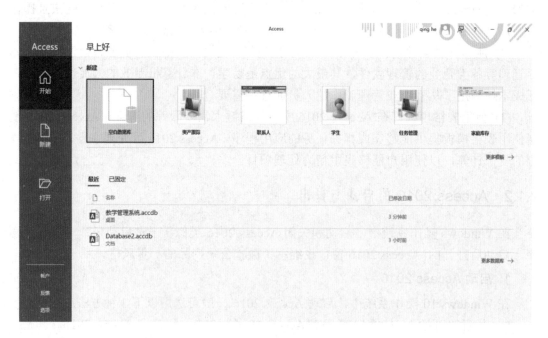，在弹出的菜单中单击关闭按钮。

　　注意：在退出 Access 2016 时，如果没有对文件进行保存，会弹出对话框提示用户是否对种已编辑或修改的文件进行保存。

2.1.3　Access 2016 的工作环境

　　Access 2016 将工作环境分为 Access 2016 初始界面(Backstage)和操作界面两个部分。启动 Access 2016 后就打开了 Access 2016 初始界面，之后用户在操作中用到的界面是操作界面。

1. Access 2016 初始界面

　　启动 Access 2016 后，初始界面如图 2-1 所示。

图 2-1　Access 2016 初始界面

　　Access 2016 初始界面主要提供新建、打开数据库以及获取帮助等功能。用户可以通过初始界面左侧的选项实现新建、打开、查看账户、设置选项等功能。初始界面右侧上半部分列举了各种常用的模板，用户可以根据需要选择创建空数据库或者使用不同的模板来创建数据库。初始界面右侧下半部分列出了最近和已固定的数据库文件，用户可以通过点击它们快速访问对应的数据库文件。

2. Access 2016 操作界面

　　在选择某种数据库模板创建数据库或打开某个数据库后，就会进入 Access 2016

的操作界面，如图 2-2 所示。Access 2016 的操作界面是帮助用户方便、快捷地对数据库进行各种操作的主要窗口。操作界面由三个主要组件组成：功能区、导航窗格和工作区。

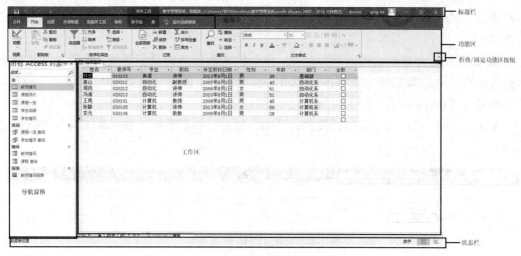

图 2-2　Access 2016 操作界面

1) 标题栏

标题栏位于窗口的最上方，它包含  保存按钮、快速访问工具栏、当前打开的数据库文件名和路径、登录账户、最小化按钮、最大化/还原按钮、关闭按钮。

单击快速访问工具栏最右边的倒三角形按钮，在弹出的下拉菜单中，可自定义快速访问工具栏，如图 2-3 所示。

图 2-3　自定义快速访问工具栏

2) 功能区

功能区是一个包含多组命令且横跨程序窗口顶部的带状选项卡区域。功能区分组显示常用命令的按钮，其最大优势就是将菜单、工具栏、任务窗格和其他 UI(User Interface，用户界面)组件等 Access 2016 的大部分命令都集中在该区域，从而方便用户选择需要的命令。

Access 2016 允许把功能区隐藏起来，便于扩大数据库的显示区域。隐藏与展开功能区的方法有 3 种：双击任一选项卡，单击功能区最右下侧的"折叠/固定功能区"按钮，使用快捷键【Ctrl+F1】。

Access 2016 中的选项卡包括文件、开始、创建、外部数据、数据库工具和帮助，如图 2-4 所示。

图 2-4　Access 2016 的选项卡

(1) "文件"选项卡是 Access 2010 后新增加的一个选项卡，其结构、布局和功能与其他选项卡完全不同。如图 2-5 所示，文件窗口分为左右窗格：左窗格显示操作命令，主要包括开始、新建、打开、信息、保存、另存为、打印、关闭、账户、反馈和选项等；右窗格显示左窗格所选命令的结果。

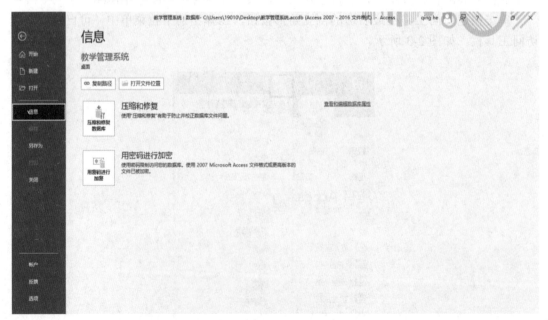

图 2-5　"文件"选项卡

单击"选项"按钮，打开"Access 选项"对话框，如图 2-6 所示，在其中可以对 Access 2016 的一些常用选项进行设置。常规选项中的默认文件格式为"Access 2007-2016"，默认数据库文件夹为我的文档，用户可以根据实际需要进行修改。

图 2-6 "Access 选项"对话框

(2)"开始"选项卡用来对数据表进行各种常用操作,操作按钮分别放在"视图"等 6 个组中,如图 2-7 所示。当打开不同的数据库对象时,组中的显示会有所不同。每个组都有可用和禁止两种状态,灰色代表禁止状态,表示该功能在当前不可用。

图 2-7 "开始"选项卡

(3)"创建"选项卡用来创建数据库对象,操作按钮分别放在"模板"等 6 个组中,如图 2-8 所示。

图 2-8 "创建"选项卡

(4)"外部数据"选项卡用来进行内外数据交换的管理和操作,操作按钮分别放在"导入并链接"和"导出"2 个组中,如图 2-9 所示。

图 2-9　"外部数据"选项卡

(5) "数据库工具"选项卡用来管理数据库后台，操作按钮分别放在"工具"等 6 个组中，如图 2-10 所示。

图 2-10　"数据库工具"选项卡

(6) "帮助"选项卡用来获取使用帮助，向 Microsoft 提交反馈和观看 Access 2016 操作培训视频，如图 2-11 所示。

图 2-11　"帮助"选项卡

(7) "帮助"选项卡右侧是"操作说明搜索"，这是 Access 2016 新增加的功能，可以在该处文本里输入与接下来要执行的操作相关的字词和短语，从而快速访问要使用的功能或要执行的操作，如图 2-12 和图 2-13 所示。

图 2-12　"操作说明搜索"功能使用前

图 2-13　输入关键字"查询"后

3) 导航窗格

导航窗格是 Access 2016 程序窗口左侧的窗格(参见图 2-2)，用户可在其中使用数据库对象。

导航窗格用来帮助用户组织归类数据库对象，是打开或更改数据库对象的主要方式。在打开或创建数据库后，数据库对象将显示在导航窗格中，如图 2-14 所示。

单击导航窗格中数据库对象右侧的 ⌄ 按钮，即可展开该对象，显示出其中的内容。例如，单击"窗体"右侧的 ⌄ 按钮，就会显示当前数据库下所有的窗体对象；而单击导航窗格中数据库对象右侧的 ⌃ 按钮，即可隐藏该对象。

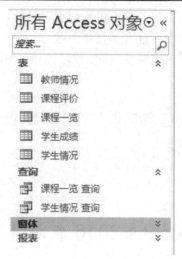

图 2-14　导航窗格

导航窗格可以最小化或者隐藏起来。单击导航窗格右上角的按钮 « 或按功能键【F11】可以最小化导航窗格，再次单击可以还原导航窗格。

4) 工作区

工作区是操作界面中最大的区域(参见图 2-2)，用来显示数据库的各种对象，是进行数据库操作的主要工作区域。

5) 状态栏

状态栏位于操作界面的最底部(参见图 2-2)，用于显示系统正在进行的操作信息，可以帮助用户了解所进行操作的状态。

3. 上下文选项卡

Access 2016 采用的上下文选项卡是一种新的 Office 用户界面元素。当用户进行的操作不同时，在常规选项卡的右侧就会显示一个或多个上下文选项卡，其中包含对当前对象的操作命令。例如，用户在创建表对象时，在"帮助"选项卡的右侧会显示一个"表格工具"的上下文选项卡，其含有"表字段"和"表"两项，如图 2-15 所示。

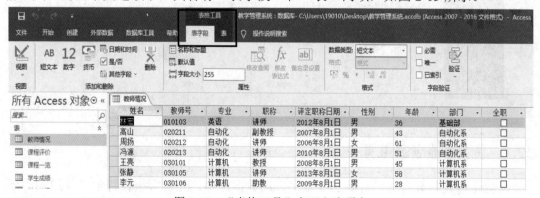

图 2-15　"表格工具"上下文选项卡

4. 选项卡式文档

Access 2016 使用选项卡式文档显示数据库对象，如图 2-16 所示。选项卡式文档界面的优点是便于用户与数据库交互，它不仅可以在 Access 2016 窗口中用更小的空间显示更多的信息，而且可以方便用户查看和管理对象。

当打开的对象比较多时，在文档窗口的上部只显示一部分对象，单击左右侧的滚动按钮，即可显示其他对象。

姓名	教师号	专业	职称	评定职称日期	性别	年龄	部门	全职
林宏	010103	英语	讲师	2012年8月1日	男	36	基础部	☐
高山	020211	自动化	副教授	2007年8月1日	男	43	自动化系	☐
周扬	020212	自动化	讲师	2006年8月1日	女	61	自动化系	☐
冯源	020213	自动化	讲师	2010年8月1日	男	51	自动化系	☐
王亮	030101	计算机	教授	2008年8月1日	男	45	计算机系	☐
张静	030105	计算机	讲师	2013年8月1日	女	58	计算机系	☐
李元	030106	计算机	助教	2009年8月1日	男	28	计算机系	☐

图 2-16 选项卡式文档

2.2 Access 2016 数据库的创建

Access 2016 提供了两种创建数据库的方法：一种是使用模板创建；另一种是从空白开始创建，如图 2-17 所示。不论是使用哪种方法创建的数据库，都可以在以后任何时候进行修改或扩充。

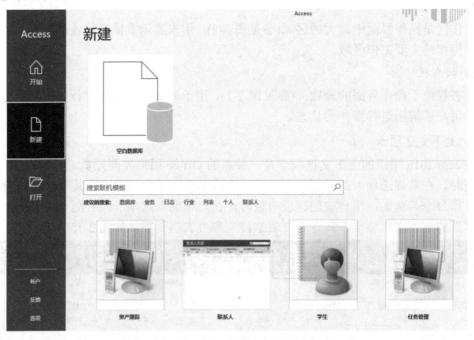

图 2-17 "新建"界面

2.2.1 使用模板创建数据库

模板是预设的数据库，含有已经定义好的数据结构，还包含执行特定任务所需的所有表、查询、窗体和报表。用户既能以原样使用模板，也能对模板进行修改。若用户所需的数据库与模板接近，则使用模板是创建数据库最快的方式，效果也最佳。

Access 2016 提供的默认模板如图 2-18 所示。

图 2-18　默认模板

【例 2-1】　使用模板"学生"创建数据库文件。

使用 Access 2016 提供的默认模板"学生"创建数据库的操作步骤如下：

(1) 启动 Access 2016，进入初始界面，点击左侧命令中的"新建"，如图 2-17 所示。

(2) 单击图 2-18 中的模板"学生"后会打开如图 2-19 所示对话框，通过点击该对话框左右两边的箭头可切换为其他模板。对话框右侧显示创建的数据库名和保存路径。默认第一次新建的数据库文件名为 Database1.accdb，后续再次新建则为 Database2.accdb，依次类推，默认数据库文件的保存路径为"此电脑→文档"，也就是"C:\Users\用户名\Documents"。

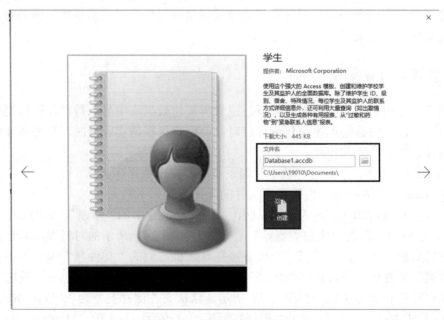

图 2-19　设置文件名和路径

(3) 可以直接在图 2-19 所示对话框右侧的 "文件名" 编辑框中输入想创建的数据库文件名，也可以单击 ▦ 按钮弹出 "文件新建数据库" 对话框，同时修改文件名、保存路径和保存类型。本例中将文件名修改为 "学生.accdb"，保存路径使用默认方式。

(4) 单击 "创建" 按钮，完成数据库的创建。此时选择的模板将会应用到数据库中，如图 2-20 所示。

图 2-20 "学生" 数据库

完成上述操作后，"学生" 数据库的结构框架就建立起来了，但数据库中所包含的表以及每个表中所包含的字段不一定完全符合要求，比如我们的学生信息只需要名字即可，不需要再保存一个姓氏。因此在使用模板创建数据库后，可根据实际需要对其进行修改，使其最终满足需求。

2.2.2　创建空白数据库

若没有满足用户需要的数据库模板，或者需要往数据库中导入数据，则需要创建一个空白数据库。空白数据库中不包含任何对象，用户可根据实际情况，添加需要的表、查询、窗体、报表、宏和模块。

【例 2-2】 创建一个名为 "教学管理系统" 的空白数据库文件。

使用 Access 2016 创建空白数据库文件的操作步骤如下：

(1) 启动 Access 2016，进入初始界面，点击左侧命令中的 "新建"，如图 2-17 所示。

(2) 单击右侧上部的 "空白数据库" 后会打开如图 2-21 所示的对话框，对话框右侧显示创建的数据库名和保存路径。可以直接在对话框右侧的 "文件名" 编辑框中输入想创建的数据库文件名，也可以单击 ▦ 按钮弹出 "文件新建数据库" 对话框，同时修改文件名、保存路径和保存类型，如图 2-22 所示。默认文件保存类型为 "Microsoft Access 2007-2016 数据库(*.accdb)"，也可以根据实际需要修改为低版本的 "Microsoft Access 数据库(2000 格式) (*.mdb)"或"Microsoft Access 数据库(2002-2003 格式) (*.mdb)"。

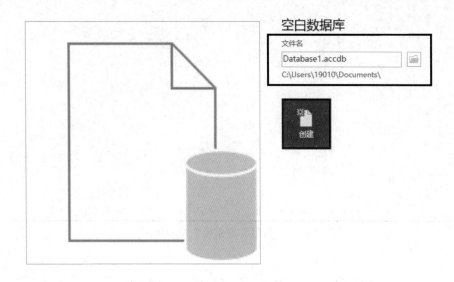

图 2-21　创建"空白"数据库

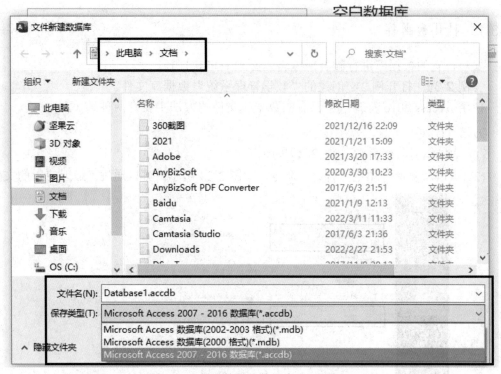

图 2-22　"文件新建数据库"对话框

(3) 将文件名修改为"教学管理系统.accdb",保存路径和保存类型使用默认方式。

(4) 单击"创建"按钮,Access 2016 将创建空白的"教学管理系统"数据库,如图 2-23 所示。创建空白数据库时,系统会为数据库自动添加一个名为"表 1"的表对象。如果不需要此表,可直接关闭,系统会自动删除此表。

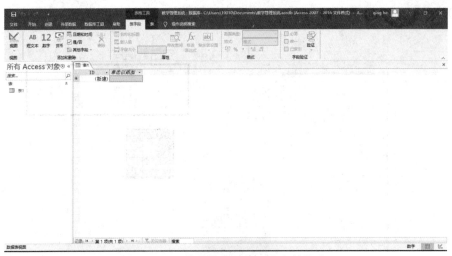

图 2-23　"教学管理系统"空白数据库

2.3　数据库文件的基本操作

2.3.1　打开数据库

要对已有的数据库进行查看或编辑，必须先将其打开。

【例 2-3】　打开例 2-2 创建的"教学管理系统"数据库文件。

使用 Access 2016 打开一个已有的数据库文件的方法主要有两种。

方法 1：

(1) 启动 Access 2016，进入初始界面。

(2) 点击左侧命令中的"打开"命令，如图 2-24 所示。可以通过"最近使用的文件"

图 2-24　初始页面的打开命令

列表，单击第一个"教学管理系统.accdb"完成数据库文件的打开。也可以单击"浏览"命令，弹出"打开"对话框。在"打开"对话框中找到"此电脑→文档→教学管理系统.accdb"，双击该文件或选中该文件再单击右键选择"打开"，系统便会以默认的打开方式打开该数据库，如图 2-25 所示。

图 2-25　"打开"对话框

方法 2：

(1) 双击桌面的"此电脑"图标，或单击此图标，点击鼠标右键，选择"打开"。

(2) 在左侧导航列表中点击"此电脑→文档"，在右侧找到"教学管理系统.accdb"文件，双击该文件或选中该文件再单击右键选择"打开"，系统便会以默认的打开方式打开该数据库文件。

Access 2016 中打开数据库的模式有 4 种，在"打开"对话框中，单击"打开"按钮右侧的下拉按钮可进行选择，如图 2-25 所示。

(1) 打开：默认方式，被打开的数据库文件可被其他用户共享。

(2) 以只读方式打开：只能使用和浏览被打开的数据库文件，不能对其进行编辑修改。

(3) 以独占方式打开：数据库已打开时，只能被当前打开它的用户使用，其他用户不能再打开。

(4) 以独占只读方式打开：只能使用和浏览被打开的数据库文件，不能对其进行编辑修改，其他用户不能使用该数据库文件。

2.3.2　关闭数据库

数据库使用结束或要打开另一个数据库时，就要关闭当前数据库。

【例 2-4】　关闭例 2-3 打开的"教学管理系统"数据库文件。

使用 Access 2016 关闭一个打开的数据库文件的方法主要有：

(1) 单击"文件"选项卡中的"关闭"命令，此方法只关闭"教学管理系统"数据库而不退出 Access 2016。

(2) 单击标题栏右侧的"关闭"按钮。

(3) 在标题栏上点击鼠标右键，选择"关闭"。

(4) 双击窗口最左上角。

(5) 使用快捷组合键【Alt + F4】。

方法(2)～(5)都会先关闭数据库文件然后退出 Access 2016，如果数据库文件未保存会提示是否需要保存。

2.3.3　保存和另存为

1. 保存数据库

数据库文件在编辑完成后需要保存，使用 Access 2016 保存数据库文件的方法主要有：

(1) 单击"文件"选项卡中的"保存"命令。

(2) 单击标题栏左侧"快速访问工具栏"的"保存"按钮🖫。

(3) 使用快捷组合键【Ctrl+S】。

这 3 种方法都是将数据库文件以原来的文件名、保存路径和保存类型进行保存。

2. 数据库另存为

如果想修改文件名、保存路径或版本，则需要通过数据库另存为来实现。

【例 2-5】　将例 2-2 创建的"教学管理系统"数据库名字修改为"JXGL"，保存路径修改为"桌面"。

修改文件的保存路径的操作步骤如下：

(1) 打开"教学管理系统"数据库文件。

(2) 单击"文件"选项卡。

(3) 单击左侧命令中的"另存为"命令，默认选中的是"文件类型→数据库另存为"窗格，如图 2-26 所示。

图 2-26　"文件类型→数据库另存为"窗格

(4) "数据库另存为"窗格中可以将数据库文件另存为其他文件类型，本例不修改。

(5) 单击"另存为"按钮，注意在点击该按钮之前应关闭所有数据库对象，否则会报错。在弹出的"另存为"对话框中，选择新的路径"桌面"，输入新的数据库文件名"JXGL"，单击"保存"按钮，如图 2-27 所示。

也可以通过单击文件，点击右键选择"重命名"来修改文件名，也可以通过"复制"和"粘贴"命令来修改文件保存路径。

图 2-27 数据库"另存为"对话框

2.4 管理数据库

2.4.1 修改默认文件格式

用户创建的空白数据库在 Access 2016 中的默认格式为 Access 2007-2016，扩展名为 accdb。如果要改变新建立数据库的默认文件格式，可以通过"Access 选项"对话框进行修改。

【例 2-6】 修改数据库的默认文件格式为"Access 2002-2003"。

修改新建立数据库的默认文件格式的操作步骤如下：

(1) 单击"文件"选项卡。

(2) 单击左侧命令中最下面的"选项"命令，打开"Access 选项"对话框。

(3) 默认选择的是"常规"选项。

(4) 在"常规"选项下的"创建数据库"组中，单击"空白数据库的默认文件格式"后面的下拉按钮，选择"Access 2002-2003"，就可以修改默认文件格式，如图 2-28 所示。

修改后的数据库文件格式只在创建新的数据库时才会生效。

图 2-28 Access 2016 "选项"对话框→修改默认文件格式

2.4.2 修改默认文件保存路径

Access 2016 新建数据库文件的默认文件夹是 "文档"，也就是说如果不修改文件的保存路径，默认数据库文件保存在 "此电脑→文档" 中，也就是 "C:\Users\用户名\Documents" 路径下。但为了数据库文件管理、操作上的方便，可把数据库文件放在一个专用的工作文件夹中。

【例 2-7】 修改数据库默认文件保存路径为 "D:\User"。

修改数据库默认文件保存路径的操作步骤如下：

(1) 单击 "文件" 选项卡。

(2) 单击左侧命令中最下面的 "选项" 命令，打开 "Access 选项" 对话框。

(3) 默认选择的是 "常规" 选项。

(4) 在 "常规" 选项下的 "创建数据库" 组中，在 "默认数据库文件夹" 后的编辑框内输入 "D:\User"，或者单击后面的 "浏览" 按钮，在打开的 "默认数据库路径" 对话框中，选中 D 盘下的 User 文件夹，点击 "确定" 按钮，就可以修改默认文件保存路径为 "D:\User"，如图 2-29 所示。

图 2-29　Access 2016 "选项"对话框→修改默认文件保存路径

2.4.3　数据库版本的转换

在 Access 2016 中，可以实现数据库在不同版本之间的转换，从而使数据库在不同的 Access 环境中都能使用。Access 2016 可以将当前版本的数据库与以前版本的数据库进行相互转换，转换的方法相同。

【例 2-8】　将例 2-2 创建的"教学管理系统"数据库文件版本转换为"Access 2002-2003"。

数据库文件转换的操作步骤如下：

(1) 打开"教学管理系统"数据库。

(2) 单击"文件"选项卡。

(3) 单击左侧命令中的"另存为"命令，默认选中的是"文件类型→数据库另存为"窗格。

(4) 在"数据库另存为"窗格中可以将数据库文件另存为"数据库文件类型"，包括默认的数据库格式 Access 数据库(.accdb)、Access 2002-2003 数据库(*.mdb)、Access 2000 数据库(.mdb)和模板(.accdt)，也可以另存为"高级"，包括打包并签署、生成 ACCDE、备份数据库和 SharePoint。本例题单击选中"Access 2002-2003 数据库(*.mdb)"，如图 2-30 所示。

(5) 单击"另存为"按钮，在弹出的"另存为"对话框中，单击"保存"按钮。

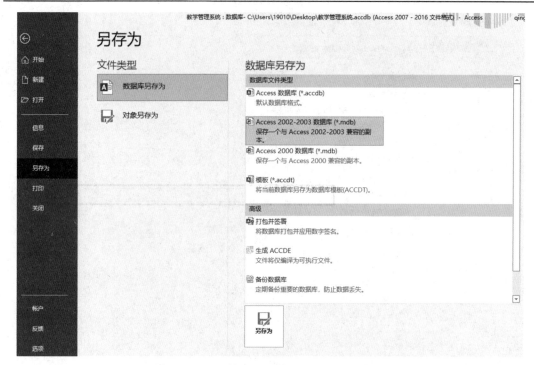

图 2-30 "文件类型→数据库另存为"窗格

注意：当 Access 2016 数据库中使用的某些功能在以前版本中没有时，则不能将 Access 2016 数据库转换为以前版本的格式。

2.4.4　生成 ACCDE 文件

生成 ACCDE 文件是把原数据库 .accdb 文件编译为仅可执行的 .accde 文件(扩展名为 .accde 的文件)。如果 .accdb 文件包含任何 Visual Basic for Applications(VBA 代码)，则 .accde 文件中将仅包含编译后的目标代码，因此用户不能查看或修改其中的 VBA 源程序代码。使用 .accde 文件的用户无法更改窗体或报表的设计，从而进一步提高了数据库系统的安全性能。

【例 2-9】使用例 2-2 创建的"教学管理系统.accdb"数据库文件生成 ACCDE 文件。

从 .accdb 文件创建 .accde 文件的操作步骤如下：

(1) 打开"教学管理系统.accdb"数据库文件。

(2) 单击"文件"选项卡。

(3) 单击左侧命令中的"另存为"命令，默认选中的是"文件类型→数据库另存为"窗格。

(4) 在"数据库另存为"窗格中可以将数据库文件另存为"高级"，包括打包并签署、生成 ACCDE、备份数据库和 SharePoint，如图 2-30 所示。本例题单击选中"生成 ACCDE"选项。

(5) 单击"另存为"按钮，在弹出的"另存为"对话框中，单击"保存"按钮，就可以在原路径下保存一份"教学管理系统.accde"文件。

2.4.5　备份和还原数据库

1. 备份数据库

为了避免因数据库损坏或数据丢失给用户造成损失，应对数据库文件定期做备份。

【例 2-10】　备份例 2-2 创建的"教学管理系统.accdb"数据库文件。

备份数据库文件的操作步骤如下：

(1) 打开"教学管理系统.accdb"数据库文件。

(2) 单击"文件"选项卡。

(3) 单击左侧命令中的"另存为"命令，默认选中的是"文件类型→数据库另存为"窗格。

(4) 单击"数据库另存为"区域"高级"选项组中的"备份数据库"按钮，如图 2-30 所示。

(5) 单击"另存为"按钮，在弹出的"另存为"对话框中选择保存位置，单击 "保存"按钮。系统默认的备份数据库名称中包含备份日期，便于还原数据，因此建议使用默认名称。

此外，使用"复制"和"粘贴"命令，也可以实现对数据库文件的备份工作。

2. 还原数据库

还原数据库就是用备份的数据库来替代已经损坏或数据存在问题的数据库。只有在有数据库备份文件的情况下，才能还原数据库。还原数据库的具体步骤如下：

(1) 打开资源管理器，找到数据库备份。

(2) 将数据库备份复制到需替换的数据库位置。

2.4.6　压缩和修复数据库

用户不断地给数据库添加、更新、删除数据及修改数据库设计，会使数据库越来越大，致使数据库的性能逐渐降低，出现打开对象的速度变慢、查询运行时间更长等情况，因此，需要对数据库进行压缩和修复操作。压缩和修复数据库可以重新整理数据库对磁盘空间的占用，可以恢复因操作失误或意外情况丢失的数据信息，从而提高数据库的使用效率，保障数据库的安全性。

压缩和修复数据库的方法分为两种：一是关闭数据库时自动执行压缩和修复，二是手动压缩和修复数据库。

1. 关闭数据库时自动执行压缩和修复

【例 2-11】　将"教学管理系统.accdb"数据库文件设置为"关闭数据库时自动执行压缩和修复"。

设置关闭数据库时自动执行压缩和修复的操作步骤如下：

(1) 打开"教学管理系统.accdb"数据库文件。

(2) 单击"文件"选项卡。

(3) 单击左侧命令中最下面的"选项"命令，打开"Access 选项"对话框，单击"当前数据库"。

(4) 在"应用程序选项"选项组中，选中"关闭时压缩"复选框，单击"确定"按钮，如图 2-31 所示。"关闭时压缩"选项只对当前数据库有效，对于需要压缩的数据库，必须单独设置此选项。

图 2-31　压缩数据选项

2. 手动压缩和修复数据库

【例 2-12】　将"教学管理系统.accdb"数据库文件手动进行压缩和修复。

手动压缩和修复数据库的操作步骤如下：

(1) 打开"教学管理系统.accdb"数据库文件。

(2) 单击"文件"选项卡。

(3) 单击左侧命令中的"信息"命令，单击右侧的"压缩和修复数据库"，即可完成数据库的压缩和修复，如图 2-32 所示。

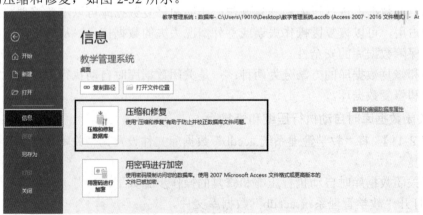

图 2-32　信息命令中的手动压缩和修复数据库文件

另外，单击"数据库工具"选项卡，再单击"工具"组中的"压缩和修复数据库"按钮，如图 2-33 所示，也可以实现手动压缩和修复数据库文件。

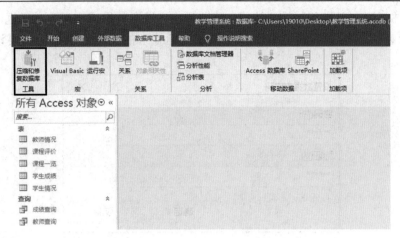

图 2-33　数据库工具中的手动压缩和修复数据库文件

2.4.7　加密和解密数据库

为了保护数据库不被其他用户使用或修改,可以给数据库设置访问密码。设置密码后,还可根据需要删除密码并重新设置密码。

1. 设置密码

【例 2-13】　为"教学管理系统"数据库文件设置密码:123456。

为数据库文件设置密码的操作步骤如下:

(1) 启动 Access 2016,进入初始界面。

(2) 点击左侧命令中的"打开"命令,单击"浏览"按钮,弹出"打开"对话框。

(3) 在"打开"对话框中,通过浏览"此电脑→文档"文件夹,找到"教学管理系统"数据库文件,单击选中。

(4) 单击"打开"按钮右侧的下拉按钮,弹出下拉菜单,然后单击该下拉菜单中的"以独占方式打开"。此时,Access 2016 便按"以独占方式打开"的方式打开了"教学管理系统"数据库文件。

(5) 单击"文件"选项卡,在左侧命令里单击"信息"命令后,显示"用密码进行加密"按钮,如图 2-34 所示。

图 2-34　单击"信息"后显示"用密码进行加密"按钮

(6) 单击"用密码进行加密"按钮，随即弹出"设置数据库密码"对话框，如图 2-35 所示。在"密码"标签下的文本框和"验证"标签下的文本框中都输入要设置的密码"123456"。

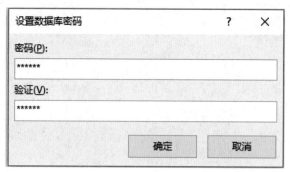

图 2-35 "设置数据库密码"对话框

(7) 单击"确定"按钮，密码设置成功。当关闭"教学管理系统"数据库文件再次想打开时，则需要输入密码。

2. 解密并打开数据库

【例 2-14】 打开例 2-13 中已经加密的"教学管理系统"数据库文件。

打开一个已经设置了密码的数据库文件的操作步骤如下：

(1) 打开"教学管理系统"数据库文件，自动弹出"要求输入密码"对话框，如图 2-36 所示。

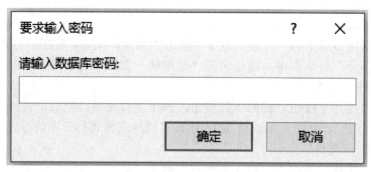

图 2-36 "要求输入密码"对话框

(2) 在"请输入数据库密码:"标签下的文本框中输入密码"123456"，然后单击"确定"按钮，就可以打开该数据库文件。

3. 删除密码

【例 2-15】 删除"教学管理系统"数据库文件的密码。

对于已经用密码进行加密的数据库文件，也可以删除其密码。删除数据库文件密码的操作步骤如下：

(1) 参考例 2-13 中的方法，以独占方式打开"教学管理系统"数据库文件，注意需要输入密码"123456"才能打开数据库。

(2) 单击"文件"选项卡，在左侧命令里单击"信息"命令，如图 2-37 所示。此时该加密过的数据库文件这里显示"解密数据库"。

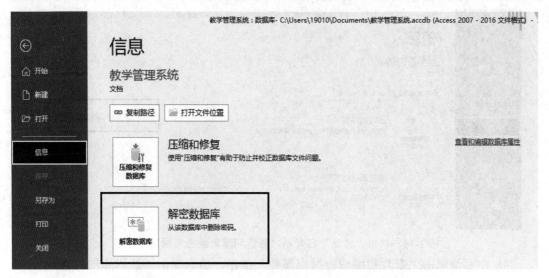

图 2-37　单击"信息"后显示"解密数据库"按钮

(3) 单击"解密数据库"按钮，随即弹出"撤消数据库密码"对话框，如图 2-38 所示。在"密码"标签下的文本框中输入原来设置的密码"123456"。

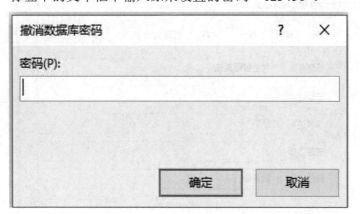

图 2-38　"撤消数据库密码"对话框

(4) 单击"确定"按钮，密码撤消成功。当关闭"教学管理系统"数据库文件再次打开时，无需输入密码。

注意：删除数据库文件密码必须在知道原加密密码的基础上才能进行。

2.4.8　设置数据库属性

数据库的标题、作者、单位等属性，可以通过数据库属性窗口进行定义或查看。

【例 2-16】设置"教学管理系统"数据库文件的作者为"张帆"，单位为"教务处"。

设置数据库文件属性的操作步骤如下：

(1) 打开"教学管理系统"数据库文件。

(2) 单击"文件"选项卡，在左侧命令里单击"信息"命令，出现"查看和编辑数据库属性"，如图 2-39 所示。

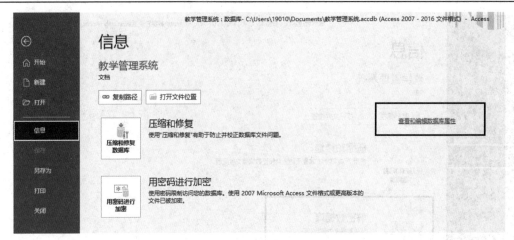

图 2-39　单击"信息"后显示"查看和编辑数据库属性"按钮

　　(3) 在右侧单击"查看和编辑数据库属性"按钮，随即弹出"数据库属性窗口"，在"摘要"选项卡的"作者"标签右侧的文本框中输入"张帆"，"单位"标签右侧的文本框中输入"教务处"，如图 2-40 所示。

图 2-40　设置数据库属性

2.5　数据库对象

Access 2016 数据库主要由表、查询、窗体、报表、宏和模块 6 大对象组成。可以使用命令对数据库对象进行导入、导出、复制、删除和重命名操作。

2.5.1　导入数据库对象

导入是指将外部文件或另一个数据库对象导入到当前数据库的过程。数据的导入使得 Access 2016 与其他文件实现了信息交流。

Access 2016 可以将多种类型的文件导入，包括 Excel 文件、Access 数据库、ODBC 数据库、文本文件、XML 文件等，如图 2-41 所示。

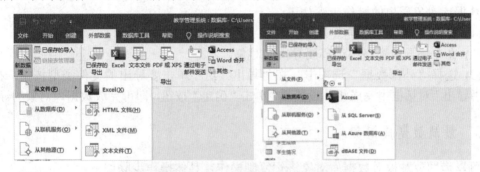

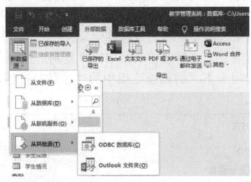

图 2-41　"导入并链接"组的可导入数据源

数据库对象导入的操作步骤如下：

(1) 打开需要导入数据的数据库文件。

(2) 选择"外部数据"选项卡，在"导入并链接"组中单击要导入的数据所在文件的类型按钮，在弹出的"获取外部数据"对话框中完成相关设置后，单击"确定"按钮，完成数据库对象的导入。

2.5.2　导出数据库对象

导出是指将 Access 2016 中的数据库对象导出到外部文件或另一个数据库的过程。

数据的导出也达到了信息交流的目的。

Access 2016 可以将数据库对象导出为多种数据类型，包括 Excel 文件、文本文件、PDF 或 XPS 文件、XML 文件、HTML 文档、Word 文件、Access 数据库等，如图 2-42 所示。

图 2-42 "导出"组的功能按钮

数据库对象导出的操作步骤如下：

(1) 打开要导出的数据库文件。

(2) 在左侧导航窗格中选择要导出的对象。

(3) 选择"外部数据"选项卡，在"导出"组中单击要导出的文件类型按钮，在弹出的"导出"对话框中完成相关设置后，单击"确定"按钮，即可完成数据库对象的导出。

2.5.3 复制数据库对象

可以借助剪贴板对数据库对象进行复制操作，具体操作步骤如下：

(1) 打开一个数据库文件。

(2) 在左侧导航窗格中选中要复制的数据库对象。

(3) 单击"开始"选项卡下"剪贴板"组中的"复制"按钮。

(4) 单击"开始"选项卡下"剪贴板"组中的"粘贴"按钮，弹出"粘贴表方式"对话框，如图 2-43 所示。

图 2-43 "粘贴表方式"对话框

(5) 按实际需要在对话框中完成相关设置后，单击"确定"按钮。

也可以通过选中对应的数据库对象，使用快捷键【Ctrl+C】复制后，再通过快捷键【Ctrl+V】粘贴打开图 2-43 所示的"粘贴表方式"对话框，实现复制数据库对象的操作。

2.5.4 删除数据库对象

删除数据库对象的操作步骤如下:

方法 1:

(1) 打开一个数据库文件。

(2) 在左侧导航窗格中右键单击需要删除的数据库对象。

(3) 在弹出的快捷菜单中选择"删除"命令。

方法 2:

(1) 打开一个数据库文件。

(2) 在左侧导航窗格中左键单击选中需要删除的数据库对象。

(3) 单击"开始"选项卡下"记录"组中的"删除"按钮。

2.5.5 重命名数据库对象

重命名数据库对象的操作步骤如下:

方法 1:

(1) 打开一个数据库文件。

(2) 在左侧导航窗格中右键单击需要删除的数据库对象。

(3) 在弹出的快捷菜单中选择"重命名"命令。

(4) 输入新名称后,按【Enter】回车键确认修改。

方法 2:

(1) 打开一个数据库文件。

(2) 在左侧导航窗格中左键单击选中需要删除的数据库对象。

(3) 按【F2】。

(4) 输入新名称后,按【Enter】回车键确认修改。

本 章 小 结

➢ 认识 Access 2016 的工作界面;

➢ 掌握 Access 2016 的数据库对象;

➢ 掌握创建数据库的方法,会进行数据库的基本操作;

➢ 掌握管理数据库和操作数据库对象的方法。

习   题

一、选择题

1. 在 Access 2016 数据库中,任何事物都被称为(   )。

A. 方法　　　　B. 对象　　　　C. 属性　　　　D. 事件

2. Access 2016 数据库文件的默认扩展名是(　　)。

A. doc　　　　B. dot　　　　C. xls　　　　D. accdb

3. 在 Access 2016 中，打开某数据库有(　　)种方式。

A. 2　　　　B. 3　　　　C. 4　　　　D. 5

4. Access 2016 数据库类型是(　　)。

A. 层次数据库　　B. 关系数据库　　C. 网状数据库　　D. 圆状数据库

5. Access 2016 是一个(　　)系统。

A. 人事管理　　B. 数据库　　C. 数据库管理　　D. 财务管理

6. 在 Access 2016 中，当要使用密码对数据库进行加密时，必须先(　　)打开该数据库。

A. 以共享方式　　B. 以只读方式　　C. 以独占方式　　D. 以独占只读方式

二、解答题

1. Access 2016 数据库有哪些对象？各自的作用是什么？

2. 如何创建数据库？

3. 打开和关闭数据库的方法有哪些？

4. 如何给数据库设置密码？

5. 如何将数据库的表导出到 Excel 文件？

三、操作题

1. 分别用两种方法创建一个名为"教务管理.accdb"的数据库。

2. 将"教学管理系统.accdb"数据库中的所有表导入到"教务管理.accdb"数据库。

3. 压缩与修复"教务管理.accdb"数据库。

4. 为"教务管理.accdb"数据库设置密码。

第 3 章　表

3.1　创建表

表是用于存储有关特定主题数据的数据库对象，是数据库组成的基本元素，也是数据库存储数据的唯一方式。表将具有相同性质或相关联的数据存储在一起，以行和列的形式来记录数据，同时它也是所有查询、窗体和报表的基础。

在一个数据库中至少包含一个或多个表，每个表用于存储包含不同主题的信息。如"教学管理系统"数据库中包含 5 张表——"学生情况""教师情况""课程评价""课程一览""学生成绩"，分别用来管理教学过程中有关学生、教师、课程等方面的信息，这些各自独立的表通过建立关系被连接起来，组成一个有机的整体。

3.1.1　设计数据表的结构

在 Access 2016 中以二维表的形式来定义表的数据结构。Access 2016 中数据表是由表名、表中的字段和表的记录三个部分组成的。设计数据表结构就是定义数据表文件名，确定数据表包含哪些字段以及各字段的字段名、字段类型及宽度，并将这些信息输入到计算机中去。

在关系数据库中，一个关系就是一个二维表，如表 3-1 所示为一个"学生情况"表。在表 3-1 中，每一行由若干个数据项组成，称为记录。每一列是一个数据项，称为字段。栏目标题(表头)称为这个字段的字段名。因此，字段的个数和每个字段的名称、类型、宽度便决定了这个二维表的结构。

表 3-1　"学生情况"表

学　号	姓　名	性　别	出生日期	专业	家庭住址	邮政编码	政治面貌
20191101	李宇	男	2000/9/5	计算机	天津市西青区大寺镇王村	300015	中共党员
20191102	杨林	女	2001/5/17	计算机	北京市西城区太平街	100012	中共党员
20191103	张山	男	1999/1/10	计算机	济南市历下区华能路	250121	预备党员
20191104	马红	女	2000/3/20	计算机	江苏省南京市秦淮区军农路	210121	共青团员
20191105	林伟	男	1999/2/3	计算机	四川省成都市武侯区新盛路	610026	中共党员
20192101	姜恒	男	1997/12/7	自动化	重庆市渝中区嘉陵江滨江路	400028	预备党员
20192102	崔敏	女	1997/2/24	自动化	北京市朝阳区安贞街道	100102	中共党员
20192103	李静	女	2000/4/6	自动化	四川省成都市锦江区上沙河铺街	610105	共青团员
20192104	郑义	男	1998/4/9	自动化	天津市南开区冶金路	300101	预备党员

1. 设计表的结构要考虑的问题

(1) 确定表名。定义表名时，一是要使表名能够体现表中所含数据的内容；二是要考虑使用时的方便，表名要简略、直观。

(2) 确定字段名称。每个字段都应具有唯一的标识名，即字段名称，用以标识该列字段。

Access 2016 要求字段名符合以下规则：

① 最长可达 64 个字符(包括空格)。

② 可采用字母、汉字、数字、空格和其他字符。

③ 不能包含点(.)、感叹号(!)、方括号([])以及不可打印字符(如回车符等)。

④ 不能以先导空格开头。

⑤ 不能包含控制字符(0～31 的 ASCII 值)。

(3) 确定字段类型。

(4) 确定字段属性。

2. Access 2016 的数据类型

Access 2016 数据库中常用的数据类型有以下 12 种。

(1) 短文本型。通常用于表示文本或文本与数字的组合，以及不需要进行计算的数字，最多 255 个字符。通过设置"字段大小"属性，可以设置"短文本"字段中允许输入的最大字符数。

(2) 长文本型。长文本或文本与数字的组合。允许存储的内容可以长达 65 535 个字符。适合于存放对事物进行详细描述的信息，如个人简历、备注、摘要等。

(3) 数字型。用于可以进行算术运算的数据。数字型字段又细分为整型、长整型、字节型、单精度型、双单精度型等类型。单精度型小数位数精确到 7 位，双精度型小数位数精确到 15 位。字节型只能保存从 0 到 255 的整数。具体使用哪种类型，根据实际需要而定。

(4) 日期/时间型。用于表示 100～9999 年之间任意日期和时间的组合。日期/时间型数据的存放和显示格式完全取决于用户定义格式。根据存放和显示格式的不同，日期/时间型数据又分为常规日期、长日期、中日期、短日期、长时间、中时间、短时间等类型，系统默认其长度为 8 字节。

(5) 货币型。用于存储货币值，占 8 字节。向该字段输入数据时，直接输入数据后，系统会自动添加货币符号和千位分隔符。使用货币数据类型可以避免计算时四舍五入，整数位精确到 15 位，小数位精确到 4 位。货币型数据的存放和显示格式完全取决于用户定义格式。

(6) 自动编号型。自动编号型是指每当向表中添加一条新记录时，由 Microsoft Access 2016 指定的一个唯一的顺序号(每次递增 1)或随机数。自动编号字段不能更新。

自动编号型的用法：用于生成可作为主键的唯一值，值的大小为长整型。自动编号有递增和随机两种选择，递增从数值 1 开始，并为每条新记录增加 1；随机以随机值开始，并向每条新记录生成一个随机值。

自动编号数据类型一旦被指定，就会永久地与记录连接，如果删除了表中含有自动编号字段的一个记录，并不会对表中自动编号型字段重新编号。当添加某一记录时，不再使用已被删除的自动编号型字段值，按递增的规律重新赋值 1。

每一个数据表中只允许有一个自动编号型字段，其长度由系统设置为 4 字节，如顺序编号、商品编号、编码等。

(7) 是/否型。用于判断逻辑值为真或假的数据，如是/否、真/假、开/关，该类型长度固定为 1 字节。

(8) OLE 对象型。OLE(Object Linking and Embedding)对象型是指在其他程序中使用 OLE 协议创建的对象，如 Microsoft Word 文档、Microsoft Excel 电子表格、图像、声音和其他二进制数据。它的大小可以达到 1 GB。

(9) 超链接型。该字段以文本形式保存超级链接的地址，用来链接到文件、WEB 页、本数据库中的对象、电子邮件地址等，最多可存储 64 000 个字符。

(10) 附件型。附件型是指图片、图像、二进制文件、Office 文件，是用于存储数字图像和任意类型二进制文件的首选数据类型。对于压缩的附件，其大小为 2 GB；对于未压缩的附件，其大小约是 700 KB，具体取决于附件的可压缩程序。

(11) 计算型。用于显示根据同一表中的其他数据计算而来的值，可以使用表达式生成器来创建计算。其他表中的数据不能用作计算数据的源。

(12) 查阅向导型。用于创建查阅向导字段，用户可使用列表框或组合框的形式查阅其他表或本表中其他字段的值，一般为 4 字节。

3．表的视图方式

表的视图方式有以下两种：

(1) 设计视图：主要用于创建和修改表的结构。

(2) 数据表视图：主要用于浏览、编辑和修改表中的数据。

4．表结构的设计

表结构的设计步骤如下：

(1) 创建一张新表。

(2) 定义每个字段的字段名、数据类型和说明。

(3) 定义每个字段的属性。

(4) 定义表的主键。

(5) 为必要的字段建立索引。

(6) 保存表结构的设计。

【例 3-1】 按照以上步骤定义"教学管理系统"数据库中学生情况表的结构(见表 3-2)。

表 3-2 　"学生情况"表

字段名称	字段类型	字段长度	字段名称	字段类型	字段长度
学号	短文本	8	专业	短文本	20
姓名	短文本	10	家庭住址	长文本	—
性别	短文本	1	邮政编码	短文本	6
出生日期	日期/时间	长日期	政治面貌	短文本	20

3.1.2　使用表设计器创建表

表设计器是在 Access 2016 中设计表的主要工具，利用表设计器不仅可以创建表，还可以修改表结构。使用设计器创建表，就是在表设计器窗口中定义表的结构，即详细说明表中每个字段的名称、字段的类型以及每个字段的具体属性。在表结构定义并保存后，再切换到"数据表视图"窗口，输入每一条记录。下面以一个具体实例介绍表设计器的使用方法。

单击"创建"选项卡上"表格"组中的"表设计"按钮，Access 2016 应用程序功能区会增加一个"设计"选项卡，如图 3-1 所示。

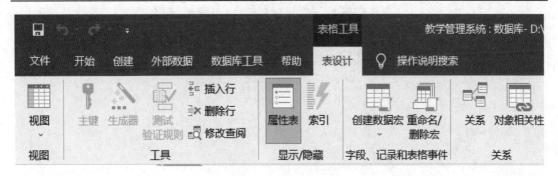

图 3-1　"设计"选项卡

下面简要介绍"设计"选项卡上不同组中常用的功能。

(1) "视图"按钮组：单击该组按钮的下拉列表有"数据表视图"和"设计视图"2个选项。

① "数据表视图"：主要用于浏览、编辑和修改表中的数据。

② "设计视图"：主要用于创建和修改表的结构。

(2) "工具"按钮组：主要用于数据表主键的设置、有效性规则的设置、字段的插入和删除等。

(3) "显示/隐藏"按钮组：主要用于显示和隐藏属性表。

(4) "字段、记录和表格事件"按钮组：主要用于创建和删除数据宏。

(5) "关系"按钮组：主要用于创建表与表之间的关联关系。

【例 3-2】　使用表设计器创建"教学管理系统"数据库中的学生情况表，表中结构如表 3-2 所示，设置"学号"字段为主键。操作步骤如下：

(1) 启动 Access 2016，打开"教学管理系统"数据库。在"创建"选项卡中的"表格"组中选定"表设计"按钮，打开设计视图窗口，如图 3-2 所示。

图 3-2　设计视图窗口

(2) 在"字段名称"列中输入字段名；在"数据类型"中选择相应的数据类型；在"常规"选项卡中设置字段大小，依据表所示的表结构，创建好的表结构如图 3-3 所示。

(3) 设置主键。选择"学号"字段，右击，在弹出的快捷菜单中选择"主键"命令；或者单击"设计"选项卡上"工具"组中的"主键"按钮 ，则在学号字段的选定器上显示钥匙图形 。

(4) 单击"保存"按钮 ，以"学生情况"为数据表名称保存表。

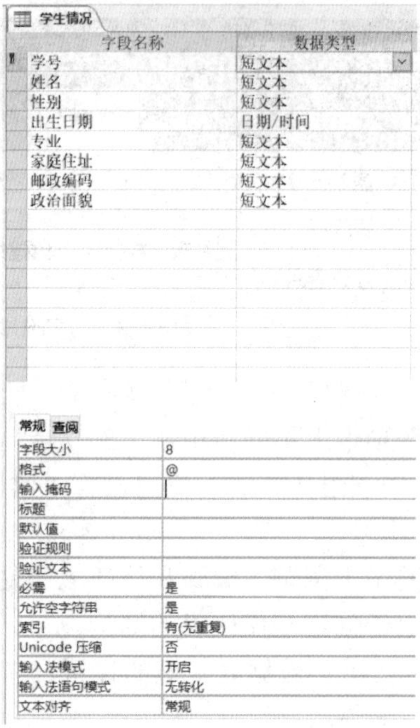

图 3-3　"学生情况"表的设计视图

3.1.3　使用模板创建表

使用模板创建数据表是一种快速创建表的方式。这是由于 Access 2016 在模板中内置了一些常见的模板示例表。虽然运用模板创建表要比其他方式更加方便和快捷,但是局限性很大。

在 Access 2016 中提供了联系人、批注、任务、问题、用户等模板选项。这些模板表中都包含了足够多的字段名,用户可以根据需要在数据表中添加或删除字段。

单击"创建"选项卡上"模板"组中的"应用程序部件"按钮,模板列表在"快速入门"列表中,如图 3-4 所示,其中包括"联系人""批注""任务""问题""用户"模板。

图 3-4　模板列表

【例 3-3】 根据"联系人"模板创建"联系人"数据表。其操作步骤如下:

(1) 打开"教学管理系统"数据库,单击"创建"选项卡上"模板"组中的"应用程序部件"按钮,从列表中选择"联系人",弹出"创建关系"对话框,在对话框中选择"不存在关系",如图 3-5 所示。

(2) 单击"创建"按钮,在"导航"窗格中会显示有关"联系人"表的对象以及窗体对象,如图 3-6 所示,可以通过设计视图查看或修改"联系人"表结构。

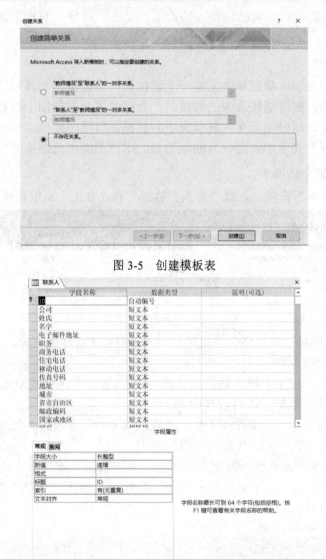

图 3-5　创建模板表

图 3-6　"联系人"表结构视图

3.1.4　通过导入和链接外部数据创建表

数据共享是加快信息流通、提高工作效率的要求。Access 2016 提供的导入和链接功能就可用来实现数据共享。

在 Access 2016 中，可以通过导入或链接到其他存储位置上的外部数据来创建表。例如，可以导入或链接到 Excel 工作表、Windows SharePoint Services 列表、XML 文件、其他 Access 2016 数据库、Microsoft Office Outlook 文件夹等中的数据。

1. 导入表

导入数据是指在当前数据库的新表中创建外部数据源的副本。外部数据源发生变化

(如修改或删除数据)不会影响已经导入的数据；反之，对导入的数据进行更改也不会影响外部数据源。

2. 链接表

链接数据是指在当前数据库中创建一个链接表，该链接表与其他位置所存储的数据建立一个活动链接。更改链接表中的数据时，会同时更改数据源中的数据；反之，更改数据源中的数据时，同时也会更改链接表中的数据。当用户要使用链接表时，必须能够链接到数据源，否则就不能使用。应注意的是，用户不能更改链接表的设计。

3. "外部数据"选项卡

单击"外部数据"选项卡，有"导入并链接"和"导出"两组按钮，如图 3-7 所示。

图 3-7   "外部数据"选项卡

(1) "导入并链接"按钮组：主要用于导入或链接 Excel 工作表、其他 Access 2016 数据库、ODBC 数据库等。

(2) "导出"按钮组：主要用于数据的导出，将数据表作为无格式数据导出到 Microsoft Excel、文本文件或其他电子表格程序中。

【例 3-4】 通过将外部 Excel 文件"课程一览.xlsx"导入到"教学管理系统"数据库中来创建"课程一览"表。其操作步骤如下。

(1) 打开"教学管理系统"数据库，单击"外部数据"选项卡上"导入并链接"组中的 "新数据源"，选择"从文件"→"Excel"按钮，弹出"获取外部数据-Excel 电子表格"对话框，如图 3-8 所示。

图 3-8   "获取外部数据-Excel 电子表格"对话框

(2) 在图 3-8 所示的对话框中有两个指定：第一指定要导入或链接的数据源；第二指定数据在当前数据库中的存储方式和存储位置，即导入或链接方式。

在本例中，首先单击"浏览"按钮，确定导入文件所在的文件夹为 D:\，在文件列表框中选择"课程一览.xlsx"。然后选择第一个单选按钮来指定数据导入方式。

(3) 单击图 3-8 中的"确定"按钮，弹出"导入数据表向导"对话框，如图 3-9 所示。

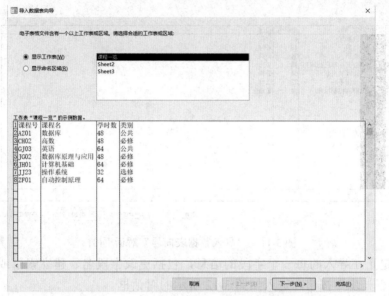

图 3-9　"导入数据表向导"对话框(1)

(4) 选定"课程一览"表，单击"下一步"按钮，弹出如图 3-10 所示的对话框。

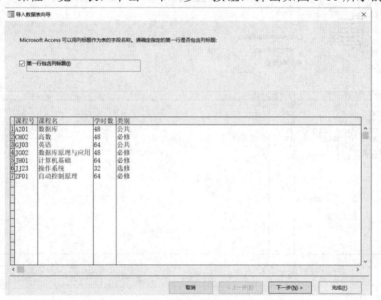

图 3-10　"导入数据表向导"对话框(2)

(5) 由于要将电子表格的列标题作为表的字段名称，因此选中"第一行包含列标题"复选框，单击"下一步"按钮，弹出修改字段名称及数据类型设置对话框，在"字段选项"框内可以为每一个字段修改字段信息，包括字段名称、数据类型等，如图 3-11 所示。

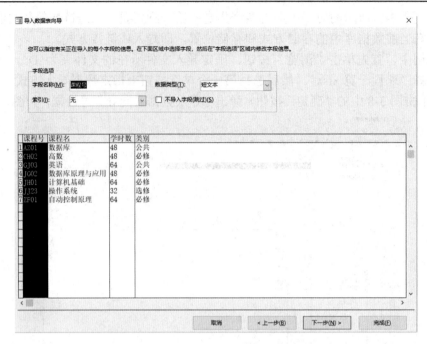

图 3-11　"导入数据表向导"对话框(3)

(6) 指定正在导入的每一个字段的信息,包括更改字段名、建立索引或跳过某个字段,单击"下一步"按钮,进入如图 3-12 所示的对话框。

图 3-12　"导入数据表向导"对话框(4)

(7) 确定新表的主键。选择"不要主键",单击"下一步"按钮,在弹出的对话框的"导入到表"文本框中输入"课程一览",单击"完成"按钮,如图 3-13 所示,则在数据库的所有对象中添加了一个新的"课程一览"表对象,如图 3-14 所示。

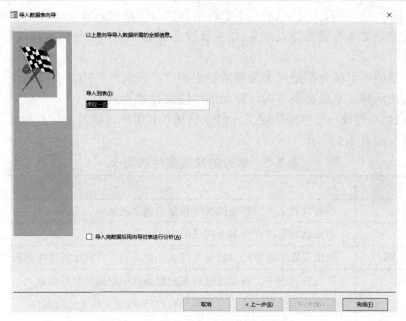

图 3-13 "导入数据表向导"对话框(5)

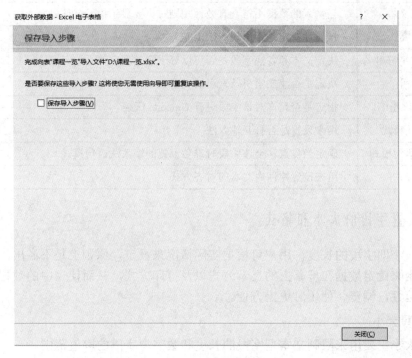

图 3-14 保存新表对话框

3.2 设置字段的属性和表结构的修改

表的创建过程实际就是定义字段的过程,除了要定义表中每一个字段的基本属性(如字段名、字段类型、字段大小)以外，还要对字段的显示格式、输入掩码、标题、默认值、验证规则及验证文本等属性加以定义。这些属性的设置使用户在使用数据库时更加安全、方便和可靠。

　　表设计器的下半部分都是用来设置数据表的"字段属性"的，字段属性分为常规属性和查阅属性两种。字段类型不同，显示的字段属性也不同。

　　Access 2016 为每一个字段指定了一些默认属性，用户可以改变这些属性。字段的常规属性选项卡如表 3-3 所示。

表 3-3　字段的常规属性选项卡

属　性	说　　明
字段大小	用来设置文本型字段的长度和数字型字段的取值范围
格式	用来确定数据在屏幕上的显示方式以及打印方式
输入掩码	用来设置字段中的数据输入格式，并限制不符规格的文字或符号输入
标题	在各种视图中，可以通过对象的标题向用户提供帮助信息
默认值	指定数据的默认值，自动编号和 OLE 数据类型无此项属性
验证规则	一个表达式，用户输入的数据必须满足表达式
验证文本	当输入的数据不符合有效性规则时，要显示提示性信息
必需	该属性决定是否出现 NULL 值
允许空字符串	决定文本和备注字段是否可以等于零长度字符
索引	决定是否建立索引及索引的类型
Unicode 压缩	指定是否允许对该字段进行 Unicode 压缩
输入法模式	用来设置是否打开输入法
输入法语句模式	确定当焦点移至该字段时准备设置的输入法语句模式
文本对齐	用来设置控件内文本的对齐方式

3.2.1　设置字段的大小和格式

　　字段大小即字段的长度，用户可根据实际情况来设定，原则上是不溢出，不浪费。字段格式用来确定数据在屏幕上的显示方式以及打印方式，从而使表中的数据输出具有一定的规范性，浏览、使用时更为方便。

1. 字段大小

字段大小主要用来限制文本型字段的长度和数字型字段的取值范围。

(1) 文本型字段的大小为 1～255 个字符，系统默认值为 255。

(2) 数字型字段系统默认是长整型。在实际使用时，应根据数字型字段表示的实际含义确定合适的类型。数字型字段的大小与类型的关系如表 3-4 所示。在表的"设计视图"中打开表，可对表的字段大小进行设置。用户在减小字段的大小时要注意，如果在修改前字段中已经有了数据，则在减小长度时可能会丢失数据。对于文本型字段，将截去超出的部分；对于数字型字段，如果原来是单精度或双精度数据，则在改为整数时会自动将小数取整。

表 3-4 数字型字段的大小与类型的关系

类 型	数 据 范 围	小数位数	占用字节
字节	$0 \sim 255$	无	1 字节
整型	$-32\,768 \sim 32\,767$	无	2 字节
长整型	$-2\,147\,483\,648 \sim -2\,147\,483\,647$	无	4 字节
单精度型	$-3.4 \times 10^{38} \sim 3.4 \times 10^{38}$	7	4 字节
双精度型	$-1.797 \times 10^{308} \sim 1.797 \times 10^{308}$	15	8 字节
同步复制 ID	全球唯一标识符(GUID)	不适用	16 字节
小数	$-10^{38}-1 \sim 10^{38}-1$	28	12 字节

2. 字段格式

字段格式用来设置文本、数字、日期和是/否型字段的数据显示或打印格式。表 3-5 中列出了 Access 2016 提供的常用数据类型的字段格式。

表 3-5 常用数据类型的字段格式

类 型	字段格式与示例
文本/备注型	@：要求文本字符(字符或空格) &：不要求文本字符
数字/货币型	常规数字(默认值)：3456.79
	货币：¥3,456.79
	欧元：€3,456.79
	固定：3456.79
	标准：3,456.79
	百分比：123.00%
	科学计数：3.46E+03
日期/时间型	常规日期(默认设置)：2015/11/12 17:34:23
	长日期：2015 年 11 月 12 日
	中日期：15-11-12
	短日期：2015/11/12
	长时间：17:34:23
	中时间：5:34 下午
	短时间：17:34
是/否型	真/假：True/False
	是/否：Yes/No
	开/关：On/Off

【例 3-5】 根据"教学管理系统"数据库，将"学生情况"表中"学号"字段的大小设置为 8，"姓名"字段的大小设置为 10，"性别"字段的大小设置为 1，"出生日期"字段的格式设置为"长日期"。其操作步骤如下：

(1) 在"教学管理系统"数据库窗口中，以"设计视图"打开"学生情况"表，如图 3-15 所示。

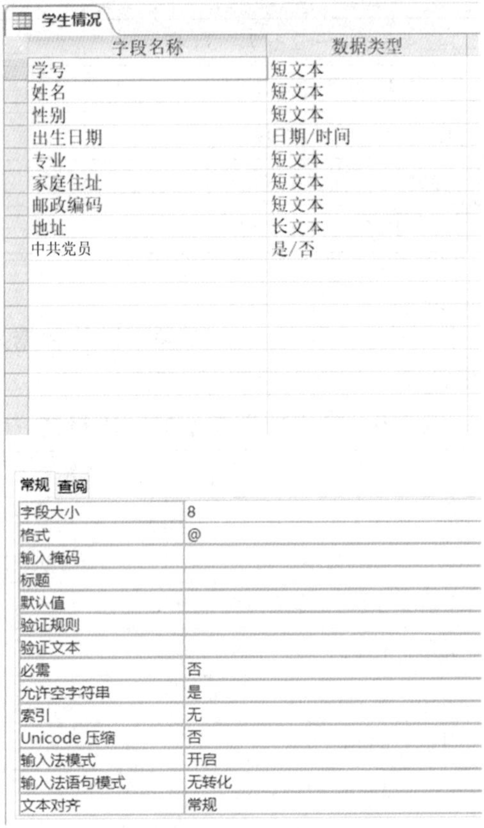

图 3-15 "学生情况"表设计视图

(2) 在设计视图窗口中，单击"学号"字段行，然后在"常规"选项卡的字段大小中输入 8，依次为姓名和性别字段设置字段大小，分别为 10 和 2。

说明：一般情况下字段大小根据实际情况设置，以避免产生多余的存储空间。例如，中文姓名最长为 5 个汉字，所以设置字段大小为 10。

(3) 在设计视图窗口中，单击"出生日期"字段行，然后在"常规"选项卡中选择"格式"属性，单击右侧下拉列表箭头，从列表框中选择"长日期"格式，保存设计视图。通过格式属性设置可以使数据的显示美观、一致。

3.2.2 设置字段输入掩码

在数据库管理工作中，常常要求以指定的格式和长度输入数据，如学生学号、邮政编码、身份证号码、电话号码等，既要求以数字的形式输入，又要求输入完整的位数，既不能多，也不能少。Access 2016 提供的输入掩码就可以实现上述要求。

1. 输入掩码

输入掩码是指使用字符和符号为字段中的数据输入提供一种固定格式，既可以规范用户的输入数据，还可以控制文本框以及组合框控件的输入值。

Access 2016 不仅提供了预定义输入掩码模板，而且允许用户自定义输入掩码。对于一些常用的邮政编码、身份证号码和日期等，Access 2016 已经预先定义了其输入格式，用户直接使用即可。如果用户需要的输入掩码在预定义中没有，则可以采用自定义方式设置。定义输入掩码属性时所使用的字符及含义如表 3-6 所示。

表 3-6　输入掩码字符表

字符	说　　明
0	必须输入 0~9 的数字，必选项，不允许使用加号和减号
9	可以输入一个数字或者空格(非必选项，不允许使用加号和减号)
#	可以输入一个数字或者空格(非必选项，空白将转换为空格，允许使用加号和减号)
L	字母(A~Z，必选项)
?	字母(A~Z，可选项)
A	字母或数字(必选项)
a	字母或数字(可选项)
&	任一字符或空格(必选项)
C	任一字符或空格(可选项)
. , : ; - /	十进制占位符及千位、日期与时间的分隔符
<	将所有的字符转换为小写
>	将所有的字符转换为大写
!	输入掩码从右向左显示，而不是从左向右显示。可以在输入掩码的任意位置包含叹号
\	使其后的字符显示为原义字符。例如，\A 显示为 A
密码	将"输入掩码"的属性设置为"密码"，可以创建密码输入项文本框。文本框中输入的任何字符都按字面字符保存，但显示为星号(*)

输入掩码设置示例如表 3-7 所示

表 3-7　输入掩码设置示例

输入掩码定义	输入允许值示例
0000-00000000	0412-81234567
999-9999	334-7867，34-7867
#9999	-4000，62300
(000)AAA-AAAA	(020)tel-1234
(999)AAA-AAAA	(　　)tel-1234
L000	W123

2. 使用预定义输入掩码

设置输入掩码最简单的方法是使用 Access 2016 提供的"输入掩码向导"指定输入掩码格式，这样可以保证输入数据的格式正确，避免输入数据时出现错误。

【例 3-6】 根据"教学管理系统"数据库，使用输入掩码向导为"学生情况"表中的"出生日期"字段设置"长日期"掩码格式。其操作步骤如下：

(1) 在"教学管理系统"数据库窗口中，以"设计视图"打开"学生情况"表，选择"出生日期"字段，如图 3-16 所示。

(2) 在"常规"选项卡中选择"输入掩码"属性，单击文本框右侧的 按钮，弹出"输入掩码向导"对话框，在"输入掩码"列表中选择"长日期(中文)"选项，如图 3-17 所示。

图 3-16　"学生情况"表设计视图　　　　图 3-17　"输入掩码向导"对话框(1)

(3) 单击"下一步"按钮，弹出"请确定是否更改输入掩码"对话框，在"占位符"下拉列表框中选择"＊"作为占位符，单击"尝试"文本框可以验证输入掩码的有效性，如图 3-18 所示。

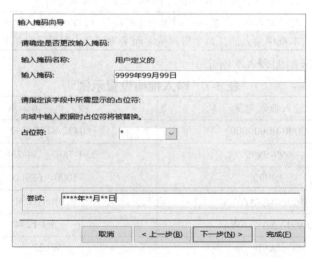

图 3-18　"输入掩码向导"对话框(2)

(4) 单击"完成"按钮，生成输入掩码，并添加到输入掩码的属性文本框中，见图 3-19。

图 3-19 "输入掩码向导"对话框(3)

(5) 最后保存表设计视图。

3. 使用自定义输入掩码

【例 3-7】 根据"教学管理系统"数据库，将"学生情况"表中的"学号"和"出生日期"字段输入掩码设置示例。其操作步骤如下：

(1) 设置"学生情况"表"学号"字段长度为 8。由于每位上只能是 0~9 的数字，因此，其输入掩码的格式串应写成 00000000。

在"学生情况"表的"数据表视图"，单击最后一行(表示添加一条记录)，学号字段的输入栏将出现 8 个字符位置的下画线，且输入时只有输完 8 个数字才能离开此字段的编辑栏，这就是"输入掩码"设置的效果。

(2) 设置"学生情况"表的"出生日期"字段输入形式，如 yyyy/mm/dd，即年份为四位、月份和日期均为两位，年、月、日之间用"/"分隔，如果年份必须输入，月份和日期可以空缺，则该字段输入掩码的形式为 0000/99/99。

说明：如果某个字段定义了输入掩码，同时又设置了格式属性，则格式属性在数据显示时优先于输入掩码的设置。

3.2.3 设置验证规则和验证文本

在数据库的管理工作中，有时还要求某些数据满足一定的范围，例如，学生的成绩只能在[0,100]之间，如果超出取值范围，数据就没有实际意义。Access 2016 提供的验证规则和验证文本可用来实现对数据的规则设置。

规则是指限制性条件，当输入的内容不符合规则时，系统就会给出相应的错误提示信息。Access 2016 提供了验证规则、验证文本两种属性。

1. 验证规则

验证规则用于指定对输入到记录、字段或控件中的数据的要求,当用户向字段中输入数据时,通过字段验证规则属性可以检查所输入的字段值是否符合要求。

验证规则主要是通过条件表达式来实现的。条件表达式主要由运算符和操作数构成,常用的运算符如表 3-8 所示。

表 3-8　运算符的说明

运算符	说　　　明
<	小于
<=	小于等于
>	大于
>=	大于等于
=	等于
<>	不等于
BETWEEN	"BETWEEN A AND B"表示所输入的值必须介于 A 和 B 之间
LIKE	必须符合与之匹配的标准文本样式
IN	所输入数据必须等于列表中的任一成员

2. 验证文本

验证文本主要是配合验证规则使用的,如果违反了验证规则,就会给出明确的提示性信息。有效性规则和有效性文本的示例如表 3-9 所示。

表 3-9　有效性规则和有效性文本的示例

有效性规则	含　　义	有效性文本
>=#1980-1-1#	1980 年 1 月 1 日以后出生的	只能输入 1980 年 1 月 1 日以后的日期
<>0	不等于 0	请输入一个非零值
>=0 AND <=100	在[0,100]之间	输入的值必须是 1～100 之间的数
IS NOT NULL	不允许为空	不允许空值
LIKE "数据库*"	字符串任何位置含有"数据库"字样	字段值必须包含"数据库"字符串

【例 3-8】根据"教学管理系统"数据库,为"学生成绩"表中的"分数"字段设置验证规则,要求分数在[0, 100]之间,如果不符合规则,则给出相应的提示信息,其操作步骤如下:

(1) 在"教学管理系统"数据库中,以"设计视图"窗口打开"学生成绩"表,并选定"分数"字段。

(2) 然后在"常规"选项卡中选择"验证规则",在"验证规则"属性文本框中输入"[分数]>=0 And [分数]<=100",或者简单输入">=0 And <=100",在"验证文本"属性文本框中输入"考试成绩在 0～100 之间",如图 3-20 所示。

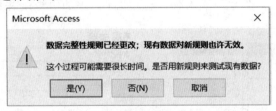

图 3-20　"学生成绩"表设计视图

(3) 最后保存表设计视图。

如果表中有数据，系统就会根据新的验证规则进行测试，不符合规则时系统会弹出消息框询问用户是否使用新的验证规则，如图 3-21 所示。单击"是"按钮，则根据新规则对表中的已有数据进行测试。

图 3-21　"是否用新规则来测试现有数据"对话框

如果在"分数"字段中输入[0, 100]区间外的数据，系统就会弹出消息提示框，如图 3-22 所示。

图 3-22　错误提示框

说明：在表达式中所涉及的任何符号一律采用英文字符，如果是中文字符，系统会自动生成错误表达式。

在输入表达式时，引用字段名称要用"["和"]"括起来。

3.2.4　设置标题和默认值

在设计数据字段时，字段名称通常采用中文或英文命名的简写，用户可以通过"标题"属性设置显示文本。在一个表中，经常会有一些字段的数据值相同，用户可通过默认值来提高输入数据的效率。例如，"性别"字段的值只有"男"和"女"，而在某些情况下，如男生人数较多，就可以把默认值设置为"男"，这样输入性别时，系统会自动填入"男"，对于少数女生则只需进行修改即可。

1. 标题

标题是字段的别名，在数据表视图中，它是字段列标题显示的内容，在窗体和报表中，它是该字段标签所显示的内容。如果没有设置标题，表和查询字段列的显示文本就是字段名称。

2. 默认值

默认值是指在数据表中增加新记录时，在相应的字段里自动填充“默认值”所指定的数据，默认值可以为常量或表达式，表达式的值一定要与数据类型相匹配。

【例 3-9】 根据“教学管理系统”数据库，设置“学生情况”表中“性别”字段的默认值为“男”。其操作步骤如下：

(1) 在“教学管理系统”数据库中，以“设计视图”打开“学生情况”表，并选定“性别”字段，如图 3-23 所示。

(2) 在“常规”选项卡中选择“默认值”属性，在对应的文本框中输入“男”(注意，引号为英文标点符号)，如图 3-24 所示。

注意：如果只输入了“男”(输入时只输入此字，不加引号)，系统将会自动添加引号。

学生情况

字段名称	数据类型
学号	短文本
姓名	短文本
性别	短文本
出生日期	日期/时间
专业	短文本
家庭住址	短文本
邮政编码	短文本
地址	长文本
党员	是/否

图 3-23 “学生情况”表设计视图

常规 查阅

字段大小	255
格式	
输入掩码	
标题	
默认值	"男"
验证规则	
验证文本	
必需	否
允许空字符串	是
索引	无
Unicode 压缩	否
输入法模式	开启
输入法语句模式	无转化
文本对齐	常规

图 3-24 设置“默认值”

(3) 保存表设计视图，切换到“数据表视图”，在学生表的最后一行，可以看到“性别”字段出现了默认值“男”，如图 3-25 所示。

学生情况

学号	姓名	性别	出生日期	专业	家庭住址	邮政编码	地址	党员
20191101	李宁	男	2000/9/5	计算机	天津市西青区大寺镇王村	100010		☐
20191102	杨林	女	2001/5/17	计算机	北京市西城区太平街	100012		☐
20191103	张山	男	1999/1/10	计算机	济南市历下区华能路	100021		☐
20191104	马红	女	2000/3/20	计算机	江苏省南京市秦淮区军农路	100101		☐
20191105	林伟	男	1999/2/3	计算机	四川省成都市武侯区新盛路	100026		☑
20192101	姜恒	男	1997/12/7	自动化	重庆市渝中区嘉陵江滨江路	100028		☐
20192102	崔敏	女	1997/2/24	自动化	北京市朝阳区安贞街道	100102		☐
20192103	李静	女	2000/4/6	自动化	四川省成都市锦江区上沙河铺街	100105		☐
20192104	郑义	男	1998/4/9	自动化	天津市南开区冶金路	100101		☑
20192105	徐璐	女	1999/6/7	自动化	天津市西青区外环线与中北大道	100102		☐
20193101	奉新	男	2000/5/7	电气工程	北京市西城区报国寺东夹道	100640		☐
20193102	汪峰	男	1998/11/12	电气工程	青岛市崂山区北村劲松七路	100640		☐
20193103	时可	女	1999/8/20	电气工程	重庆市渝北区金山路	100662		☐
20193104	郑杰	女	2000/10/1	电气工程	陕西省西安市未央区红光嘉苑(红旗路南	100640		☐
20193105	贺恒	男	1996/7/30	电气工程	浙江省杭州市萧山区弘慧路	100662		☐
*		男						☐

图 3-25 “默认值”设置的结果显示

3.2.5　设置查阅字段

在数据库管理工作中，数据的冗余是不可避免的，这些冗余体现在不同表之间存在相同的字段。例如，"性别"字段的值"男"和"女"，这些数据在输入过程中，不仅烦琐，而且容易造成数据的不一致性，甚至破坏数据的完整性。Access 2016 提供了查阅属性功能，该属性使用列表框或组合框进行数据的选择性输入，既方便了输入，又保证了数据的一致性，减少了数据的错误输入。

实现查阅属性最简单的方法是将"字段"的数据类型设置为"查阅向导"型。"查阅向导"是一种建立在某个数据集合中选择数据值的数据类型，当设置完字段的查阅属性后，在该字段输入数据时就可以直接从一个列表中选择数据，这样既加快了数据输入的速度，又保证了数据输入的正确性。

【例 3-10】 使用"查阅向导"定义职称字段。在"教学管理系统"数据库的"教师情况"表中，设置"职称"字段的数据类型为查阅向导，以实现用户在输入该字段值时，有"教授""副教授""讲师"和"助教"4 个选项供选择。其操作步骤如下：

(1) 在"教学管理系统"数据库中，以"设计视图"打开"教师情况"表。

(2) 选定"职称"字段，在"数据类型"选择列表中单击"查阅向导"，弹出"查阅向导"对话框(1)，选择"自行键入所需的值(V)"单选按钮，如图 3-26 所示。

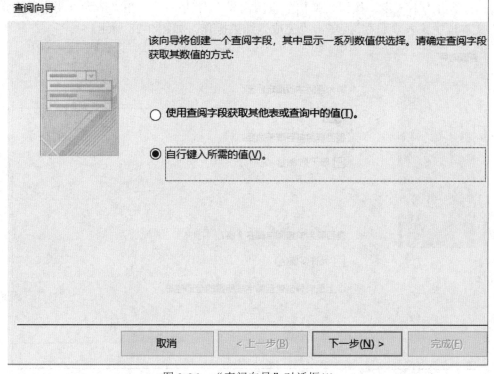

图 3-26　"查阅向导"对话框(1)

(3) 单击"下一步"按钮，进入"查阅向导"对话框(2)，在列表中依次输入"教授""副教授""讲师""助教"，如图 3-27 所示。

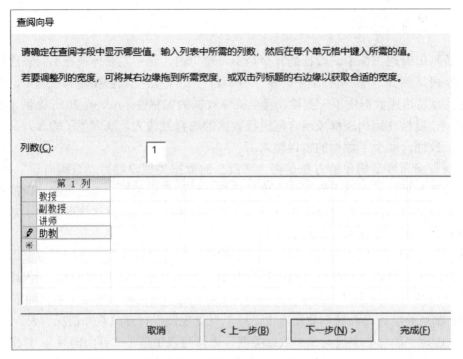

图 3-27　"查阅向导"对话框(2)

(4) 单击"下一步"按钮，弹出"查阅向导"对话框(3)，在"请为查阅字段指定标签"文本框中输入"职称"，单击"完成"结束操作。如图 3-28 所示。

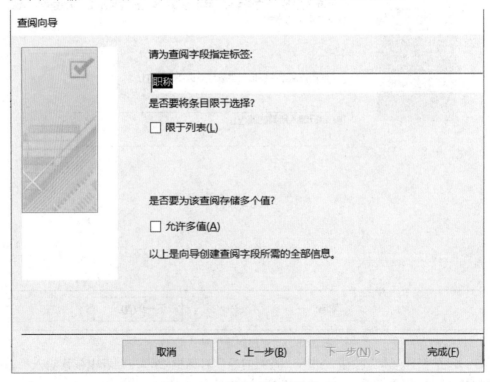

图 3-28　"查阅向导"对话框(3)

(5) 完成设置后，在教师情况的数据表视图中，"职称"字段值会增加下拉列表，单击下拉列表可以进行职称列表的选择，如图 3-29 所示。

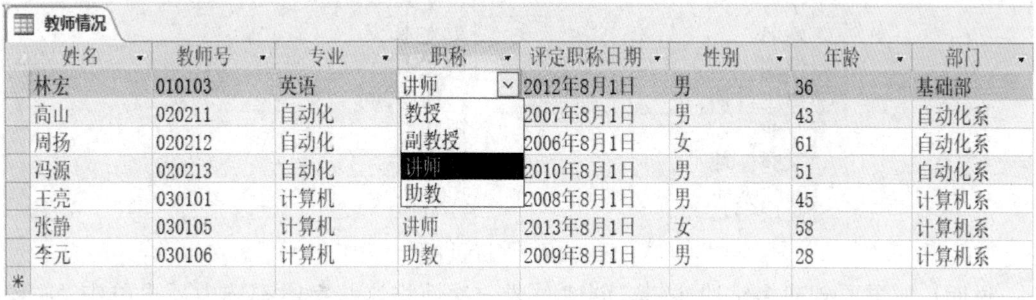

教师情况							
姓名 ▾	教师号 ▾	专业 ▾	职称 ▾	评定职称日期 ▾	性别 ▾	年龄 ▾	部门 ▾
林宏	010103	英语	讲师 ▾	2012年8月1日	男	36	基础部
高山	020211	自动化	教授	2007年8月1日	男	43	自动化系
周扬	020212	自动化	副教授	2006年8月1日	女	61	自动化系
冯源	020213	自动化	讲师	2010年8月1日	男	51	自动化系
王亮	030101	计算机	助教	2008年8月1日	男	45	计算机系
张静	030105	计算机	讲师	2013年8月1日	女	58	计算机系
李元	030106	计算机	助教	2009年8月1日	男	28	计算机系
*							

图 3-29　查阅字段的显示效果

3.2.6　设置主键与索引

Access 2016 数据库中的表是依据关系模型设计的，每个表分别反映现实世界中某个具体实体集的信息，如果要将这些现实中存在关系的表连接起来，就必须建立关系。关系的建立是以主键或索引为依据的。

主键主要用来唯一标识一条记录，也用来和其他表进行关联。而索引可以帮助 Access 2016 实现快速查找和排序记录，如果没有索引，数据库系统只能按照顺序查找所需要的记录。

1. 主键

主键(Primary key)也称主关键字，是表中唯一能标识一条记录的字段或字段的组合。当字段被设置为主键时其值不能重复，并且不能随意修改。

主键的作用如下：

(1) 保证实体的完整性。

(2) 加快对记录进行查询、检索的速度。

(3) 用来在表之间建立关联关系。

指定了表的主键后，当用户输入新纪录到表中时，系统将检查该字段是否有重复数据，若有则禁止把重复数据输入到表中。同时，系统也不允许在主键字段中输入 Null 值。

说明：一个表只能定义一个主键，主键可由表中的一个字段或多个字段组成。

若原来已经设置过主键，当重新设置主键时，则原有的主键会自动被取消。因此，在重置主键时，不需要先取消原有的主键，直接设置即可。

【例 3-11】　在"教学管理系统"数据库的"学生情况"表中，设置"学号"字段为主键。其操作步骤如下：

(1) 在"教学管理系统"数据库中，以"设计视图"打开"学生情况"表。

(2) 在视图中选择"学号"字段行，单击"表设计"选项卡上"工具"组中的🗝，或者右击选定"学号"字段，在弹出的快捷菜单中选择"主键"命令，则选定的字段设置为主键，并在字段名前加上了一个 🗝 图标，如图 3-30 所示。

图 3-30　主键设置

说明：如果要创建多字段主键，创建时要一次性将这些字段都选中后再单击"主键"按钮。

2. 索引

索引简单来说就像图书的目录一样，是一个记录数据存放地址的列表。索引本身也是一个文件，一个用来专门记录数据地址的文件。查找某个数据时，先在索引中找到数据的位置。索引可以基于单个字段或多个字段来创建，多字段索引能够区分第一个字段值相同的记录。

索引的主要优点如下：

(1) 提高数据查询速度。

(2) 保证数据的唯一性。

(3) 加快表链接的速度。

一般对经常查询的字段、要排序的字段或要在查询中连接到其他表中的字段设置索引，表的主键将自动设置索引，而数据类型为 OLE 对象的字段则不能设置索引。

索引属性有以下 3 种取值：

(1) 无：表示无索引(默认值)。

(2) 有(有重复)：表示有索引但允许字段中有重复值。

(3) 有(无重复)：表示有索引但不允许字段中有重复值。

在 Access 2016 中，索引分为 3 种类型：主索引、唯一索引和普通索引。

(1) 主索引：只有在主键上创建的索引才是主索引，所以一个表只有一个主索引。

(2) 唯一索引：与主索引很相似，但是一个表可以有多个唯一索引。

(3) 普通索引：主要作用就是加快查找和排序的速度，一个表可以有多个普通索引。

【例 3-12】　在"教学管理系统"数据库的"学生情况"表中，给"姓名"字段创建索引，其操作步骤如下：

(1) 在"教学管理系统"数据库中，以"设计视图"打开"学生情况"表。

(2) 在视图中选定"姓名"字段，在字段属性的"常　规"选项卡中单击"索引"属性右侧的下拉箭头，选择其中的"有(有重复)"选项，操作结果如图 3-31 所示。

(3) 保存表设计视图。

说明：索引创建成功后，索引的内容会在保存表时自动保存，其内容会根据对应数据的更改、删除或添加自动更新。

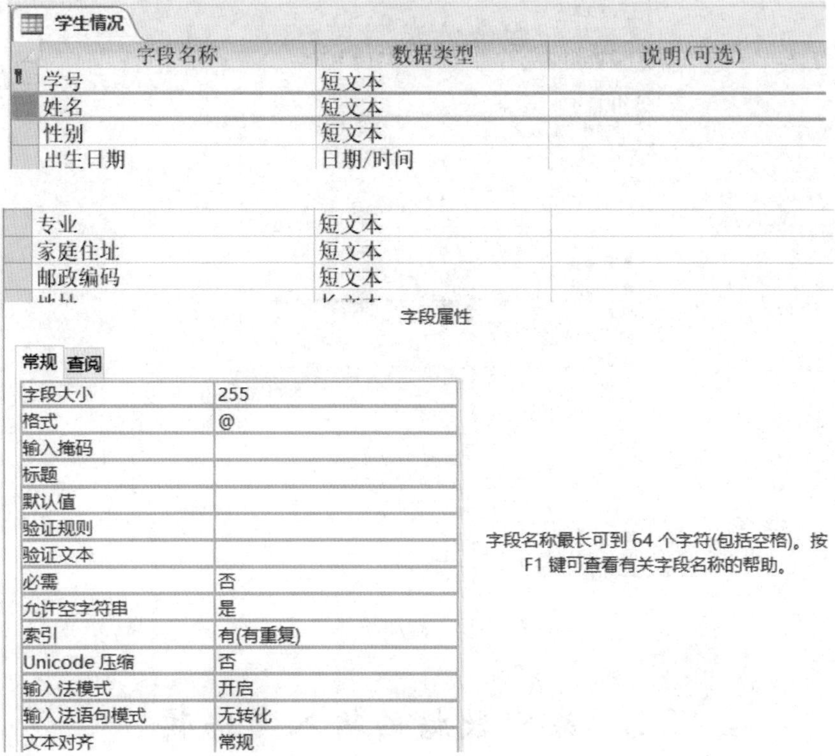

图 3-31　在设计视图中设置"姓名"单字段索引

3.2.7　表结构的修改

在数据表的设计中，经常需要修改表的结构，对表结构的修改也就是对字段进行添加、修改、移动和删除、字段重命名等操作。

表结构的操作主要包括添加字段、修改字段和删除字段等，在修改之前必须要注意以下两点：

(1) 如果数据表中已经存在数据，则不能添加一个非空的字段。

(2) 修改字段名称并不会影响该字段的数据值，但是会影响基于该表创建的其他数据。

在数据表中，对表结构的操作可以在"设计视图"和"数据表视图"中实现。

【例 3-13】　在"教学管理系统"数据库中，为"学生情况"表添加"电话号码"字段，字段类型为文本，大小为 20；修改"照片"字段名称为"Image"。其操作步骤如下：

(1) 在"教学管理系统"数据库中，以"设计视图"打开"学生情况"表。

(2) 在视图中，把光标定位在最后一个字段之后，或者单击"表设计"选项卡上"工具"组中的"插入行"按钮，在当前光标的位置会添加一个空字段，在字段后输入"电话号码"。

(3) 在设计视图中选择"照片"字段，直接输入"Image"新字段名，如图 3-32 所示，然后保存所做的修改。

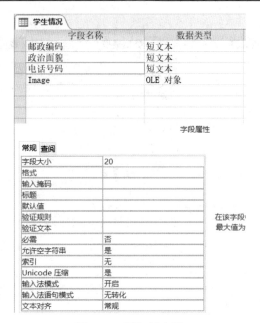

图 3-32　添加新字段

3.3　表中数据的输入与编辑

当数据库的表结构创建好以后，就可以向表中添加数据了。一个表有了数据才是一个完整的表。本节介绍对数据的基本操作，即添加数据、修改数据、删除数据和计算数据等操作。

3.3.1　表记录的操作

数据表的结构只是为数据的存储制订规则，一个完整的数据表还应该拥有内容，也就是记录。记录的输入和编辑操作是数据库应用中最基本的操作。用户可在数据表视图中实现这些基本操作。

1. 添加新记录

添加新记录有下列 4 种方法：

(1) 直接将光标定位在表的最后一行。

(2) 单击"记录指示器"最右侧的"新(空白)记录" ▶️ 按钮。

(3) 单击"开始"选项卡上"记录"组中的"新建"按钮。

(4) 将光标移动到某条记录的"记录选择器"上，当指针变成箭头时，鼠标右击，在弹出的快捷菜单中单击 📄 新记录(W)　　　按钮。

2. 输入数据

添加新记录后开始输入数据，由于字段数据类型和属性的不同，对不同的字段输入数据时会有不同的要求，输入的数据必须满足这些要求才能输入成功。

(1) 存储在表格中的数据内容。如果设置为"数字"类型，则无法输入文本。

(2) 存储内容的大小。文本型数据最多只能输入 255 个字符。对于姓名、地址等常见的文本类型，应该按照比实际需要大一点来设置文本字段大小，以节约数据库的空间。

(3) 存储内容的用途。如果存储的数据要进行统计计算，则必须要设置为"数字"或"货币"。

(4) 其他。例如要存储图像、图表等，则要用到"OLE 对象"或"附件"。"OLE 对象"类型的字段通过"插入对象"的方式实现输入。

【例 3-14】 在"教学管理系统"数据库的"学生情况"表中，添加一条新记录，其数据内容为：20193105，张三，男，1996 年 7 月 30 日，电气工程，浙江省杭州市萧山区弘慧路，311262。其操作步骤如下：

(1) 在"教学管理系统"数据库中，以"数据表视图"打开"学生情况"表。

(2) 单击"记录指示器"按钮，光标会自动跳到记录的最后一行，在相应的字段位置输入记录的值。

3.3.2　编辑记录

编辑记录包括查找和替换数据、添加记录、删除记录、修改数据、复制数据等。

编辑记录的操作在"数据表视图"窗口中进行。在 Access 2016 中，数据的显示与存储是同步的，即无须保存，数据库中的数据可以立即改变。

1. 修改记录

在数据表视图中，用鼠标直接单击需要修改记录的数据时，对应的字段值会出现文本框，并在对应记录的左边会显示标记，则表示正在修改记录。

2. 删除记录

在进行删除记录操作时，首先选中需要删除的记录，单击"开始"选项卡上"记录"组中的 ✕ 删除 或 ➥ 删除记录(R) 按钮实现记录的删除。

如果需要同时删除多个连续的记录，则先选中第一条记录，按 Ctrl 键，再选择最后一条记录，然后右击鼠标，在弹出的快捷菜单中选择"删除记录"命令。

3. 数据的查找和替换

在数据库中，快速而又准确地查找特定数据，甚至进行数据替换时，要用到 Access 2016 提供的"查找"和"替换"功能。在"开始"选项卡的"查找"组中，可以看到"查找"与"替换"命令，如图 3-33 所示。

图 3-33　"查找"组

单击"查找"按钮或"替换"按钮，输入信息后就可以进行查找与替换了，弹出如图 3-34 所示的对话框。

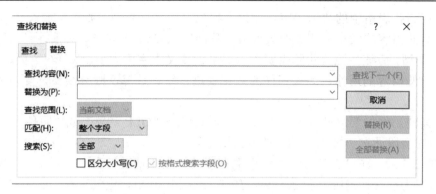

图 3-34 "查找和替换"对话框

【例 3-15】 在"教学管理系统"数据库的"学生情况"表中，查找姓名为"张三"的记录，并删除姓名为"张三"的记录。其操作步骤如下：

(1) 把光标定位在"姓名"字段上，单击 🔍 按钮，弹出"查找和替换"对话框，在"查找内容"文本框里输入"张三"，"查找范围"选"当前字段"，"匹配"选"整个字段"，单击"查找下一个"按钮，如图 3-35 所示。

图 3-35 查找姓名为"张三"的记录

(2) 查找到姓名为"张三"的记录，单击"开始"选项卡上"记录"组中的 ✕删除 按钮，弹出"确定要删除记录"对话框，单击"是"，完成删除。

3.4 操作数据表

Access 2016 数据表的基本操作包括添加记录、删除记录、修改记录、查找数据、数据排序与数据筛选等，这些操作都是在数据表视图中进行的。

3.4.1 显示表中数据

数据表视图下的数据格式是默认格式，可以通过对数据表的外观样式进行设置来美化数据表的显示效果。

数据表的外观样式包括行高和列宽、字体样式、数据表样式、字段列样式等。

1. 行高和列宽

行高是指记录之间行的距离，而列宽是指字段之间的距离。在"数据表视图"中，所有行的高度都是一样的，每一列的宽度可以不同。

2. 字体样式

为了使数据的显示美观清晰、醒目突出，用户可以选择"开始"选项卡中"文本格式"组的相关选项，改变数据表中数据的字体、字型、字号和背景，如图 3-36 所示。

图 3-36　"文本格式"组

3. 数据表样式

数据表视图的默认表格样式为白底、黑字、细表格线形式，可在"开始"选项卡的"文本格式"组中设置表格的背景颜色、网格样式等。

4. 字段列样式

字段列样式包括隐藏/撤销隐藏列和冻结/解冻列两种。

1) 隐藏/撤销隐藏列

查看数据时，如果表中字段太多，则需要调整窗体下方的横向滚动条才能查看。需要打印某个数据表时，有些列是不需要打印的，此时可以暂时将某些不需要的字段隐藏起来，需要时撤销隐藏即可。

2) 冻结/解冻列

如果数据表的字段多，则有些字段因为水平滚动后无法看到，会影响数据的查看。冻结功能可以解决这个问题。在"数据表视图"中，冻结某些字段列后，无论用户怎样水平滚动窗口，这些字段总是可见的，并且总显示在窗口的最左边。

【例 3-16】 对"学生情况"表进行样式设置：行高为 20，字体设置为"幼圆、14号"，隐藏"家庭住址"字段列，冻结"学号"和"姓名"字段，为数据表设置一种表样式。其操作步骤如下：

(1) 在"教学管理系统"数据库中，以"数据表视图"打开"学生情况"表。

(2) 把光标定位在记录选定器的分隔处，光标会变成双箭头，上下拖动鼠标，即可改变行高；或者在记录选定器上右击鼠标，在弹出的快捷菜单中选择 行高(R)... 命令，弹出"行高"对话框，在文本框中输入"20"，单击"确定"按钮。

(3) 在"开始"选项卡"文本格式"组中，设置字体为"幼圆"，大小为"14"，同样可设置字体的颜色等。

(4) 在字段列表中选择"家庭住址"字段，鼠标右击，在弹出的快捷菜单中选择 隐藏字段(F) 命令，如图 3-37 所示，即在数据表中看不到字段。如果需要显示出来，则单击 取消隐藏字段(U) 命令即可。

(5) 在字段列表中选中"学号"和"姓名"字段，右击鼠标，在弹出的快捷菜单中选择 冻结字段(Z) 命令，则"学号"和"姓名"字段会自动显示在最左侧，此时拖动水平滚动条，这两个字段始终显示在窗口的最左侧，如果不再需要冻结，则单击 取消冻结所有字段(A) 命令即可。

(6) 在 Access 2016 中，数据表视图由交替颜色显示，即单记录和双记录的颜色设置不同，单击"开始"选项卡"文本格式"组中的 按钮，弹出"调色板"对话框，如图 3-38 所示，主要设置单记录行的颜色。单击 按钮，弹出"调色板"对话框，主要设置双记录行的颜色。单击 按钮，弹出"网格线"对话框，主要设置网格线的样式，如图 3-39 所示。设置结果如图 3-40 所示。

图 3-37　快捷菜单

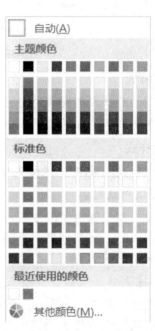

图 3-38　"调色板"对话框

图 3-39　"网格线"对话框

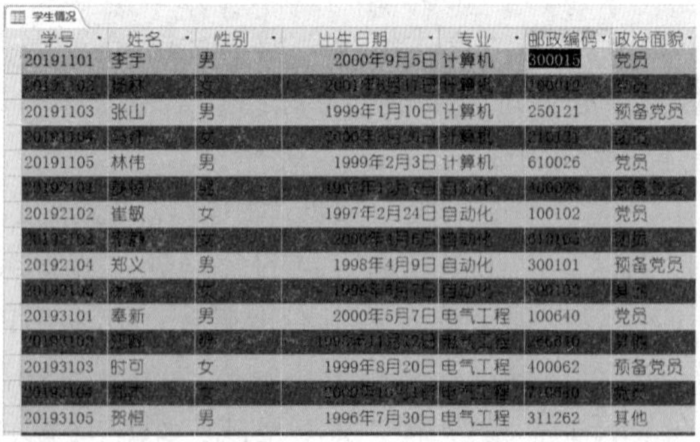

图 3-40　样式的效果图

3.4.2　记录的排序操作

在 Access 2016 中，可以采用排序的方法来重新组织数据表中记录的顺序。排序是按一个或多个字段值的升序或降序重新排列表中记录的顺序。

一个好的排序方法可以有效提高排序速度，提高排序效果。在数据表中默认以表中定义的主关键字段排序，如果表中没有主关键字段，则以输入的次序排序记录。

Access 2016 在"开始"选项卡"排序和筛选"组中提供了排序和筛选功能，如图 3-41 所示。

1. 记录的排序

排序记录时，字段类型不同，排序规则有所不同，具体规则如下：

图 3-41　"排序和筛选"按钮组

(1) 英文按字母顺序排列，不区分大小写。

(2) 中文按拼音字母的顺序排列。

(3) 数字按数据的大小排序。

(4) 日期和时间字段按日期的先后顺序排列。

(5) 如果某个字段的值为空值(Null)，则按升序排列时，包含空值的记录排在最开始。

(6) 备注型、超链接型或 OLE 对象不能进行排序。

若要对多个字段进行排序，应先在设计网格中按照希望排序执行的次序来排列字段。Access 2016 首先对最左侧字段进行排序，当该字段具有相同值时，对其右侧的下一个字段进行排序，以此类推，直到按全部指定的字段排好序为止。

2. 排序的取消

在保存数据时，Access 2016 将保存该排序次序，并在重新打开数据表时，自动重新应用排序。也可以通过单击 取消排序 按钮取消排序，数据表恢复默认排序。

【例 3-17】 在"教学管理系统"数据库中，"学生成绩"表中的记录按"分数"降序排列。其操作步骤如下：

(1) 在"教学管理系统"数据库中，以"数据表视图"打开"学生成绩"表。

(2) 单击"分数"字段名称右侧下拉列表，如图 3-42 所示。在列表中选择 命令，按降序排序。在"成绩"的字段名旁边增加向下的黑箭头，即表明"分数"字段执行了降序排序。

(3) 排序后的结果如图 3-43 所示，即可以直接通过排序结果查看成绩的最高分。以此方法也可以通过升序排序查看成绩的最低分。

图 3-42　"排序"列表框

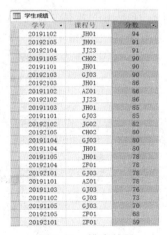

图 3-43　排序结果

3.4.3　记录的筛选操作

在默认情况下数据表显示的是所有记录的全部内容,通过对表中记录的筛选可以让用户自己定制要显示的记录,显示符合条件的数据。筛选后,用户还可以通过"取消筛选命令"恢复显示原来所有的记录。

1. 记录的筛选

对记录进行筛选是指选择符合准则的记录。准则是一个条件集,用来限制某个记录子集的显示。从意义上来讲筛选就是查询的一种。

筛选是在众多的记录中只显示满足条件的数据记录,而把其他记录隐藏起来。Access 2016 提供了多种筛选功能,主要包括以下 4 种筛选方式。

(1) 筛选器:提供了一种灵活的方式,选定的列中所有不重复的值以列表显示出来,用户可以逐个选择需要的筛选内容。筛选列表取决于所选字段的数据类型和值。

(2) 选择筛选:提供了用户筛选的字段值,该值由光标所在的位置决定。选择筛选又细分为"等于""不等于""包含"和"不包含"筛选。

(3) 按窗体筛选:一种快速筛选方式。按窗体筛选记录时,Access 2016 将数据表显示成一个记录的形式,并且每个字段都有下拉列表框,用户可以在每个列表框中选择一个值作为筛选的内容。

(4) 高级筛选:一种多条件的筛选,可以筛选出复杂的条件记录,筛选条件就是一个条件表达式。

2. 筛选的清除

在设置筛选后,如果不再需要筛选,应该将它清除,否则影响下一次筛选。单击"排序和筛选"组中的"高级"按钮,在下拉菜单中选择 清除所有筛选器(C) 命令,即实现对所有筛选的清除。

【例 3-18】 显示"学生情况"表中出生日期在 2000 年之后的学生记录。其操作步骤如下:

(1) 在"数据表视图"窗口中打开"学生情况"表,将鼠标指向"出生日期"字段。

(2) 右击,在弹出的快捷菜单中选择"日期筛选器",再选择"之后"选项,在弹出的对话框中输入条件"2000-1-1",如图 3-44 所示。

图 3-44　设定筛选目标

(3) 单击"确定"按钮执行筛选,结果如图 3-45 所示。

学号	姓名	性别	出生日期	专业	家庭住址	邮政编码	政治面貌
20191101	李宇	男	2000年9月5日	计算机	天津市西青区大寺镇王村	300015	党员
20191102	杨林	女	2001年5月17日	计算机	北京市西城区太平街	100012	党员
20191104	马红	女	2000年3月20日	计算机	江苏省南京市秦淮区军农路	210121	团员
20192103	李静	女	2000年4月6日	自动化	四川省成都市锦江区上沙河铺街	610105	团员
20193101	秦新	男	2000年5月7日	电气工程	北京市西城区报国寺东夹道	100640	党员
20193104	郑杰	女	2000年10月1日	电气工程	陕西省西安市未央区红光嘉苑(红旗路南	710640	党员

图 3-45　筛选"出生日期"在 2000 年之后的学生

3.5　建立表间关联关系

通常一个关系数据库中的多个数据表之间并不是孤立的，表和表之间存在着一定意义上的关联，即表间关系。数据库系统利用这些关系，把多个表连接成一个整体。关系对于整个数据库的性能及数据的完整性起着关键的作用。

3.5.1　表间关系的定义与创建

1. 表间关系的定义

在 Access 2016 中对表间关系的处理是通过两个表中的公共字段在两表之间建立关系。公共字段是数据类型、字段大小相同的同名字段，以其中一个表(主表)的关联字段与另一个表(子表或相关表)的关联字段建立两个表之间的关系。

通过这种表之间的关联性，可以将数据库中的多个表连接成一个有机的整体，保证表间数据在进行编辑时同步，以便快速地从不同表中提取相关的信息。

表间关系分为 3 种：一对一、一对多和多对多关系。在 Access 2016 中，两个表之间可建立一对一和一对多关系，而多对多关系则需要一对多关系来实现。

1) 一对一关系

一对一关系即在两个数据表中选一个相同属性字段作为关键字段，把其中一个数据表中的关键字段称为主关键字段，该字段值是唯一的，而把另一个数据表中的关键字段称为外关键字段，该字段值也是唯一的。即 A 表中的每一条记录在 B 表中仅有一条记录与之匹配，同样 B 表中的每一条记录也只能在 A 表中有一条匹配记录。

2) 一对多关系

一对多关系是指 A 表中的一条记录能对应 B 表中的多条记录，但是 B 表中的一条记录只能对应 A 表中的一条记录。一对多关系是表间关系最常用的类型。

3) 多对多关系

在多对多关系中，A 表中的一条记录能与 B 表中的多条记录匹配，反过来 B 表中的一条记录也能与 A 表中的多条记录匹配。这种关系类型仅能通过第 3 个表(称为连接表)来达成。它的主键包含两个字段，即来源于 A 表和 B 表的外键。

Access 2016 数据库系统不直接支持多对多的关系，因此在处理多对多的关系时需要将其转化为两个一对多的关系，即创建一个连接表，将两个多对多表中的主关键字段添加到连接表中，则这两个多对多表与连接表之间均变成了一对多的关系，这样就间接地建立了多对多的关系。

2. 建立表间关系

Access 2016 中的关联可以建立在表和表之间，也可以建立在查询和查询之间，还可以建立在表和查询之间。

单击"数据库工具"选项卡"关系"组中的 按钮，如图 3-46 所示。Access 2016

应用程序窗口中会增加一个"关系工具"选项卡，包括"工具"和"关系"两个组，如图 3-47 所示。

(1) "工具"组：主要编辑表间关系。

(2) "关系"组：主要添加表以及查看表间关系。

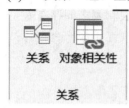 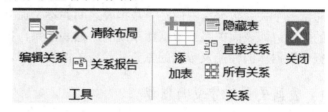

图 3-46   "关系"组   图 3-47   "关系工具"选项卡

【例 3-19】 根据"教学管理系统"数据库，建立"学生情况"表、"课程一览"表、"学生成绩"表之间的关系。其操作步骤如下：

(1) 打开"教学管理系统"数据库，单击"数据库工具"选项卡"关系"组中的 按钮，打开"关系工具"选项卡。

(2) 单击"关系"组中的"添加表"按钮，弹出如图 3-48 所示的"显示表"对话框，在对话框的"表"选项卡上列出了当前数据库所有的表。

图 3-48   "显示表"对话框

(3) 把"学生情况"表、"课程一览"表、"学生成绩"表添加到关系窗口中。选中"学生情况"表中的"学号"字段，按住左键将其拖动到"学生成绩"表中的"学号"字段上，弹出如图 3-49 所示的"编辑关系"对话框。然后单击"创建"按钮，完成关系的建立。此时用户在关系窗口中就能看到"学生情况"和"学生成绩"两张表之间出现了一条关系线，如图 3-50 所示。

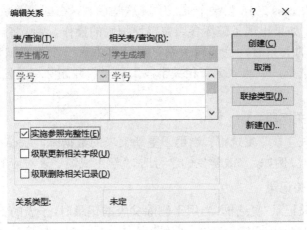

图 3-49　"编辑关系"对话框

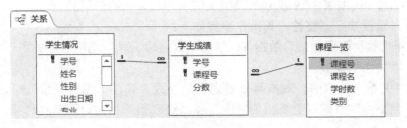

图 3-50　关系窗口

(4) 按照上述方法建立"课程一览"表和"学生成绩"表之间的关系。建好的表间关系结果如图 3-50 所示。

(5) 保存关系布局图。

3.5.2　设置参照完整性

创建表间关系之后，还需要确保表间数据的一致性和准确性，防止意外删除或更新关系数据，这可通过设置参照完整性来实现。

1. 实施参照完整性

参照完整性是一个规则，Access 2016 使用这个规则来确保相关表中记录之间关系的有效性。符合下列条件时才可以设置参照完整性。

(1) 来自主表的匹配字段是主关键字字段或具有唯一的索引。两张表建立一对多关系后，"一方"的表称为主表，"多方"的表称为子表。

(2) 两张表中相关联的字段都有相同的数据类型，如"学生情况"表和"学生成绩"表的"学号"字段数据类型相同。

使用参照完整性时，必须遵守以下几条规则：

(1) 在相关表的外部关键字字段中，除空值(Null)外，不能有在主表的主键中不存在的数据。

(2) 如果在相关表中存在匹配的记录，不能只删除主表中的这条记录。

(3) 如果某条记录有相关的记录，不能在主表中更改主关键字。

(4) 如果需要 Access 2016 为某个关系实施这些规则，在创建关系时，选中"实施参照完整性"复选框。如果出现了破坏参照完整性规则的操作，系统将自动出现禁止提示。

在建立表之间的关系时，"编辑关系"对话框中有一个"实施参照完整性"复选框，只有选定该复选框，"级联更新相关字段"和"级联删除相关记录"两个复选框才可以使用。

2. 级联更新相关字段

"级联更新相关字段"复选框：当用于更新父表的数据时，Access 2016 就会自动更新子表对应的行数据。例如，修改学生的学号时，"学生成绩"表对应的学号也自动更改。

3. 级联删除相关记录

"级联删除相关记录"复选框：当用于删除父表的记录时，子表的记录也会跟着删除。例如，删除学生的某条记录时，在"学生成绩"表中会同时删除与该学生相关的所有记录。

【例 3-20】 根据例 3-19 建立的"学生情况"表、"课程一览"表、"学生成绩"表之间的关系，设置参照完整性。其操作步骤如下：

(1) 打开"教学管理系统"数据库，单击"数据库工具"选项卡"关系"组中的 按钮，打开"关系"窗口。

(2) 在"关系"窗口中，双击两个表之间的连线，弹出"编辑关系"对话框，选中"实施参照完整性""级联更新相关字段"和"级联删除相关记录"复选框，如图 3-51 所示。

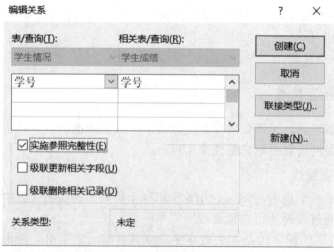

图 3-51 "编辑关系"对话框

(3) 单击"创建"按钮。此时，"学生情况"表的一方显示"1"，"学生成绩"表的一方显示"∞"，即表示"学生情况"表与"学生成绩"表之间是"一对多"的关系("一方"表的字段称为主键，"多方"表的字段称为外键)，如图 3-52 所示。

(4) 保存关系布局图。

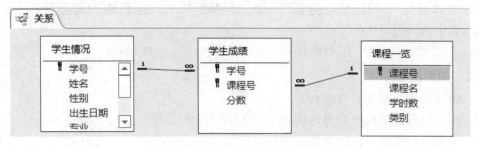

图 3-52　"关系"结果图

本 章 小 结

➤ 掌握使用"表设计器"创建表的结构；
➤ 掌握表中数据的操作；
➤ 掌握表结构与表数据的维护；
➤ 了解主键的概念和作用；
➤ 掌握表间关系的建立与操作。

习　　题

一、选择题

1. Access 2016 表中字段的数据类型不包含(　　)。

A. 文本　　　　　　B. 备注　　　　　　C. 通用　　　　　　D. 日期/时间

2. 以下关于修改表之间关系操作的叙述，错误的是(　　)。

A. 修改表之间的关系的操作主要是更改关联字段、删除表之间的关系和创建新关系

B. 删除关系的操作是在"关系"窗口中进行的

C. 删除表之间的关系，只要双击关系连线即可

D. 删除表之间的关系，只要单击关系连线，使之变粗，然后按一下删除键即可

3. 下面有关表的叙述中错误的是(　　)。

A. 表是 Access 2016 数据库中的要素之一

B. 表设计的主要工作是设计表的结构

C. Access 2016 数据库的各表之间相互独立

D. 可以将其他数据库的表导入到当前数据库中

4. 在 Access 2016 中，表和数据库的关系是(　　)。

A. 一个数据库可以包含多个表

B. 一个表只能包含两个数据库

C. 一个表可以包含多个数据库

D. 一个数据库只能包含一个表

5. 如果在创建表中建立需要存放时间的字段，其数据类型应当为(　　)。

A. 文本类型　　　B. 货币类型　　　C. 是/否类型　　　D. 日期/时间类型

6. 表中的一列叫作(　　)。

A. 二维表　　　　B. 关系模式　　　C. 记录　　　　　D. 字段

二、简答题

1. 简述表的字段类型有哪些?

2. 在设计表的结构时要考虑哪几个方面的问题?

3. 在表结构创建后,如何修改字段的属性?

三、操作题

根据 3.1、3.2 节所学内容,为"教学管理系统"数据库建立相关的表并输入数据。

第4章 查　　询

内容要点

➢ 认识查询的方法；
➢ 理解查询的概念；
➢ 掌握几种查询的方法；
➢ 使用操作查询进行查询。

4.1　利用简单查询进行学生情况查询

　　查询是进行数据处理和数据分析的工具，是在指定的(一个或多个)表中根据给定的条件筛选所需要的信息，供用户查看、更改和分析。简单查询是应用最广的一种查询，也是 Access 默认的查询，它可以在一个或多个表、查询中查找相关记录。创建简单查询有两种方法，即使用向导或使用设计视图。

　　【例 4-1】　使用向导创建简单查询——学生情况信息查询，要求输出表中所有学生的姓名、学号和专业。

　　利用查询向导进行"学生情况"信息查询设计，其具体步骤如下：

　　(1) 打开数据库，如图 4-1 所示。

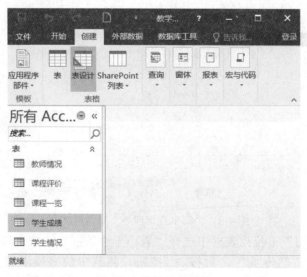

图 4-1　教学管理系统

(2) 单击"创建"→"查询"→"查询向导"图标，如图 4-2 所示。

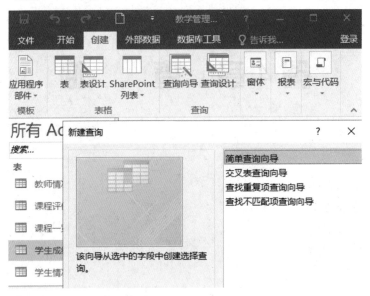

图 4-2　"新建查询"对话框

(3) 选择"简单查询向导"选项，点击"确定"按钮，如图 4-3 所示。

图 4-3　"简单查询向导"对话框(1)

(4) 在"表/查询"下拉列表框中选择"表：学生情况"，依次单击"可用字段"中的"学号""姓名""专业"之后按 > 按钮，将选中的字段添加到右边的"选定字段"列表框中，如图 4-4 所示。单击"下一步"按钮，选择字段的顺序即为结果集中字段显示的顺序。

图 4-4 "简单查询向导"对话框(2)

(5) 在图 4-5 所示的文本框中输入查询名称"学生情况查询",如图 4-5 所示。

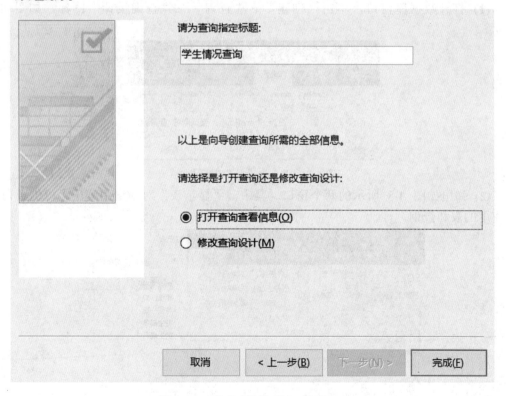

图 4-5 "简单查询向导"对话框(3)

(6) 单击"完成"按钮,系统将显示查询结果,如图 4-6 所示。

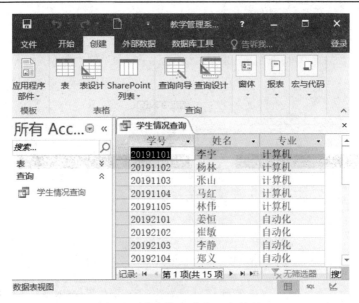

图 4-6　学生情况查询运行结果

【例 4-2】 使用查询设计创建简单查询——教师信息查询，要求输出表中所有教师的姓名、专业和职称。

利用设计视图进行"教师情况"信息查询设计，其具体步骤如下：

(1) 打开数据库窗口，单击"创建"→"查询"→"查询设计"图标，如图 4-7 所示。

图 4-7　"查询设计"对话框(1)

(2) 弹出如图 4-8 所示的两个窗口。其中，"显示表"对话框中列出了可供查询设计使用的表和查询。

图 4-8　"查询设计"对话框(2)

(3) 在"显示表"对话框的"表"选项卡中选择"教师情况"表,单击"添加"按钮,则会发现"教师情况"表已经添加到查询设计视图中,如图 4-9 所示,单击"显示表"对话框中的"关闭"按钮关闭该对话框。

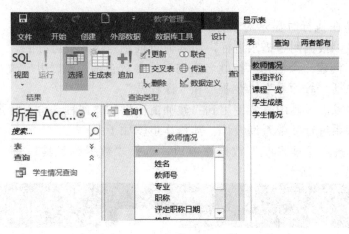

图 4-9 "查询设计"对话框(3)

(4) 用鼠标双击"教师情况"表中的字段"姓名""专业""职称",将会添加到下面的查询设计"字段"一行中。单击"姓名"列的"排序"按钮,选择"升序",如图 4-10 所示。

图 4-10 "查询设计"对话框(4)

(5) 单击工具栏中的"保存"按钮 ,输入"教师信息查询",关闭查询设计视图,点击运行按钮"!",其结果如图 4-11 所示。

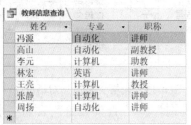

图 4-11 教师信息查询运行结果

4.2　参　数　查　询

参数查询是在执行时显示对话框以提示用户输入查询参数或准则。与其他查询相比，参数查询可以根据用户需求进行，而其他查询则是事先设置好的。

【例 4-3】 创建一个名为"按姓名查询"的参数查询，根据用户输入的姓名查询该教师的情况，包括"教师号""专业"和"课程号"。

根据题目要求，本例中需要使用到"教师情况"和"课程评价"两张表格，并且利用它们之间的联系进行参数查询设计。其具体步骤如下：

(1) 打开"教学管理系统"数据库窗口，选择"数据库工具"→"关系"→"关系"图标，如图 4-12 所示。

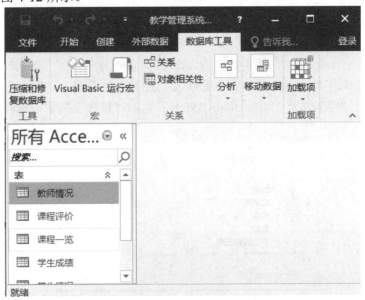

图 4-12　表格关系建立对话框(1)

(2) 根据表格"教师情况""课程评价""课程一览""学生成绩"和"学生情况"编辑关系，点击"关系工具"下的"编辑关系"图标，完成关系建立，如图 4-13 所示。

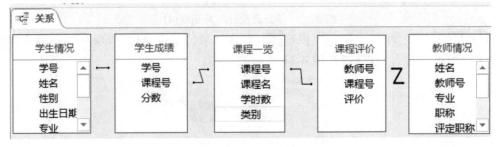

图 4-13　表格关系建立对话框(2)

(3) 选择"创建"→"查询"→"查询设计"图标，打开查询设计视图和"显示表"对话框。

(4) 在"显示表"对话框中，依次把"教师情况"和"课程评价"两张表添加到查询设计视图的上半部分，如图 4-14 所示，关闭"显示表"对话框。

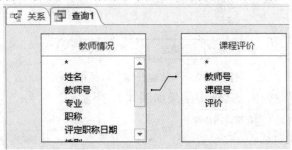

图 4-14 "参数查询"对话框(1)

(5) 双击"教师情况"表中的"姓名""教师号"和"专业"字段，双击"课程评价"表中的"课程号"字段，将这些字段添加到设计视图下半部分的字段行中，并在"姓名"字段的条件行中输入"[请输入待查询姓名：]"，如图 4-15 所示。

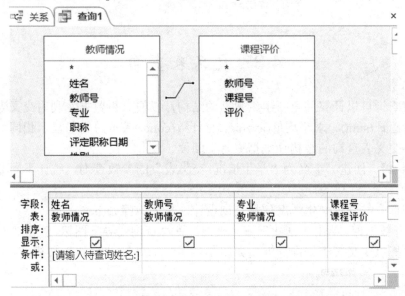

图 4-15 "参数查询"对话框(2)

(6) 单击"保存"按钮，打开"另存为"对话框，输入查询名称为"按姓名查询"，如图 4-16 所示。

图 4-16 "参数查询"对话框(3)

(7) 运行该查询，弹出"输入参数值"对话框，如图 4-17 所示，在文本框中输入待查询的姓名，如"李元"。

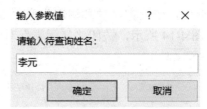

图 4-17　"参数查询"对话框(4)

(8) 单击"确定"按钮，其查询结果如图 4-18 所示。

图 4-18　按姓名查询运行结果

注意：方括号中的内容是查询运行时出现在参数对话框中的提示文本。内容一定要放在英文方括号[ ]里，而且提示文本中可以包含查询的字段名，但不能和字段名完全一样。

4.3　交叉表查询

交叉表查询可以计算并重新组织数据的结构，以便分析数据。利用交叉表查询可以对数据进行总计(sum)、求平均值(average)、计数(count)等汇总。与显示相同数据的选择查询相比，交叉表查询的结构让数据更易于阅读。

【例 4-4】　创建一个名为"学生情况_交叉表"的参数查询，统计不同专业男生和女生的人数。

利用查询向导进行学生情况信息查询设计，具体步骤如下：

(1) 打开数据库，单击"创建"→"查询"→"查询向导"图标，弹出"新建查询"对话框，选择"交叉表查询向导"，如图 4-19 所示，单击"确定"按钮。

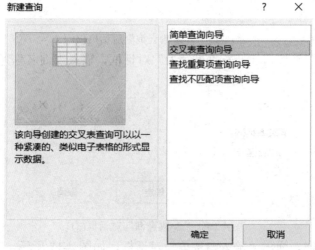

图 4-19　"交叉表查询"对话框(1)

(2) 弹出"交叉表查询向导"窗口，选择"表：学生情况"，如图 4-20 所示，单击"下一步"按钮。

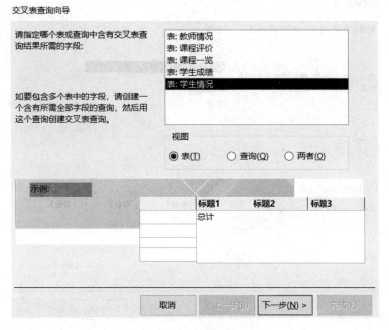

图 4-20 "交叉表查询"对话框(2)

(3) 弹出如图 4-21 所示的"交叉表查询向导"窗口，确定哪些字段值作为行标题。可在"可用字段"栏中选择"性别"字段值作为交叉表查询的行标题，通过单击 > 按钮逐个添加到"选定字段"栏中，这时就能在"示例"中看到这个查询的基本样式，然后单击"下一步"按钮。

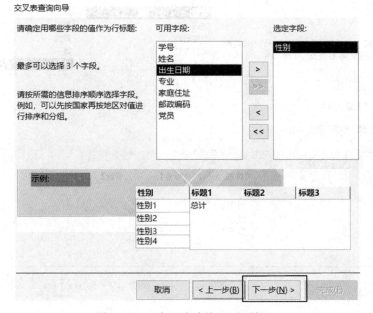

图 4-21 "交叉表查询"对话框(3)

(4) 弹出如图 4-22 所示的"交叉表查询向导"窗口,选择查询列标题"专业",单击"下一步"按钮。

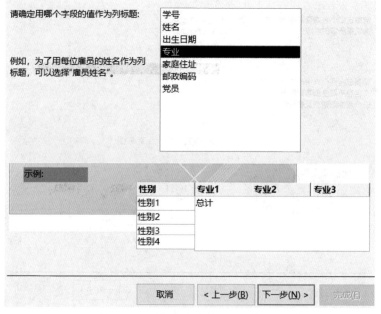

图 4-22　"交叉表查询"对话框(4)

(5) 弹出如图 4-23 所示的"交叉表查询向导"窗口,选择字段以及相应的函数,然后单击"下一步"按钮。

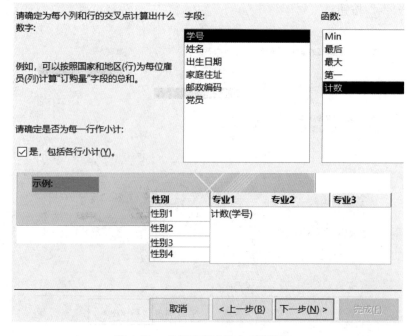

图 4-23　"交叉表查询"对话框(5)

(6) 弹出如图 4-24 所示的"交叉表查询向导"窗口，指定查询的名称"学生情况_交叉表"，同时选择"查看查询"，单击"完成"按钮。

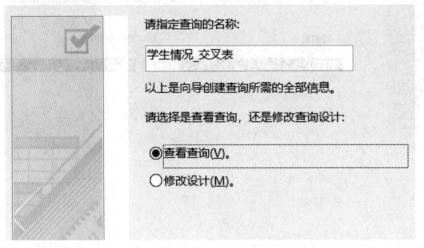

图 4-24 "交叉表查询"对话框(6)

(7) 其查询结果如图 4-25 所示。

性别	总计 学号	电气工程	计算机	自动化
男	8	3	3	2
女	7	2	2	3

图 4-25 交叉表查询运行结果

4.4 重复项与不匹配项查询

重复项查询是指将数据库中相同字段的信息内容集合在一起显示，主要用于各种数据的对比分析。

【例 4-5】 使用"查找重复项查询向导"查找同一教师的课程评价情况，包含"教师号""课程号"和"评价"，查询对象保存为"同一教师评教情况"。

利用查询向导进行"课程评价"信息查询设计，其具体步骤如下：

(1) 打开数据库，单击"创建"→"查询"→"查询向导"→"查找重复项查询向导"→"确定"。

(2) 在"请确定用以搜寻重复字段值的表或查询"对话框中，在列表框中选择"表：课程评价"，单击"下一步"按钮。

(3) 在"查找重复项查询向导"对话框中"请确定可能包含重复信息的字段："列表中选择"教师号"，单击"下一步"按钮，如图 4-26 所示。

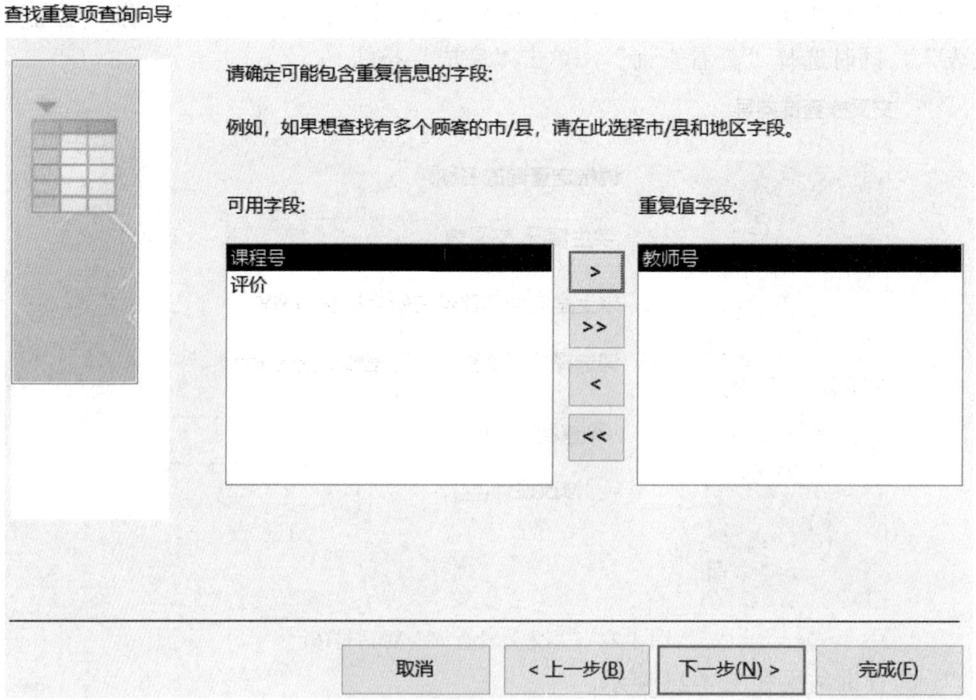

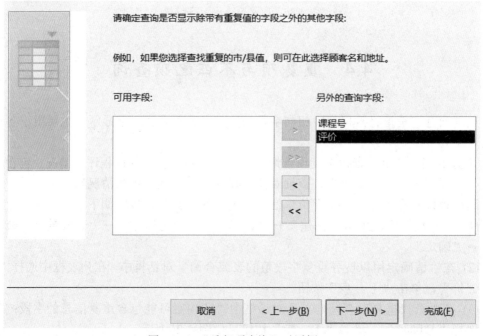

图 4-26 "重复项查询"对话框(1)

(4) 在"查找重复项查询向导"对话框中"请确定查询是否显示除带有重复值的字段之外的其他字段："选择"课程号"和"评价"，单击"下一步"按钮，如图 4-27 所示。

图 4-27 "重复项查询"对话框(2)

(5) 将查询保存为"同一教师评教情况"，同时选择查看结果，单击"完成"按钮。

(6) 查询结果如图 4-28 所示。

教师号	课程号	评价
020211	JG02	Y
020211	ZF01	Y

图 4-28　同一教师评教情况运行结果

不匹配查询是指将数据表中不符合查询条件的数据显示出来，其作用与隐藏符合条件的数据的功能相似。

【例 4-6】　使用"查找不匹配项查询向导"查找没有成绩的学生信息，包括"学号""姓名"和"专业"，查询对象保存为"学生情况与学生成绩不匹配"。

利用查询向导进行学生成绩信息查询设计，其具体步骤如下：

(1) 打开数据库，点击"创建"→"查询"→"查询向导"→"查找不匹配项查询向导"→"确定"。

(2) 在"查找不匹配项查询向导"对话框中"在查询结果中，哪张表或查询包含您想要的记录？"下选择"表：学生情况"，单击"下一步"按钮。

(3) 在"查找不匹配项查询向导"对话框中"请确定哪张表或查询包含相关记录"下选择"表：学生成绩"，单击"下一步"按钮。

(4) 在"查找不匹配项查询向导"对话框中"请确认在两张表中都有的信息："下选择"学号"，如图 4-29 所示，单击"下一步"按钮。

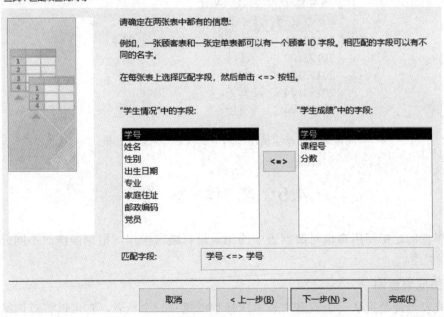

图 4-29　"不匹配项查询"对话框(1)

(5) 在"查找不匹配项查询向导"对话框中"请选择查询结果中所需的字段"下选

择"学号""姓名"和"专业",如图 4-30 所示,单击"下一步"按钮。

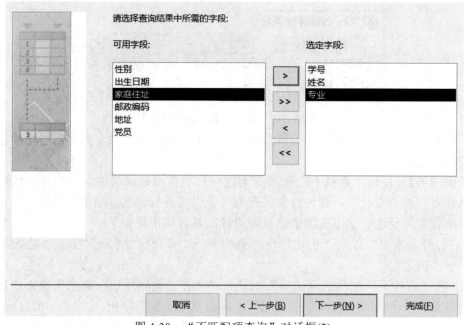

图 4-30　"不匹配项查询"对话框(2)

(6) 在"查找不匹配项查询向导"对话框中"请指定查询名称"框填写"学生情况与学生成绩不匹配"。

(7) 点击"完成"按钮,其运行结果如图 4-31 所示。

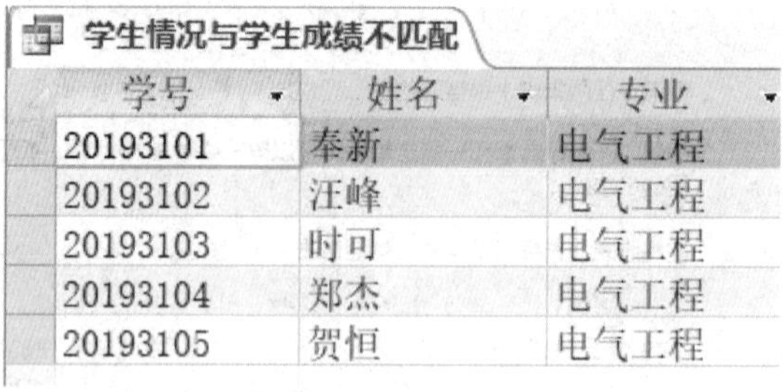

学号	姓名	专业
20193101	奉新	电气工程
20193102	汪峰	电气工程
20193103	时可	电气工程
20193104	郑杰	电气工程
20193105	贺恒	电气工程

图 4-31　学生情况与学生成绩不匹配运行结果

4.5　操 作 查 询

操作查询是指使用查询对数据表中的记录进行编辑操作,根据操作的不同分为如下 4 种查询类型。

1. 生成表查询

生成表查询是指从一个或多个表中选择数据建立一个新表,它可以将查询结果添加到这个新表中。生成表查询所创建的新表会继承源表字段的数据类型,但并不继承源表的字段属性及主键设置。这是创建表最快捷的一种方法。

【例 4-7】 创建一个名为"查询学生成绩情况"的生成表查询，将字段"学号""姓名""专业""课程号""课程名"和"分数"保存到一个新表中，新表的名称为"学生成绩登记"。

利用查询设计进行"学生成绩登记"信息查询设计，其具体步骤如下：

(1) 打开数据库窗口，选择"创建"→"查询"→"查询设计"按钮，打开查询设计视图和"显示表"对话框。

(2) 在"显示表"对话框中，依次把"学生情况""学生成绩"和"课程一览"三张表添加到查询设计视图的上半部分，关闭"显示表"对话框。

(3) 双击"学生情况"表中的"学号""姓名"和"专业"字段；双击"课程一览"表中的"课程号"和"课程名"字段；双击"学生成绩"表中的"分数"字段，将这些字段添加到设计视图下半部分的字段行中，如图 4-32 所示。

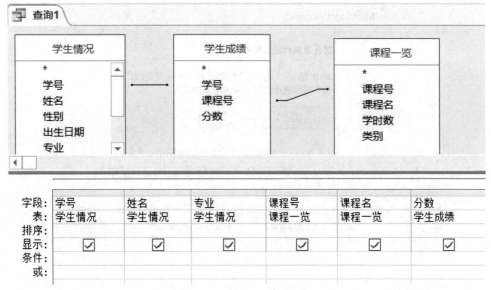

图 4-32 "生成表查询"对话框(1)

(4) 单击"查询工具"→"设计"→"查询类型"→"生成表"图标，此时出现如图 4-33 所示对话框，在"表名称"文本框中输入新表的名称"学生成绩登记"，单击"确定"按钮。

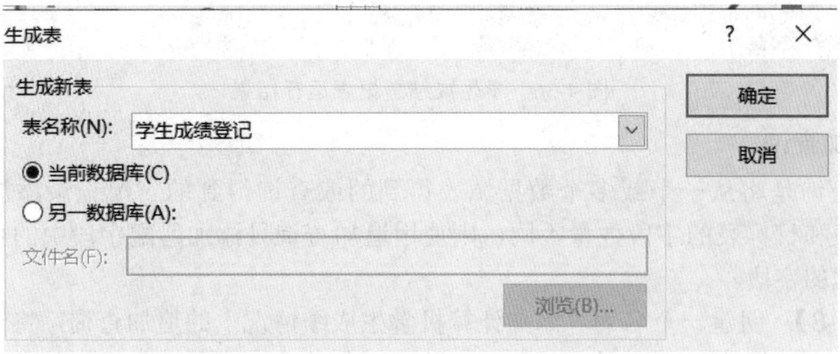

图 4-33 "生成表查询"对话框(2)

(5) 单击"保存"按钮，打开"另存为"对话框，输入查询名称为"查询学生成绩情况"，如图 4-34 所示。

图 4-34　"生成表查询"对话框(3)

(6) 运行该查询，出现系统提示框，如图 4-35 所示，单击"是"按钮，系统将生成新表。

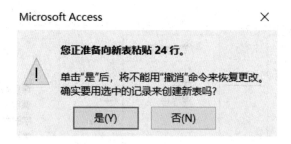

图 4-35　"生成表查询"对话框(4)

(7) 打开所生成的新表"学生成绩登记"，其结果如图 4-36 所示。

学号	姓名	专业	课程号	课程名	分数
20191101	李宇	计算机	AZ01	数据库	78
20191102	杨林	计算机	AZ01	数据库	86
20191105	林伟	计算机	CH02	高数	90
20192105	徐璐	自动化	CH02	高数	80
20191101	李宇	计算机	GJ03	英语	85
20191102	杨林	计算机	GJ03	英语	73
20191103	张山	计算机	GJ03	英语	76
20191104	马红	计算机	GJ03	英语	80
20191105	林伟	计算机	GJ03	英语	70
20192101	姜恒	自动化	GJ03	英语	78
20192103	李静	自动化	GJ03	英语	90
20192102	崔敏	自动化	JG02	数据库原理与	82
20191101	李宇	计算机	JH01	计算机基础	90
20191102	杨林	计算机	JH01	计算机基础	94
20191103	张山	计算机	JH01	计算机基础	85

图 4-36　学生成绩登记表运行结果

2. 追加查询

追加查询是将从一个或多个数据源表得到的或查询得到的一组记录添加到目标表中。若源表和目标表的字段数量不同，则使用追加查询只添加匹配字段中的数据，忽略其他不匹配的字段。

【例 4-8】 创建一个名为"添加计算机学生成绩情况"的追加查询，将专业为"计算机"的学生成绩情况添加到"学生成绩登记"表中。

利用查询设计进行添加某专业学生成绩情况查询设计，其具体步骤如下：

(1) 打开数据库窗口，选择"创建"→"查询"→"查询设计"按钮，打开查询设计视图和"显示表"对话框。

(2) 在"显示表"对话框中，依次把"学生情况""学生成绩"和"课程一览"三张表添加到查询设计视图的上半部分，关闭"显示表"对话框。

(3) 双击"学生情况"表中的"学号""姓名"和"专业"字段；双击"学生成绩"表中的"课程号"字段；双击"课程一览"表中的"课程名"字段，将这些字段添加到设计视图下半部分的字段行中。在"专业"字段的条件行中输入"="计算机""，如图 4-37 所示。

图 4-37　"追加查询"对话框(1)

(4) 单击"查询工具"→"设计"→"查询类型"→"追加"图标，此时出现如图 4-38 所示对话框，在"表名称"文本框中输入新表的名称"学生成绩登记"，单击"确定"按钮。

图 4-38　"追加查询"对话框(2)

(5) 单击"保存"，打开"另存为"对话框，输入查询名称为"添加计算机学生成绩情况"。

(6) 运行该查询，出现系统提示框，如图 4-39 所示，单击"是"按钮，向"学生成绩登记"表中追加新记录。

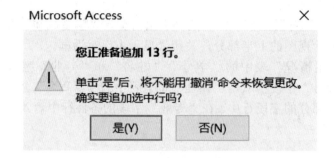

图 4-39 "追加查询"对话框(3)

(7) 打开添加记录后的"学生成绩登记"表，其结果如图 4-40 所示。

学号	姓名	专业	课程号	课程名	分数
20192105	徐璐	自动化	CH02	高数	80
20191101	李宇	计算机	GJ03	英语	
20191101	李宇	计算机	JH01	计算机基础	
20191101	李宇	计算机	AZ01	数据库	
20191102	杨林	计算机	GJ03	英语	
20191102	杨林	计算机	JH01	计算机基础	
20191102	杨林	计算机	AZ01	数据库	
20191103	张山	计算机	GJ03	英语	
20191103	张山	计算机	JH01	计算机基础	
20191104	马红	计算机	GJ03	英语	
20191104	马红	计算机	JH01	计算机基础	
20191105	林伟	计算机	GJ03	英语	
20191105	林伟	计算机	JH01	计算机基础	
20191105	林伟	计算机	CH02	高数	

图 4-40 追加查询运行结果

3. 更新查询

在数据库中，有时需要修改大量的数据，若是通过人工的方式逐条修改会很麻烦，而且费时。这时，使用更新查询功能将会非常高效，更新查询可以实现对一个或多个表中的一组记录的全部修改。如果建立了表间联系，设置了级联更新，运行更新查询也会引起其他表的变化。

【例 4-9】 将"教师情况"表复制一份，复制后的表名为"教师情况 1"，然后创建一个名为"更改职称"的更新查询，将"教师情况 1"表中职称为"助教"的字段值改为"研究生实习"。

利用查询设计进行"教师情况"表的更新查询，其具体步骤如下：

(1) 打开数据库窗口，复制"教师情况"表的数据和结构，将其命名为"教师情况 1"。

(2) 点击"创建"→"查询"→"查询设计"，打开查询的设计视图和"显示表"对话框。

(3) 在"显示表"对话框中将"教师情况 1"表添加到查询设计视图的上半部分,关闭"显示表"对话框。将"教师情况 1"表中的"职称"字段添加到设计视图下半部分的字段行中。

(4) 单击"查询工具"→"设计"→"查询类型"→"更新"图标,此时查询设计视图的"显示"行变为"更新到",在"更新到"行中输入""研究生实习"",在"条件"行中输入"="助教"",如图 4-41 所示。

(5) 保存查询,设置查询名称为"更改职称"。

(6) 运行该查询,出现如图 4-42 所示系统提示框,单击"是"按钮,对"教师情况 1"表中的部分记录进行更新操作。

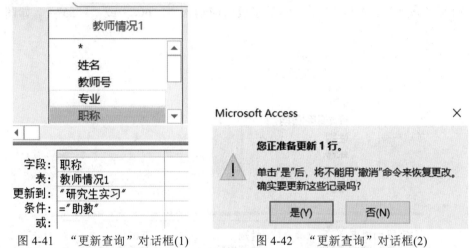

图 4-41 "更新查询"对话框(1)　　　　图 4-42 "更新查询"对话框(2)

(7) 查看执行更新查询后的"教师情况 1"表,其结果如图 4-43 所示。

姓名	教师号	专业	职称	评定职称日期	性别	年龄	部门
林宏	010103	英语	讲师	2012年8月1日	男	36	基础部
高山	020211	自动化	副教授	2007年8月1日	男	43	自动化系
周扬	020212	自动化	讲师	2006年8月1日	女	61	自动化系
冯源	020213	自动化	讲师	2010年8月1日	男	51	自动化系
王亮	030101	计算机	教授	2008年8月1日	男	45	计算机系
张静	030105	计算机	讲师	2013年8月1日	女	58	计算机系
李元	030106	计算机	研究生实习	2009年8月1日	男	28	计算机系

图 4-43 更新查询运行结果

4. 删除查询

删除查询是指从一个或多个表中删除满足条件的记录。如果删除的记录来自多个表,若已经定义了相关表中的关联,并且在"关系"窗口中选中了"实施参照完整性"复选框和"级联删除相关记录"复选框,就会删除相关联表中的记录。

【例 4-10】 将"教师情况"表复制一份,复制后的表名为"教师情况 2",然后创建一个名为"删除退休教师情况"的删除查询,将年龄分别大于 60 岁和 55 岁的男、女教师从"教师情况 2"表中删除。

利用查询设计进行"教师情况"表的删除查询,其具体步骤如下:

(1) 打开数据库窗口,复制"教师情况"表的数据和结构,将其命名为"教师情况2"。

(2) 单击"创建"→"查询"→"查询设计",打开查询的设计视图和"显示表"对话框。

(3) 在"显示表"对话框中将"教师情况2"表添加到查询设计视图的上半部分,关闭"显示表"对话框。将"教师情况 2"表中的"姓名""性别"和"年龄"字段添加到"字段"行中。

(4) 选择"查询工具"→"设计"→"查询类型"→"删除",在"性别"字段的条件中输入""男""或""女"",在年龄字段对应输入">"60""或">"55"",如图 4-44 所示。

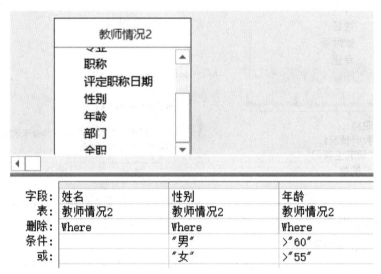

图 4-44   "删除查询"对话框(1)

(5) 保存查询,设置查询名称为"删除退休教师情况"。

(6) 运行该查询,出现系统提示框,如图 4-45 所示,单击"是"按钮,从"教师情况 2"表中删除部分记录。

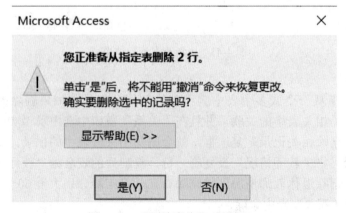

图 4-45   "删除查询"对话框(2)

(7) 查看删除部分记录后的"教师情况 2"表，其结果如图 4-46 所示。

姓名	教师号	专业	职称	评定职称日期	性别	年龄	部门
林宏	010103	英语	讲师	2012年8月1日	男	36	基础部
高山	020211	自动化	副教授	2007年8月1日	男	43	自动化系
#已删除的	#已删除的	#已删除的	#已删除的	#已删除的	#已删除的	#已删除的	#已删除的
冯源	020213	自动化	讲师	2010年8月1日	男	51	自动化系
王亮	030101	计算机	教授	2008年8月1日	男	45	计算机系
#已删除的	#已删除的	#已删除的	#已删除的	#已删除的	#已删除的	#已删除的	#已删除的
李元	030106	计算机	助教	2009年8月1日	男	28	计算机系

图 4-46 "删除查询"运行结果

4.6 SQL 查询

SQL(Structure Query Language)是一种结构化查询语言，且是一种功能极其强大的关系数据库语言。自从 1981 年 IBM 公司推出以来，SQL 语言得到了广泛应用。SQL 查询是指用户直接使用 SQL 语言创建的查询。

1. SQL 的特点

SQL 充分体现了关系数据语言的优点，其主要特点如下：

(1) 综合统一。SQL 风格统一，可以独立完成数据库生命周期中的全部活动，包括定义关系模式、录入数据、建立数据库、查询、更新、维护、重构数据库、控制数据库安全性等一系列操作要求，这就为数据库应用系统开发提供了良好的环境。

(2) 高度非过程化。利用 SQL 进行数据操作时，用户只需提出"做什么"，而不必指明"怎么做"。

(3) 共享性。SQL 是一种共享语言，它全面支持客户机、服务器模式。

(4) 语言简洁，易学易用。SQL 所使用的语句很接近自然语言，易于掌握和学习。

2. SQL 的功能

SQL 具有以下功能：

(1) 数据定义 DDL。数据定义用于定义和修改表、定义视图和索引。数据定义语句包括 CREATE(建立)、DROP(删除)和 ALTER(修改)。

(2) 数据操纵 DML。数据操纵用于对表或视图的数据进行添加、删除和修改等操作。数据操纵语句包括 INSERT(插入)、DELETE(删除)和 UPDATE(修改)。

(3) 数据查询 DQL。数据查询用于检索数据库中的数据。数据查询语句包括 SELECT(选择)。

(4) 数据控制 DCL。数据控制用于控制用户对数据库的存取权利。数据控制语句包括 GRANT(授权)和 REVOTE(回收权限)。

3. SQL 视图

在 Access 2016 中，对于所有通过查询设计器设计出的查询，系统都会在后台自动生成相应的 SQL 语句。用户在 SQL 视图中可以看到相关的 SQL 命令。在建立一个比较复杂的查询时，通常是先在查询设计视图中完成查询的基本功能，再切换到 SQL 视图，通过编辑 SQL 语句完成一些特殊的查询。

切换 SQL 视图的步骤如下：

(1) 新建查询并直接关闭"显示表"对话框。单击"创建"选项卡"查询"组中的"查询设计"按钮，在弹出的"显示表"对话框中直接单击"关闭"按钮，窗口即切换到没有任何数据源的查询设计视图中。

(2) 打开 SQL 视图。单击"查询工具|设计"选项卡"结果"组中的"SQL 视图"按钮。或者直接在查询设计视图上半部窗格空白处右击，在弹出的快捷菜单中选择"SQL 视图"命令，即可打开 SQL 视图。在 SQL 视图中，可以完成对 SQL 语句的编辑。

在 Access 2016 中，数据定义是 SQL 的一种特定查询，用户使用数据定义查询可以在当前数据库中创建表、删除表、更改表和创建索引。SQL 数据定义功能的核心命令动词有：CREATE(建立)、ALTER(修改)和 DROP(删除)。

4. SQL 的数据定义功能

1) 建立表结构

　　CREATE TABLE <表名>(<字段名 1> <数据类型>[(<长度>)][, <字段名 2> <数据类型>[(<长度>)]……]);

2) 修改表内容

(1) 查询数据。

　　SELECT　字段列表　FROM 表名列表 [WHERE 条件列表];

(2) 新增数据。

　　INSERT [INTO] 表名 VALUES(数据值 1, 数据值 2,……);

(3) 更新数据。

　　UPDATE 表名 SET 列名 1 = 值 1[, 列名 2 = 值 2, ……] WHERE [条件列表];

(4) 删除数据。

　　DELETE [FROM] 表名 [WHERE [条件]];

【例 4-11】 根据"学生情况"和"学生成绩"两个表，使用 SQL 语句完成以下查询：从"学生情况"表中查询"计算机"专业学生的所有信息。

利用 SQL 查询进行"计算机"查询设计，其具体步骤如下：

(1) 打开"教学管理系统"数据库窗口，选择"创建"→"查询"→"查询设计"图标，在打开的"显示表"对话框中不选择任何表，进入空白查询设计视图。

(2) 单击"查询工具"→"设计"→"视图"→"SQL 视图"图标，将查询设计视图切换到"SQL 视图"，如图 4-47 所示，在 SQL 视图的空白区域输入如下 SQL 语句：

　　SELECT * FROM　学生情况　WHERE 专业 = "计算机";

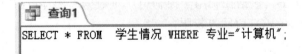

图 4-47　"SQL 查询"对话框(1)

(3) 单击"查询工具"→"设计"→"结果"→"运行"按钮，查看并保存查询结果，如图 4-48 所示。

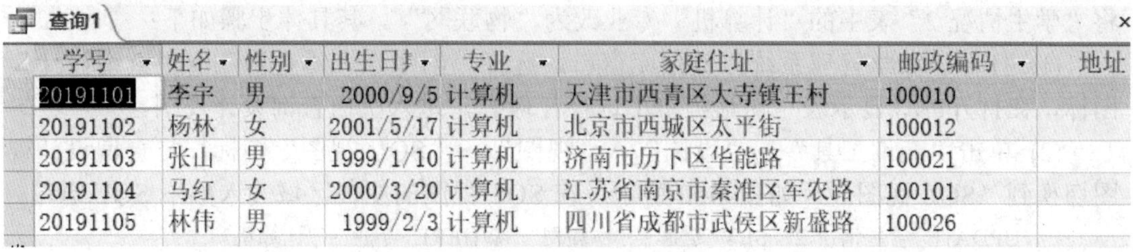

学号	姓名	性别	出生日期	专业	家庭住址	邮政编码	地址
20191101	李宇	男	2000/9/5	计算机	天津市西青区大寺镇王村	100010	
20191102	杨林	女	2001/5/17	计算机	北京市西城区太平街	100012	
20191103	张山	男	1999/1/10	计算机	济南市历下区华能路	100021	
20191104	马红	女	2000/3/20	计算机	江苏省南京市秦淮区军农路	100101	
20191105	林伟	男	1999/2/3	计算机	四川省成都市武侯区新盛路	100026	

图 4-48 "SQL 查询"对话框(2)

【例 4-12】 复制"学生情况"表的数据和结构，另存为"学生情况 1"表，然后向表中添加一条学生的所有信息。其具体步骤如下：

(1) 打开"教学管理系统"数据库窗口，选择"创建"→"查询"→"查询设计"图标，在打开的"显示表"对话框中不选择任何表，进入空白查询设计视图。

(2) 单击"查询工具"→"设计"→"视图"→"SQL 视图"，将查询设计视图切换到"SQL 视图"，如图 4-49 所示，在 SQL 视图的空白区域输入如下 SQL 语句：

INSERT INTO 学生情况 1 VALUES("10011212", "田田", "女", "2001/1/1", "电子通信", "北京市海淀区", "100089","")

INSERT INTO 学生情况1 VALUES("10011212","田田","女","2001/1/1","电子通信","北京市海淀区","100089","")

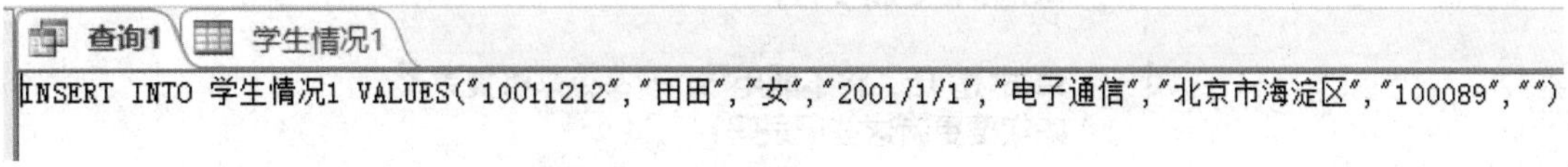

图 4-49 "SQL 新增"对话框(1)

(3) 单击"运行"按钮，弹出如图 4-50 所示对话框。

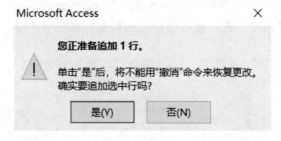

Microsoft Access

您正准备追加 1 行。

单击"是"后，将不能用"撤消"命令来恢复更改。
确实要追加选中行吗？

是(Y)   否(N)

图 4-50 "SQL 新增"对话框(2)

(4) 选择"是"按钮，运行结果如图 4-51 所示。

学号	姓名	性	出生日期	专业	家庭住址	邮政编码
10011212	田田	女	2001/1/1	电子通信	北京市海淀区	100089
20191101	李宇	男	2000/9/5	计算机	天津市西青区大寺镇王村	100010
20191102	杨林	女	2001/5/17	计算机	北京市西城区太平街	100012
20191103	张山	男	1999/1/10	计算机	济南市历下区华能路	100021
20191104	马红	女	2000/3/20	计算机	江苏省南京市秦淮区军农路	100101
20191105	林伟	男	1999/2/3	计算机	四川省成都市武侯区新盛路	100026
20192101	姜恒	男	1997/12/7	自动化	重庆市渝中区嘉陵江滨江路	100028
20192102	崔敏	女	1997/2/24	自动化	北京市朝阳区安贞街道	100102
20192103	李静	女	2000/4/6	自动化	四川省成都市锦江区上沙河铺街	100105

图 4-51 "SQL 新增"对话框(3)

【例 4-13】 复制"学生情况"表的数据和结构，另存为"学生情况 2"表，然后将"学生情况 2"表中的"计算机"专业改为"物联网"。其具体步骤如下：

(1) 打开"教学管理系统"数据库窗口，选择"创建"→"查询"→"查询设计"图标，在打开的"显示表"对话框中不选择任何表，进入空白查询设计视图。

(2) 单击"查询工具"→"设计"→"视图"→"SQL 视图"图标，将查询设计视图切换到"SQL 视图"，如图 4-52 所示，在 SQL 视图的空白区域输入如下 SQL 语句：

UPDATE 学生情况 2 SET 专业 ="物联网" WHERE 专业 ="计算机"

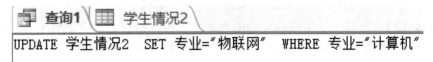

图 4-52 "SQL 更新"对话框(1)

(3) 单击"运行"按钮，弹出如图 4-53 所示对话框，选择"是"按钮。

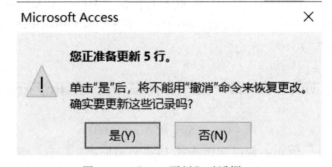

图 4-53 "SQL 更新"对话框(2)

(4) 打开"学生情况 2"表，查看更新后的数据，如图 4-54 所示。

学号	姓名	性别	出生日期	专业	家庭住址
20191101	李宇	男	2000/9/5	物联网	天津市西青区大寺镇王村
20191102	杨林	女	2001/5/17	物联网	北京市西城区太平街
20191103	张山	男	1999/1/10	物联网	济南市历下区华能路
20191104	马红	女	2000/3/20	物联网	江苏省南京市秦淮区军农路
20191105	林伟	男	1999/2/3	物联网	四川省成都市武侯区新盛路
20192101	姜恒	男	1997/12/7	自动化	重庆市渝中区嘉陵江滨江路
20192102	崔敏	女	1997/2/24	自动化	北京市朝阳区安贞街道
20192103	李静	女	2000/4/6	自动化	四川省成都市锦江区上沙河铺街

图 4-54 "SQL 更新"对话框(3)

【例 4-14】 复制"教师情况"表的数据和结构，另存为"教师情况 3"表，然后删除"教师情况 3"表中年龄大于 60 岁的教师信息。其具体步骤如下：

(1) 打开"教学管理系统"数据库窗口，选择"创建"→"查询"→"查询设计"图标，在打开的"显示表"对话框中不选择任何表，进入空白查询设计视图。

(2) 单击"查询工具"→"设计"→"视图"→"SQL 视图"图标，将查询设计视图切换到"SQL 视图"，如图 4-55 所示，在 SQL 视图的空白区域输入如下 SQL 语句：

DELETE FROM 教师情况 3 WHERE 年龄>"60"

图 4-55 "SQL 删除"对话框(1)

(3) 单击"运行"按钮，弹出如图 4-56 所示对话框，选择"是"按钮。

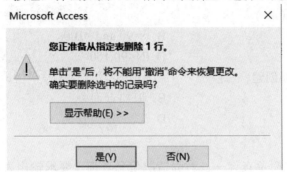

图 4-56 "SQL 删除"对话框(2)

(4) 打开"教师情况 3"表查看结果，如图 4-57 所示。

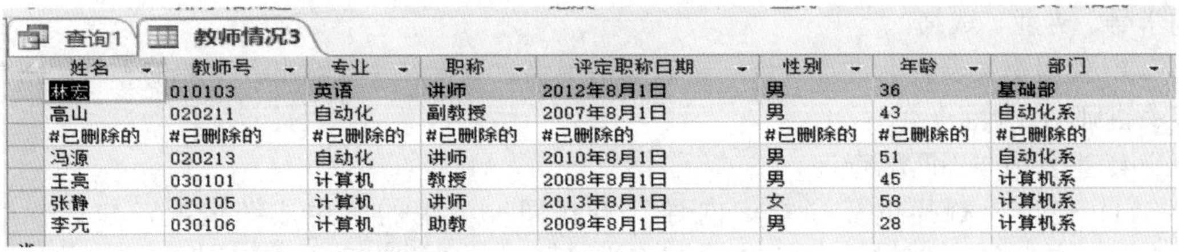

姓名	教师号	专业	职称	评定职称日期	性别	年龄	部门
林密	010103	英语	讲师	2012年8月1日	男	36	基础部
高山	020211	自动化	副教授	2007年8月1日	男	43	自动化系
#已删除的	#已删除的	#已删除的	#已删除的	#已删除的	#已删除的	#已删除的	#已删除的
冯源	020213	自动化	讲师	2010年8月1日	男	51	自动化系
王亮	030101	计算机	教授	2008年8月1日	男	45	计算机系
张静	030105	计算机	教授	2013年8月1日	女	58	计算机系
李元	030106	计算机	助教	2009年8月1日	男	28	计算机系

图 4-57 "SQL 删除"对话框(3)

本 章 小 结

➢ 了解查询的分类；
➢ 理解简单查询、参数查询、交叉表查询的概念；
➢ 掌握利用查询向导和查询设计进行数据查询的方法；
➢ 掌握对表的操作查询，包括生成表查询、追加查询、更新查询和删除查询；
➢ 掌握 SQL 查询的方法。

习 题

一、选择题

1. 操作查询不包括( )。

A. 更新查询　　　　　　　　　B. 追加查询

C. 参数查询　　　　　　　　　D. 删除查询

2. 交叉表查询是为了解决(　　)。

A. 一对多关系中，对"多方"实现分组求和的问题

B. 一对多关系中，对"一方"实现分组求和的问题

C. 一对一关系中，对"一方"实现分组求和的问题

D. 多对多关系中，对"多方"实现分组求和的问题

3. 若要查询成绩为 90～100 之间(包括 90 分，不包括 100 分)的学生信息，成绩字段的查询准则应设置为(　　)。

A. >90 and <100　　　　　　　B. >=90 and <100

C. >90 or <100　　　　　　　　D. IN<90,100>

4. SQL 查询能够创建(　　)。

A. 更新查询　　　　　　　　　B. 追加查询

C. 选择查询　　　　　　　　　D. 以上各类查询

二、操作题

1. 使用向导创建简单查询——教师情况信息查询，要求输出表中所有教师的姓名、职称和部门。

2. 使用参数查询进行查询——学生信息查询，要求通过查询学生"姓名"输出相关的学号、专业、成绩。

3. 使用交叉表查询进行查询——教师情况信息查询，要求输出各专业的教授、副教授、讲师的人数。

4. 重复项与不匹配查询。

(1) 使用"查找重复项查询向导"查找同一学生的学生成绩情况，包含"学号""姓名"和"成绩"，查询对象保存为"同一学生的学习成绩情况"。

(2) 使用"查找不匹配项查询向导"查找没有评价的教师信息，包括"教师号""姓名"和"专业"，查询对象保存为"教师情况与教师评价不匹配"。

5. 操作查询。

(1) 创建一个名为"查询教师情况"的生成表查询，将字段"教师号""姓名""职称""年龄"和"专业"保存到一个新表中,新表的名称为"教师情况登记"。

(2) 创建一个名为"添加高级工程师教师情况"的追加查询，将职称为"高级工程师"的教师情况添加到"教师情况登记"表中。

(3) 将"学生情况"表复制一份，复制后的表名为"学生情况 1"，然后创建一个名为"更改专业"的更新查询，将"学生情况 1"表中专业为"自动化"的字段值改为"心理学"。

(4) 将"学生成绩"表复制一份，复制后的表名为"学生成绩 1"，然后创建一个名为"删除及格学生情况"的删除查询，将分数分别不低于 60 分的学生从"学生成绩 1"表中删除。

6. 根据"教师情况""课程一览"和"课程评价"三个表，使用 SQL 语句完成以下查询：

(1) 从"教师情况"表中查询"副教授"职称教师的所有信息。

(2) 复制"教师情况"表的数据和结构，另存为"教师情况 1"表，然后向表中添加一条教师的所有信息。

(3) 复制"教师情况"表的数据和结构，另存为"教师情况 2"表，然后将"教师情况 2"表中的"计算机"专业改为"物联网"。

(4) 复制"教师情况"表的数据和结构，另存为"教师情况 3"表，然后查询职称为"讲师"和"助教"的教师信息。

第 5 章　窗　　体

➢ 掌握窗体的基本知识;
➢ 掌握创建窗体的两种方法;
➢ 学会编辑窗体;
➢ 了解窗体的高级操作和设计。

本章重点介绍窗体的操作方法、功能、用途及设计窗体的步骤。

窗体是 Access 2016 中一个重要的模块和功能,是连接用户与 Access 2016 的一条纽带,弥补了不熟悉的用户在某些应用下不能方便地使用数据库功能的不足。用户对 Access 2016 数据库的操作和维护都是通过窗体来实现的。窗体能充分地发挥使用者的设计才华与主观能动性,合理的窗体结构能支撑用户进行更便捷的数据库操作。

本章将依次介绍窗体的概念、控件、结构、类型以及窗体的几种视图。通过本章的学习,读者将能够掌握各种创建窗体的方法,并能够了解高级窗体的设计方法,设计出美观、功能完善、具有多变性的窗体。

5.1　窗体的基础知识

窗体是 Access 2016 中的一个重要的数据库对象。Access 2016 数据库中的大多数人机交互操作都是通过窗体完成的。窗体中包含了多种控件,为用户提供了浏览、输入和编辑数据库数据的功能,但窗体自身并不能实现数据的存储。窗体的优越性在于:它可以按照用户需要的方式浏览、输入和编辑数据库中的数据;窗体可以集成所有数据库应用系统对数据库的操作。因此,窗体设计的好坏十分重要,它代表了应用系统的界面友好性和可操作性。

如图 5-1 所示,点击 Access 2016 顶部的"创建"菜单,即可看到本章中介绍的模板、表格、查询、窗体等功能。

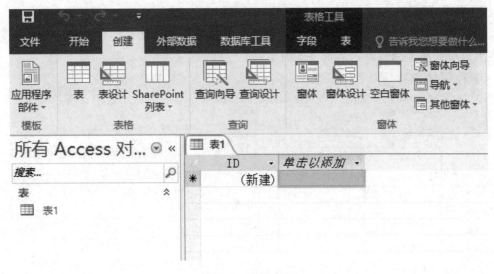

图 5-1　窗体创建

5.1.1　窗体的类型

Access 2016 中的窗体可以按功能分成七类：纵栏式窗体、表格式窗体、数据表窗体、主窗体和子窗体、图表式窗体、数据透视表窗体和数据透视图窗体。

1. 纵栏式窗体

纵栏式窗体如图 5-2 所示，通常用于输入数据，且字段纵向排列。该窗体一页只显示一条记录，窗体的左边显示字段名称，右边则显示相应的数据。

教学管理系统	
ID	1
姓名	林宏
教师号	010103
专业	英语
职称	讲师
职称评定日期	2021年8月1日
性别	男
年龄	36
部门	基础部
字段1	

图 5-2　纵栏式窗体

2. 表格式窗体

表格式窗体中每条记录横向排列，字段标签位于窗体顶部，即窗体页眉处。表格式窗体一页可显示多条数据，如图 5-3 所示。

课程评价			
ID 教师号		课程号	评价
1	030106	AZ01	N
2	010106	CH02	Y
3	020212	GJ03	N
4	010103	GJ03	Y
5	020211	JG02	Y
6	030105	JH01	Y
7	020213	JJ23	N
8	030101	JJ23	Y
9	020211	ZF01	Y

图 5-3　表格式窗体

3. 数据表窗体

数据表窗体显示的是"数据表"的原始风格，通常会通过主窗体或子窗体的形式来显示具有一对多关系的两个表的数据，如图 5-4 所示。

ID	姓名	教师号	专业	职称	职称评定日	性别	年龄	部门
1	林宏	010103	英语	讲师	2021年8月1日	男	36	基础部
2	高山	020211	自动化	副教授	2007年8月1日	男	43	自动化系
3	周扬	020212	自动化	讲师	2006年8月1日	女	61	自动化系
4	冯源	020213	自动化	讲师	2006年8月1日	女	51	自动化系

图 5-4　数据表窗体

4. 主窗体和子窗体

窗体中包含的窗体称为子窗体，其功能为屏幕上同时显示多个表或者查询中的数据。通常情况下，如果子窗体中的多条记录都与主窗体中的一条记录相对应，则应该使用子窗体。如果主窗体中的数据改变，那么子窗体中的数据也会跟着发生改变。

5. 图表式窗体

图表式窗体以图表的形式显示数据，如折线图、柱状图等。图表式窗体既可单独使用，也可嵌入其他窗体中使用，以增加其他窗体的功能。

6. 数据透视表窗体和数据透视图窗体

数据透视表窗体是将所选数据按行和列分布形成的、能进行统计分析的窗体，可以通过更改窗体版面来以多种方式分析数据。

数据透视图窗体用来显示数据表或查询中的数据的图形分析，通过它可以查看不同级别的具体信息或指定的窗体布局。

除了以上介绍的几种数据库自带的窗体之外，还可以根据用户自身需求，在空白窗体上自行添加控件，使窗体功能更加灵活与个性化。

5.1.2 窗体的视图

窗体的视图即窗体的外观表现形式，不同的窗体视图具有不同的功能和应用范围。Access 2016 为用户提供了 4 种窗体的视图，分别是窗体视图、设计视图、数据表视图、布局视图。

1. 窗体视图

窗体视图是窗体运行时的表现形式，是一种更为友好的显示界面，用户可通过窗体视图来浏览最终效果和窗体所捆绑的数据源数据，修改数据，创建格式。

2. 设计视图

设计视图的功能是进行窗体的创建和修改，可显示各种控件的布局，不显示数据源数据。在设计视图中创建窗体后，可在窗体视图和数据表视图中查看，如图 5-5 所示。

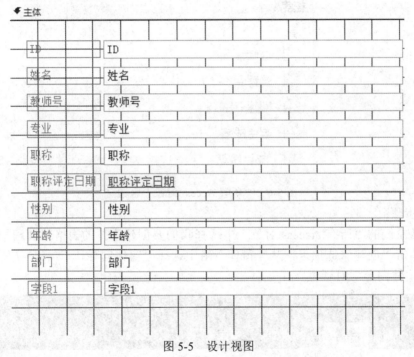

图 5-5 设计视图

3. 数据表视图

数据表视图以行和列的形式来显示窗体中的数据。用户在数据表视图中可以编辑字段和数据。

4. 布局视图

布局视图可使用户能够一边查看数据一边更改窗体设计。

5.2 窗体的创建

Access 2016 提供了两种方法来创建窗体：一种方法是用向导创建窗体，另一种方法是使用窗体命令创建窗体。创建完成后还可以使用"窗体设计"进行修改。

5.2.1 用向导创建窗体

Access 2016 提供了帮助创建窗体的向导。首先，向导会通过对话框的询问和选项逐步搜集用户需求与数据，如字段、版式所需数据源等信息。然后，根据需求和输入的数据建立窗体。建立好的窗体是绑定在数据源上的，即修改表中内容后，窗体内容也随之改变。建立好窗体后，还可以通过窗体视图修改窗体。

【例 5-1】 根据图 5-6 所示的"教学管理系统"数据表，用向导创建"教学管理系统"窗体。

图 5-6 "所有 Access 对象"区域

创建步骤：

(1) 从左侧的"所有 Access 对象"中选择我们要创建窗体的表格"课程一览"。

(2) 单击"创建"选项卡，从"窗体"组中选择"窗体向导"，如图 5-7 所示，系统会弹出"窗体向导"对话框。

图 5-7 窗体创建功能区

(3) "窗体向导"对话框会呈现数据表中所有的字段，供用户选择。选择"姓名""性别""部门"这三个字段，点击 > 可逐一添加字段，点击 >> 可一步添加所有字段，点击 < 可取消选定的字段。单击"下一步"选项，系统会弹出"窗体向导"对话框，如图 5-8 所示。

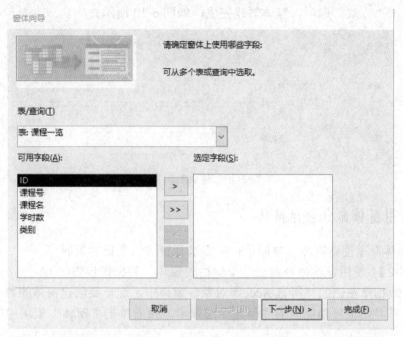

图 5-8 选择窗体字段(1)

(4) 用户也可以基于多个表或查询来建立窗体,选取多个不同的字段,这样就创建出了带有子窗体的窗体。

(5) "纵栏表"为默认布局,也可选择"表格""数据表"或"两端对齐"选项,如图 5-9 所示。对话框中左侧图片为当前窗体形式的大致布局与结构,可供用户参考。单击"下一步"选项,系统会弹出"窗体向导"对话框。

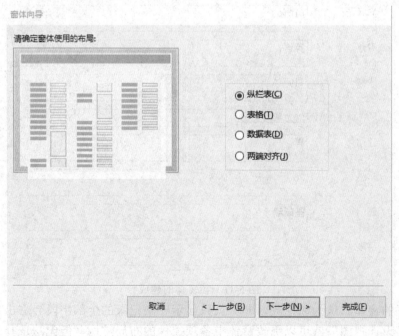

图 5-9 选择窗体字段(2)

(6) 单击"完成"选项，窗体创建完成，如图 5-10 所示。

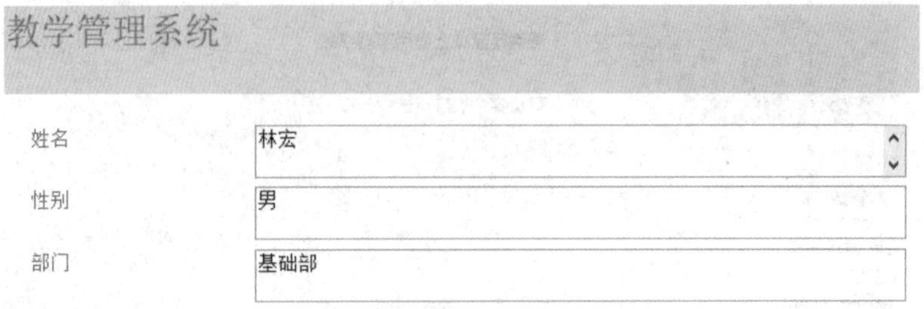

教学管理系统

姓名	林宏
性别	男
部门	基础部

图 5-10　建成的新窗体

5.2.2　使用窗体命令创建窗体

使用窗体命令创建窗体非常简单，只需选择窗体的数据对象即可。

【例 5-2】　使用窗体命令建立一个纵栏式窗体。其操作步骤如下：

(1) 在数据库左侧的"所有 Access 对象"窗口中，选择要创建窗体的数据对象。

(2) 选择界面顶部功能区的"创建"选项卡，接着单击"窗体"模块中的"窗体"命令。

一个新的窗体就创建好了，远比窗体向导简单方便，但是建好的窗体不能随意选择字段，而是会包含被选数据表中的全部字段，如图 5-11 所示。

ID	1
姓名	林宏
教师号	010103
专业	英语
职称	讲师
职称评定日期	2021年8月1日
性别	男
年龄	36
部门	基础部
字段1	

图 5-11　新窗体的建成

创建好的窗体默认为纵栏式，即一页只显示一条记录的全部字段。右击窗体的标题栏并选择"设计视图"就可以更改窗体中各项控件的布局结构，但无法选择窗体的字段和窗体的背景图。

【例 5-3】 使用窗体命令建立一个非纵栏式窗体。操作步骤如下：

(1) 选择“学生情况”作为数据源，点击界面顶部的“新建”选项。

(2) 选择“窗体”选项卡中的“其他”窗体。如选择“分割窗体”，则界面被分为上下两部分：上部为纵栏式窗体，只显示一条记录；下部则是数据表窗体，显示数据源的所有记录，如图 5-12 所示。

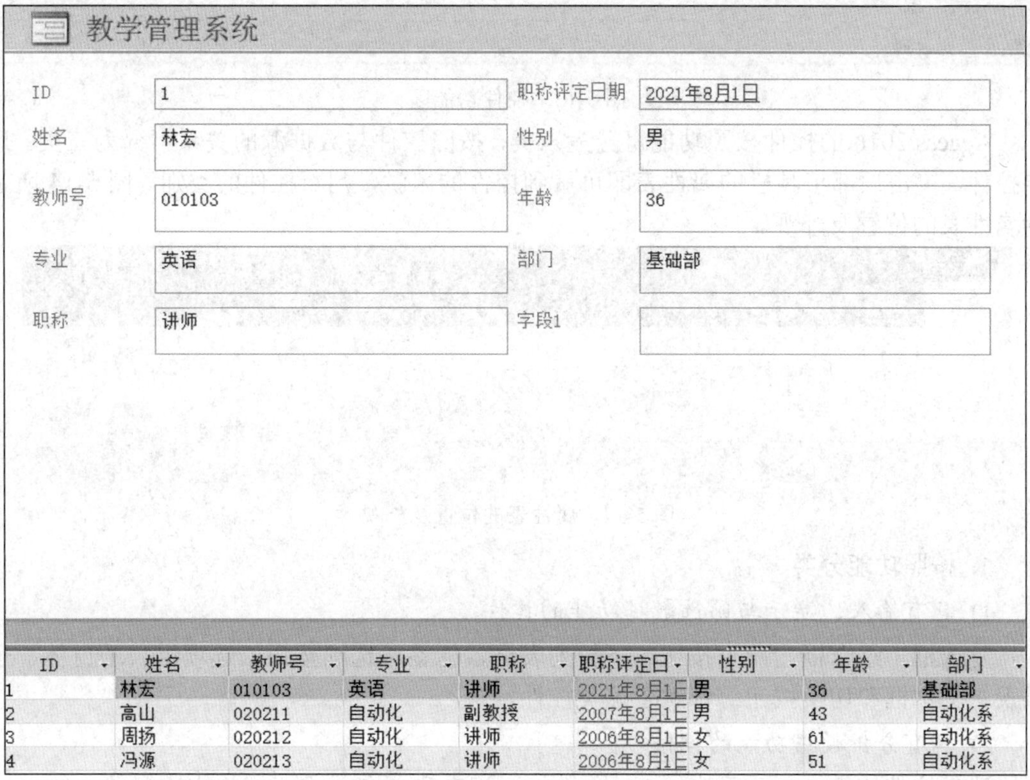
教学管理系统
ID
1
职称评定日期
2021年8月1日
姓名
林宏
性别
男
教师号
010103
年龄
36
专业
英语
部门
基础部
职称
讲师
字段1
ID 姓名 教师号 专业 职称 职称评定日 性别 年龄 部门
1 林宏 010103 英语 讲师 2021年8月1日 男 36 基础部
2 高山 020211 自动化 副教授 2007年8月1日 男 43 自动化系
3 周扬 020212 自动化 讲师 2006年8月1日 女 61 自动化系
4 冯源 020213 自动化 讲师 2006年8月1日 女 51 自动化系

图 5-12　分割窗体

另外，以多个数据表为数据源创建窗体的功能也在“其他窗体”选项中，名称为“多个项目”。

5.3　窗体的编辑

窗体的编辑分为两类：第一类是控件的选择与布局调整，用户可以通过窗体设计视图对控件的大小、位置、背景颜色等进行修改；第二类是修改生成窗体的数据表或查询。本节主要介绍第一种。

5.3.1　窗体控件的分类

窗体中包含了许多被称为“控件”的界面元素，可以说，窗体(以及后续要提到的报表)就是由一个个控件组成并实现其功能的。控件的作用是在窗体和报表中显示数据，执行操作，完成交互，并且使窗体具有一定的美观性。图 5-13 所示为控件的位置与种类。

图 5-13　控件功能区

Access 2016 的控件按照功能可分为六类，按照控件与数据源的关系可分为三类。选定控件，单击顶部工具栏的属性表即可看到控件的来源，判断控件的类别。图 5-14 所示为属性表的位置及外观。

图 5-14　属性表的位置及外观

1. 按照功能分类

1) 具有输入、显示与筛选数据功能的控件

复选框、组合框、命令按钮、下拉列表框、标签、选项按钮、选项组、子窗体、子报表、文本框和切换按钮等都属于这类控件。

2) 具有分析数据功能的控件

这类控件依靠 Office 图表、Office 数据透视表和 Office 电子表格来实现其功能。

3) 具有链接到 Web 网页功能的控件

这类控件主要包括超级链接和绑定超级链接。

4) 具有图形化和使文本具有动画效果功能的控件

这类控件可实现热点图像、图像控件、未绑定对象框或绑定对象框和滚动文字等功能。

5) 具有自定义功能的控件

ActiveX 控件具有自定义功能。

6) 具有组织数据功能的控件

展开、直线、分页符、记录浏览、矩形和选项卡均属于这类控件。

2. 按照控件与数据源的关系分类

1) 绑定型控件

表或查询中的字段与控件是相关联的，可以显示、输入和更新字段。如图 5-15 所示，通过"添加字段"生成的内容就是一个绑定型控件。因此,"控件来源"显示为"品类",若在数据源中修改"品类"字段中的内容,则窗体中的内容也会随之改变。

图 5-15 绑定型控件

2) 未绑定型控件

未绑定型控件即没有数据源的控件,不与字段相关联,通常可以用来显示提示文本、用户输入的数据或图片。如图 5-16 所示,在窗体页眉添加标签控件生成的标题没有数据来源,属于未绑定型控件。

图 5-16 未绑定型控件

3) 计算型控件

这类控件以表达式作为数据源,表达式既可以使用表或查询中的数据,也可以使用窗体或报表中其他控件里的数据。接下来本章节举例说明如何创建计算型控件。

【例 5-4】 根据数据库中的"学生成绩"数据表创建一个窗体,并计算每位学生成绩的 80%,用作核算平时成绩。

(1) 在"设计"功能下的控件模块里找到文本控件,如图 5-17 所示,拖动到窗体中。

图 5-17　文本控件

(2) 窗体中会出现文本框和标签框，标明"text"的框为文本框，显示"未绑定控件"的框为标签框。

(3) 在标签框中输入字段名"期末成绩"，在文本框中输入我们要计算的公式：=【分数】*0.8，如图 5-18 所示。注意：【】为系统自动生成，不需要用户手动添加。

图 5-18　计算型控件的添加

(4) 将 Access 2016 界面顶部"开始"功能中的"视图"模块切换至窗体视图，即可看到已成功创建了一个计算型控件，通过创建的计算型控件可以计算每位学生成绩的80%，如图 5-19 所示。

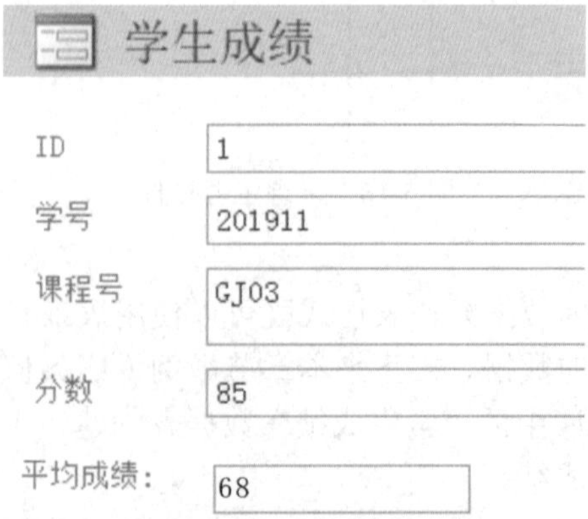

```
┌──────────────────────────┐
│ 🔲 学生成绩                 │
├──────────────────────────┤
│ ID        │ 1          │
│ 学号      │ 201911     │
│ 课程号    │ GJ03       │
│ 分数      │ 85         │
│ 平均成绩：│ 68         │
└──────────────────────────┘
```

图 5-19　计算型控件的生成

5.3.2 窗体控件的编辑

以下内容将为读者介绍编辑控件的步骤。

首先是添加控件的方式，向窗体中添加控件的方式如下所述：

(1) 在功能区"设计"选项卡中的"控件组"中的一系列控件中选择并单击一个图标，即可在窗体中绘制一个新的未绑定型控件。

(2) 找到界面右侧(默认情况下)的表格或数据源的字段列表，双击并拖动字段至窗体，或右击字段列表并选择"向视图添加字段"，都可在窗体中生成控件。

(3) 复制现有控件并粘贴至窗体另一位置也可生成控件。

接着，我们学习如何操纵控件的大小。

选择控件后，控件周围会出现四个或八个围绕着它的方框，位于控件的拐角或中心点，我们称这些方框为句柄，如图 5-20 所示。拖动左上角的句柄可以移动控件位置，鼠标指针接触到这些句柄，则会出现一个对角双箭头，拖动这个箭头即可改变控件大小。双击任意一个句柄，Access 2016 会依据控件中文本大小，将控件调整为最适宜的大小。该功能尤其适用于需要经常改动的控件，对文本进行增添删改后，控件会自动改变大小。另外，功能区中"排列"选项的"调整大小和排序"中的下拉菜单"大小/空格"中包含的各种命令也可以快速地调整控件。

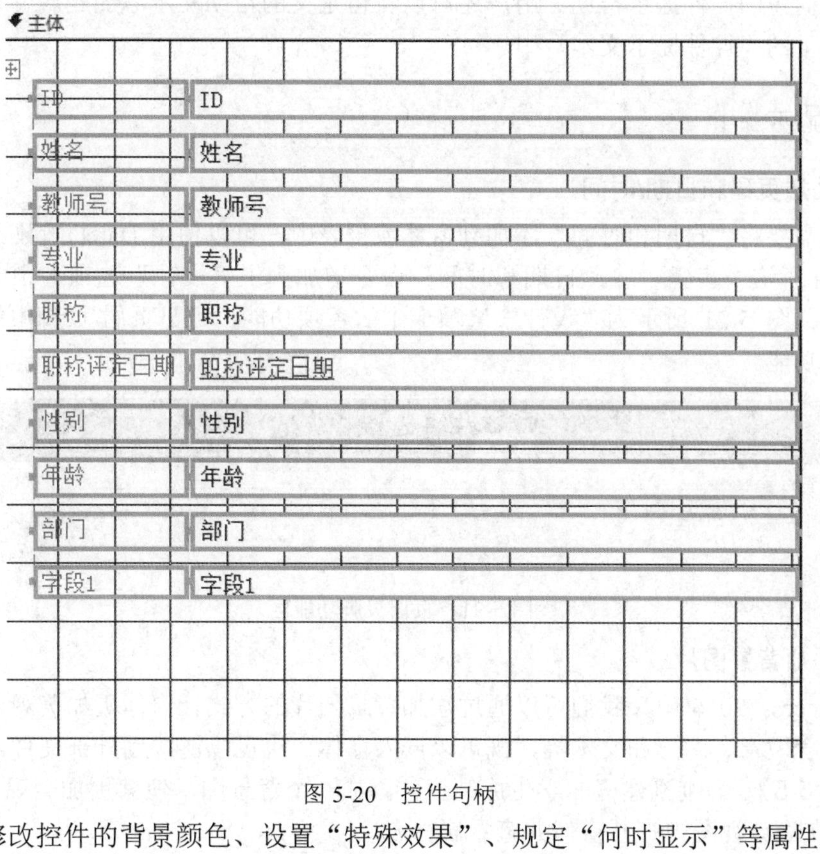

图 5-20 控件句柄

如需修改控件的背景颜色、设置"特殊效果"、规定"何时显示"等属性，应在选择控件后，打开控件属性表，单击需要改变的属性，会看到下拉列表，即可进行修改和设置。

5.4　窗体的个性化设计

除了上述介绍的基本功能与操作外，Access 2016 数据库还为用户提供了控制界面和设计界面功能，这些功能使用频率较低，读者稍作了解即可。

5.4.1　属性操作

编辑窗体时，在指定控件来源、类型等属性后，可能会出现窗体上没有足够空间来容纳该列表框的问题。在 Access 2016 中，可通过更改控件为其他任何情况都兼容的类型来解决这个问题。例如，将文本框改为标签、列表框或组合框，右击相应的控件，选择"更改为"即可看到相应的选项。

5.4.2　控件提示帮助

Microsoft Office 所有产品都会附带工具使用提示，只需将光标置于控件或按钮上方，即可看到简短的控件提示帮助。用户还可以将自定义的帮助文本添加到属性表中的"全部"标签下的"控件提示文本"中。

5.4.3　显示操作

1. 添加页码和日期/时间
如果需要将"日期和时间"添加到窗体或报表中，可以使用 Date()函数。但 Access 2016 简化了这一步骤，将"日期和时间"命令增加到了"设计"选项卡中的"页眉页脚"组中。图 5-21 所示为"设计"选项卡中的各项功能，可见页眉/页脚中的添加标题和徽标等功能。

图 5-21　页眉页脚功能区

2. 添加背景图片
在 Access 2016 中，我们可以通过添加背景图片的方式让窗体更加美观、独特。图片可以包含徽章、图形和文本等，既可以嵌入窗体，也可以链接到外部文件。

【例 5-5】　为刚刚建好的学生成绩窗体添加一个背景图，使其更加美观。

(1) 在设计视图中打开窗体并查看属性表。

(2) 将属性表标题下的"所选内容的类型"设置为"窗体",如图 5-22 所示。

图 5-22 利用属性表添加背景图片

(3) 单击表中的"图片"属性后面的省略号,即可选择图片,如图 5-23 所示,也可为窗体设置背景色。

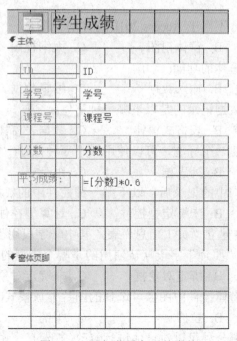

图 5-23 添加背景色后的窗体

如果需要为窗体添加插图或标志等,还可以在属性表中调整图片尺寸和位置等。

3. 选项卡控件的使用

选项卡控件的作用是为用户提供多个页面，我们可以通过对话框的顶部、底部或侧面的选项卡来访问这些页面。但多个页面也使控件数量超过单个页面，并且每个页面的控件是相互独立的，这就使得选项卡控件非常复杂。图5-24就是一个包含六个选项卡的窗体。

图 5-24　多个页面的切换

本 章 小 结

➤ 掌握窗体的基本知识；
➤ 掌握创建窗体的两种方法；
➤ 学会编辑窗体；
➤ 了解窗体的高级操作和设计。

习 题

一、选择题

1. 以下四种视图中，不属于 Access 2016 窗体的视图是(　　)。

A. 设计视图　　　　　B. 窗体视图　　　　　C. 大纲视图　　　　　D. 数据表视图

2. 以下哪一项不是窗体的功能(　　)。

A. 浏览数据　　　　　B. 输入数据　　　　　C. 编辑数据　　　　　D. 存储数据

3. 一页只显示一条数据记录的是以下哪一种窗体(　　)。

A. 纵栏式窗体　　　　B. 表格式窗体　　　　C. 数据表窗体　　　　D. 图表式窗体

4. 如需在窗体中创建一个标题，可以使用以下哪种控件(　　)。

A. 文本框　　　　　　B. 列表框　　　　　　C. 组合框　　　　　　D. 标签

5. 修改数据表或查询中的记录后，以下哪一种控件中的数据不会发生改变(　　)。

A. 绑定型控件　　　　B. 未绑定型控件　　　C. 计算型控件

6. 在 Access 2016 中建立"员工信息"表，其中一字段用于显示员工照片，在使用向导为该表创建窗体时，"照片"字段默认使用的是哪个类型的控件(　　)。

A. 图像框　　　　　　B. 绑定对象框　　　　C. 非绑定对象框　　　D. 列表框

7. 以下哪一项不是窗体控件中图像可选择的图片缩放模式(　　)。

A. 缩放　　　　　　　B. 拉伸　　　　　　　C. 平铺　　　　　　　D. 剪辑

8. 以下四种窗体中哪一种可以对窗体进行修改(多选)(　　)。

A. 窗体视图　　　　　B. 数据表视图　　　　C. 布局视图　　　　　D. 设计视图

9. 主/子窗体通常用来显示具有以下哪种关系的多个表或查询的数据( )。

A. 一对一 B. 多对多 C. 多对一 D. 一对多

10. 如果用户需要随时更新数据中的字段值，那么应该把控件的类型设置为( )。

A. 绑定型 B. 未绑定型 C. 绑定型和计算型 D. 计算型

二、解答题

1. 窗体的数据源来自哪里？

2. 创建窗体的方法有哪些？

3. 控件的添加可以赋予窗体哪些功能？

4. 在窗体设计过程中，属性表中可以选择窗体的哪些属性？

5. 窗体的控件有哪几种？

第6章　报　　表

内容要点

- ➤ 掌握报表的基本知识；
- ➤ 掌握区段报表的设计；
- ➤ 学会设计报表；
- ➤ 了解报表的高级操作和设计。

窗体的主要作用是数据输入及界面设计，而报表则是用来查看数据的。

报表的功能非常强大，其适用人群已经覆盖到了 Access 2016 数据库以外的用户，数据库的很多维护工作都会涉及报表。报表使用户可以按照需要的信息级别显示信息，因此，用户可以在报表中灵活地查看和打印信息。在报表中，用户还可以添加图解、多级汇总等统计工具。在本章内容中，我们就来学习如何创建并使用报表。

6.1　报表的基础知识

报表是数据视图的一种，可供用户查看和打印数据库中的所有信息。与其他数据视图不同的是，报表的灵活性非常强，可以按照用户需求来任意的分组和排序，并可以进行一系列统计操作，或添加图解、备注、图片等。总之，利用报表我们可以创建出任何想要的报表。

6.1.1　报表的分类

较为常用的报表类型有：表格式报表、纵栏式报表、邮件标签报表，掌握这三种报表，可满足大多数业务需要。

1. 表格式报表

表格式报表以行和列的形式显示数据，如图 6-1 所示。

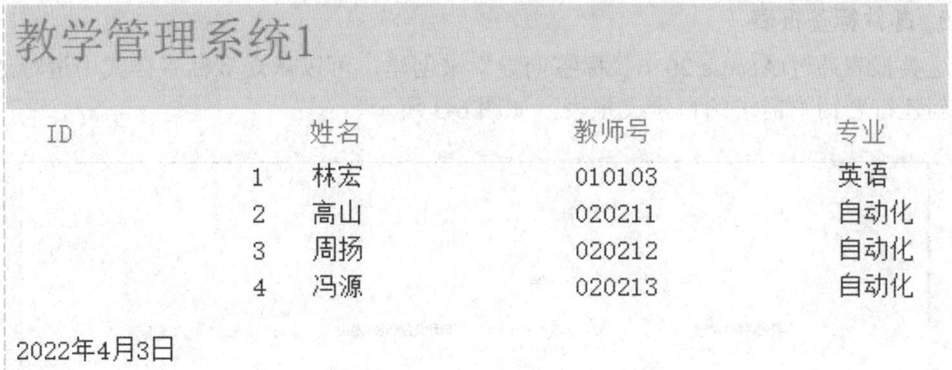

教学管理系统1

ID	姓名	教师号	专业
1	林宏	010103	英语
2	高山	020211	自动化
3	周扬	020212	自动化
4	冯源	020213	自动化

2022年4月3日

图 6-1　表格式报表

2. 纵栏式报表

纵栏式报表是在纵向上显示的，一页中可以显示一条记录也可以显示多条记录，如图 6-2 所示。

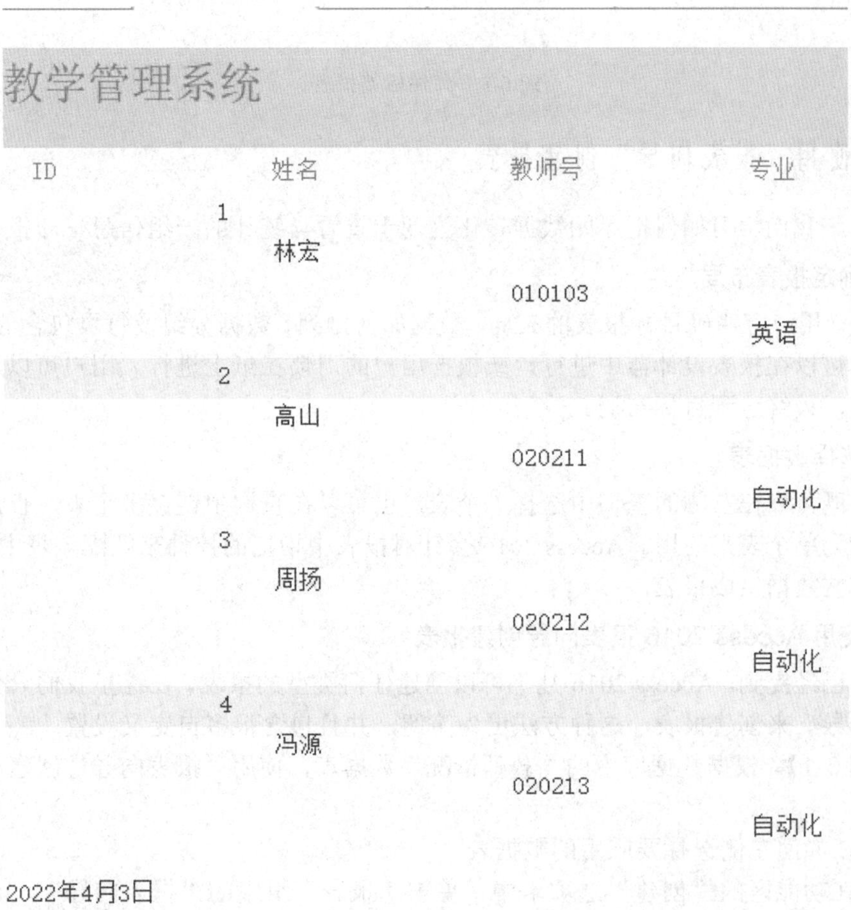

教学管理系统

ID	姓名	教师号	专业
1			
	林宏		
		010103	
			英语
2			
	高山		
		020211	
			自动化
3			
	周扬		
		020212	
			自动化
4			
	冯源		
		020213	
			自动化

2022年4月3日

图 6-2　纵栏式报表

3. 邮件标签报表

这类报表通过 Access 2016 "标签向导"来创建，可以从众多标签样式中进行选择，最终创建符合用户需求的自定义报表，如图 6-3 所示。

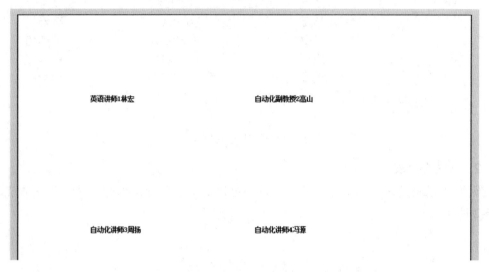

英语讲师1林宏　　　　　　　　　　自动化副教授2高山

自动化讲师3周扬　　　　　　　　　　自动化讲师4马源

图 6-3　邮件标签报表

6.1.2　使用"报表向导"创建报表

接下来我们学习如何把原始数据转化为便于查看与统计的一组信息，即报表。

1. 确定报表布局

首先，用户应明确目标报表的布局、数据如何排列、数据分组及每页包含的数据量。这个过程可以在报表设计器中进行，或根据用户的习惯在纸上进行。用户可以反复尝试各种方案，最终达到目标布局。

2. 选择数据表

用户既可以在左侧的查询中选择单个表，也可以在查询中链接多个表，查询的记录集即可作为单个表来使用。Access 2016 会针对报表中指定的控件来匹配该表中的数据，最后用这些数据生成报表。

3. 使用 Access 2016 报表向导创建报表

前面已经提到，Access 2016 几乎可以创建任何类型的报表，在这里我们只介绍运用"报表向导"来创建报表，这种方法更为简便，并且包含很多自定义设置。

【例 6-1】 根据数据库中的"教师情况"数据表，使用"报表向导"创建一个合适的报表。

(1) 在界面左侧选择要应用的数据表。

(2) 在功能区的"创建"选项卡中，单击"报表"组中的"报表向导"，将看到如图 6-4 所示的界面。也可以先选择"报表向导"，然后在"表/查询"下拉列表中选择要应用的表。

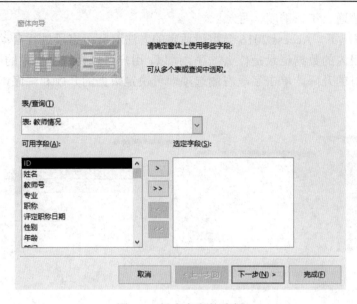

图 6-4 报表字段的选择

(3) 点击"可用字段"中的字段,点击 > 可将需要的字段添加到报表中;点击 >> 即可将全部字段选定,如需撤销所选字段,则点击 < 。

(4) 点击下一步后,对话框允许用户添加分组级别,这一步骤决定了报表最终的显示方式,并且分组字段会作为报表的页眉、页脚来显示。该功能允许用户最多选择四个分组字段,可以通过点击上、下箭头设置优先级,如图 6-5 所示。

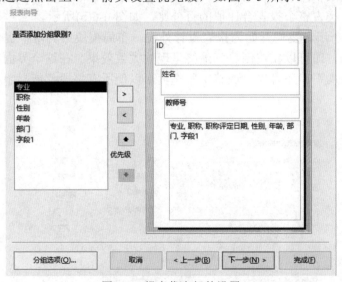

图 6-5 报表优先级的设置

点击图 6-5 下方的"分组选项"可以进一步定义最终报表的显示方式。

比如,选择以字段的第一个字符进行分组,那么具有相同首字母的所有数据记录就会组合在一起。其中,分组方式及规则如下所示:

- 文本:普通、第一个字母、第二个字母……;
- 数字:普通、10s、50s、100s……;

● 日期：普通、年、季度、月……。

(5) 默认情况下，Access 2016 会用最适宜的方法对分组字段进行自动排序，但是我们并不能确定组内的数据记录是什么顺序。所以，用户可以为每个组中的数据指定顺序，如数字或首字母的升降。单击字段右侧选项即可决定数据的升序和降序，如图 6-6(a)图所示。

(a)　　　　　　　　　　　　　　　　　(b)

图 6-6　报表字段排序

在"报表向导"排序界面的底部，我们可以看到"汇总选项"对话框，其中提供了一些数学方法，可以让用户对数据字段进行求和、求平均值、大小值等。"明细和汇总"功能则可以在报表中同时显示明细和汇总数据。"计算汇总百分比"选项可以在页脚的下方显示各个品类占整个报表合计值的百分比，如图 6-6(b)所示。

(6) 点击下一步，我们开始为报表设计外观。布局模块中为用户提供了三种布局。选择这三种布局，即可以在左侧看到最终呈现的大致效果。在这个界面，方向可以选择"纵向"或"横向"，还可以"调整字段宽度，以便所有字段都能显示在一页中"，如图 6-7 所示。

图 6-7　选择报表布局

(7) 在"报表向导"的最后一个对话框中,输入报表的标题,作为新报表的名称。还可以选择"预览报表"或"修改报表设计"。最后,单击完成即可生成新报表,如图 6-8 所示。

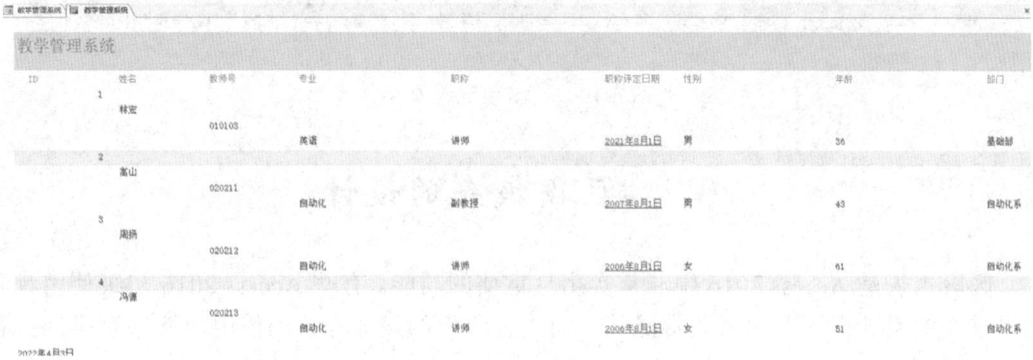

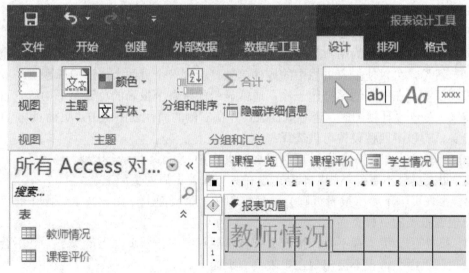

图 6-8　生成新报表

如果我们需要对生成新报表的外观进行调整,如字体、颜色、列宽等,可以先通过 Access 2016 界面将顶部"设计"选项卡中左上角的"视图"切换到"设计视图",然后使用"主题"模块,即可修改报表的字体、颜色和主题。如果用户对报表的外观有更高的需求,Access 2016 也支持用户创建自定义主题和颜色,方法如下:单击顶部"设计"选项卡中的"主题"模块中的"颜色"按钮,选择底部的"自定义颜色",即可进行修改,如图 6-9 所示。

图 6-9　通过设计选项卡调整报表外观

4. 查看或打印报表

在打印之前,我们需要检查报表是否调整到了最佳状态,"打印预览"可以很好地实现这一目的。我们在界面左侧的导航栏右击需要预览的报表,即可看到"打印预览"选项,如图 6-10 所示。此时,顶部的功能区会变为与查看和打印报表相关的控件。若读者检查报表后对显示结果满意,可选择左上角的"打印"按钮,完成整个报表创建操作;

若读者还需调整，可选择右上方的"关闭打印预览"，继续对报表进行调整。

图 6-10　打印预览选项卡

6.2　区段报表的设计

区段报表是 Access 2016 中非常实用且重要的功能。有些 Access 2016 初级使用者会觉得报表的设计视图看起来非常混乱，而"区段"的设计方法则使用户能够有序地查看报表。

在报表的编写过程中，将报表划分为若干个"节"，这些"节"就是本节要详细介绍的区段。Access 2016 处理数据时，会按照每次处理一条记录的原则，依顺序逐步处理每一"节"，全部处理完后，才处理报表的页脚。

6.2.1　报表的"页眉"节与"页脚"节

Access 2016 为报表提供了以下"节"：报表页眉、页面页眉、组页眉、主体、组页脚、页面页脚和报表页脚。

报表页眉中的控件只会在报表开头出现一次，并且只有第一次记录的数据可以放在报表页眉中，其作用是为用户显示报表的封面页。将报表页眉中的"强制分页"属性设置为"节后"，可以使报表页眉中的控件单独打印到一个页面上，形成标题页。

报表页脚只在报表结尾打印一次，通常显示的是整个报表的总计、平均值、百分比等。当报表处于设计视图时，查看属性表，并在右侧的属性表中点击"页面页眉/页脚"下拉箭头，有以下四种设置可供选择：

(1) 所有页："节"(指页面页眉或页脚页眉)在每一页上都会出现。

(2) 报表页眉不要："节"不会出现在具有报表页眉的页面上。

(3) 报表页脚不要：报表页脚会单独打印在一个页面上，而设置了该操作的"节"不会出现在报表的页脚页面上。

(4) 报表页眉/页脚都不要：报表页脚会单独打印在一个页面上，"节"既不会出现在报表页脚页面上，也不会出现在报表页眉页面上。

除了以上方法外，我们还可以通过另一种方法添加页眉页脚：将报表调整至设计视图，将光标置于报表上单击右键，此时选择页面页眉/页脚、报表页眉/页脚即可。

6.2.2　页面和组的"页眉"节与"页脚"节

如果报表页眉单独置于一页，则页面页眉会出现在下一页面的顶端；如果报表页眉没有单独置于一页，则页面页眉会跟随在报表页眉的下方。图 6-11 所示为当报表处于打印预览状态时，数据按照"ID"和"来源"进行分组。每页都会有一个"页面页眉"和若干个"组页眉"。页面页眉显示该报表的所有字段，组页眉包含分组的类别名称，组页眉和组页脚可以有多个级别。

页眉页脚通常包含页码和合计值，也可能包含当前日期和时间。如果创建报表时进行了"汇总"，则每页还会有一个"组页脚"，用于显示汇总信息。

打开我们在例 6-1 中创建的"教师情况"报表。图 6-11 是在设计视图下页眉页脚的分布以及在布局视图下页眉页脚的分布。

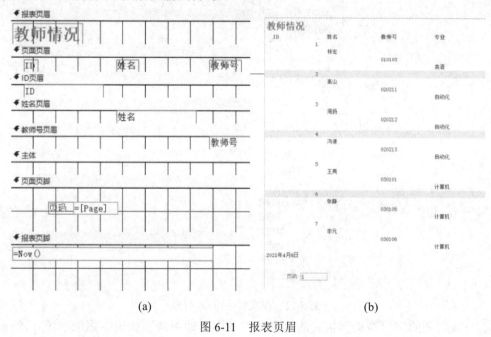

(a)　　　　　　　　　　　(b)

图 6-11　报表页眉

6.2.3　"主体"节

组页眉后即是主体部分，"主体"节是每个数据的显示区域和处理区域。如果用户不希望显示每个具体数据，则可以在属性表中更改"主体"节的"可见"属性，即只显示汇总报表，而不显示明细。

6.3　设计报表

前面介绍了如何用"报表向导"创建报表，接下来介绍一种更为灵活的方式来创建功能更强大、更个性化的报表。

6.3.1　布局设置

【例 6-2】　根据数据库中的"课程一览"数据表，按照自己的需求与喜好，自主设计一份报表。

(1) 点击选定该数据表，选择 Access 2016 界面顶部的"创建"选项卡，单击"报表"模块中的"空报表"选项，我们将看到一个处于布局视图中的空白报表。

(2) 单击界面顶部末端的"添加现有字段"，"字段列表"的功能会出现在新报表的右侧，如图 6-12 所示。这个时候既可以继续停留在布局视图中操作，也可以在左上角切换到设计视图下操作(此时操作更加清晰明了)。

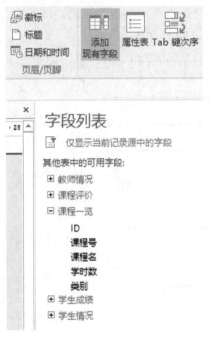

图 6-12　在报表中添加字段

(3) 将右侧的字段拖动到报表的"主体"节中，即可向新报表中添加字段。图 6-13 是一个已经将"课程号"字段拖动到主体的、处于设计视图的新报表。如需向报表添加除字段以外的其他控件，则选择"设计"选项卡中的"控件"模块即可。

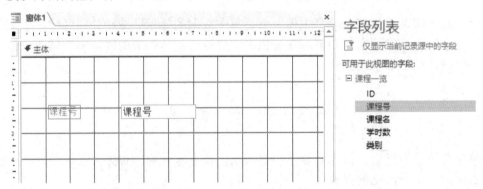

图 6-13　向"主体"节添加字段

(4) 调整页面的大小和布局。在顶部的"页面设置"功能中，可以调整报表的页边距、纸张方向等布局。将光标放在需要改变的报表节的底部，待出现双箭头时进行上下拖动，即可改变"节"的大小。

分页可以更直接地表现数据的分类。Access 2016 既允许用户基于组强制分页，也允许在节中进行强制分页。首先，在属性表顶部的下拉列表中选中组页眉或组页脚。属性表中的"强制分页"选项有以下类别可选：

(1) 无：默认设置，不进行强制分页。

(2) 节前：每个新的组都另起一页。

(3) 节后：该节的下一节内容另起一页。

(4) 节前和节后：兼备"节前"和"节后"的效果。

如果用户希望不基于分组来分页，则可以将"控件"中的"分页符"拖动到希望分页的位置。

6.3.2　数据的设置

1. 创建控件

和窗体一样，我们可以通过文本框创造表或查询并不存在的值。我们需要将"控件"模块中的"文本框"拖动到报表中，然后在文本框中输入函数等计算公式，具体操作与计算型控件的操作相同。

下面介绍如何为报表添加页码。选择"文本框"控件后，在页脚节划动一下，会出现两个框。注明"text"的是文本框的附加标签，显示"未绑定的"的是文本框控件。将附加标签中的内容改成"页码"，将控件中的内容改成"=Page"，并调整两框的位置和距离，如图 6-14 所示。

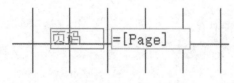

图 6-14　报表页码的添加

2. 分组与排序

分组和排序会令报表更清晰明了。Access 2016 报表可以令分类名称显示在每一个组页眉中，并可以以多种方法进行排序。

【例 6-3】　根据数据库中的"学生成绩"数据表创建报表，使用分组排序功能使学生成绩的优劣一目了然，并突出显示学生学号。

(1) 以"学生成绩"表为数据来源，创建报表。

(2) 单击功能区"设计"选项卡中的"分组、排序和汇总"，则会看到图 6-15 所示的界面。

图 6-15　报表字段的分组与排序

(3) 单击底部的"添加组"，然后在字段列表中选择字段；也可通过下拉箭头更换字段，改变排序方式，进行其他详细设置(如排序、标题、有无页眉和删除字段等)。

(4) 切换至报表视图，即可看到新创建的成绩单报表，如图 6-16 所示。

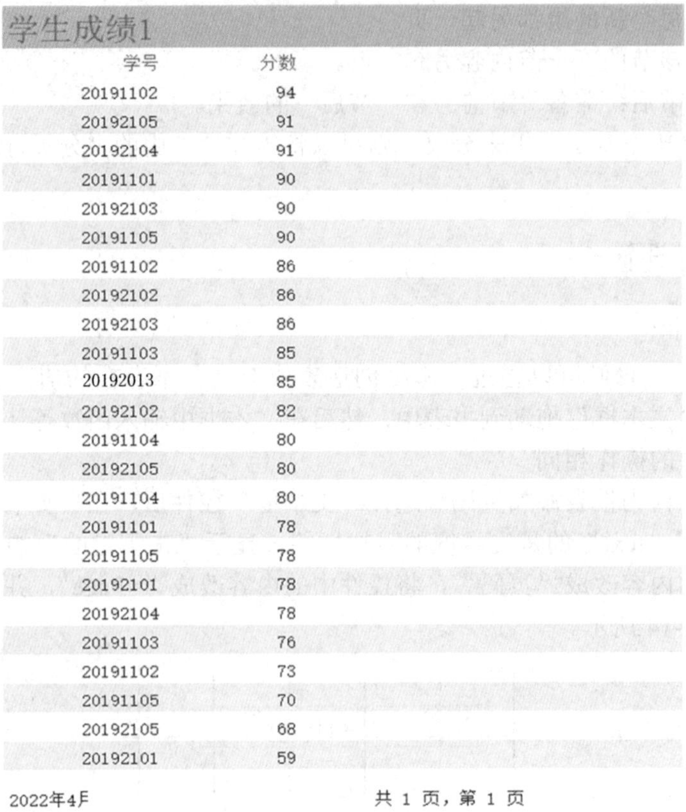

学生成绩1	
学号	分数
20191102	94
20192105	91
20192104	91
20191101	90
20192103	90
20191105	90
20191102	86
20192102	86
20192103	86
20191103	85
20192013	85
20192102	82
20191104	80
20192105	80
20191104	80
20191101	78
20191105	78
20192101	78
20192104	78
20191103	76
20191102	73
20191105	70
20192105	68
20192101	59
2022年4月	共 1 页，第 1 页

图 6-16　成绩单报表

6.3.3　属性表的设置

如果我们没有在报表的属性表里找到该控件或标签的属性，则还可以查找该控件的属性表。具体操作有以下四种，分别是：

(1) 双击该控件的边框(注意不是双击句柄)。

(2) 选择控件并按下 F4 键。

(3) 右击控件并单击"属性"。

(4) 直接按 F4 键或点击顶部的"属性表"后，从顶部的下拉列表中选择报表中的"节"或控件。

如果我们希望该报表不显示明细，仅在页眉中显示分类汇总结果，那么我们就可以通过上述的方法(4)，在下拉列表中选择"主体"节后，将"可见"属性设置为"否"。

部分功能既可以在顶部功能表中实现，也可以在属性表中实现。例如，字体、加粗等功能，在属性表的"格式"中进行操作会更加多样，而图像控件的缩放则只能在属性表中进行修改。属性表中的图片缩放模式有剪辑、拉伸、缩放等，"缩放"为默认设置。

(1) 如果该属性处于“缩放”状态，则图像的长宽比不会改变，并且会尽量填满控件框，填不满的位置显示额外的空间。这是图像显示更为稳妥的办法。

(2) 如果把该属性设置为“剪辑”，则图片会显示其原始大小。如果图片过大，则 Access 2016 会裁剪其边缘；如果图片过小，则图片周围会显示额外的空间。

(3) 如果把该属性设置为“拉伸”，则图像会随着控件框变化。但是，如果图像和控件框的长宽比例不符，那么图像会被拉伸变形。

6.3.4 美化报表

6.3.3 节的报表已经具有了查看数据的基本功能，但是没有美观性可言。本节介绍如何使报表更加美观、个性化。

【例 6-4】 将“学生情况”表生成的报表美化。

(1) 右击控件，可以为标题或文本框设置背景色。将背景色设置为深浅不一的紫色和白色的交替。

(2) 选择“控件”功能区中的“图像”，在页眉添加徽章。

这样就实现了图 6-17 所示的美观且有特色的新报表。

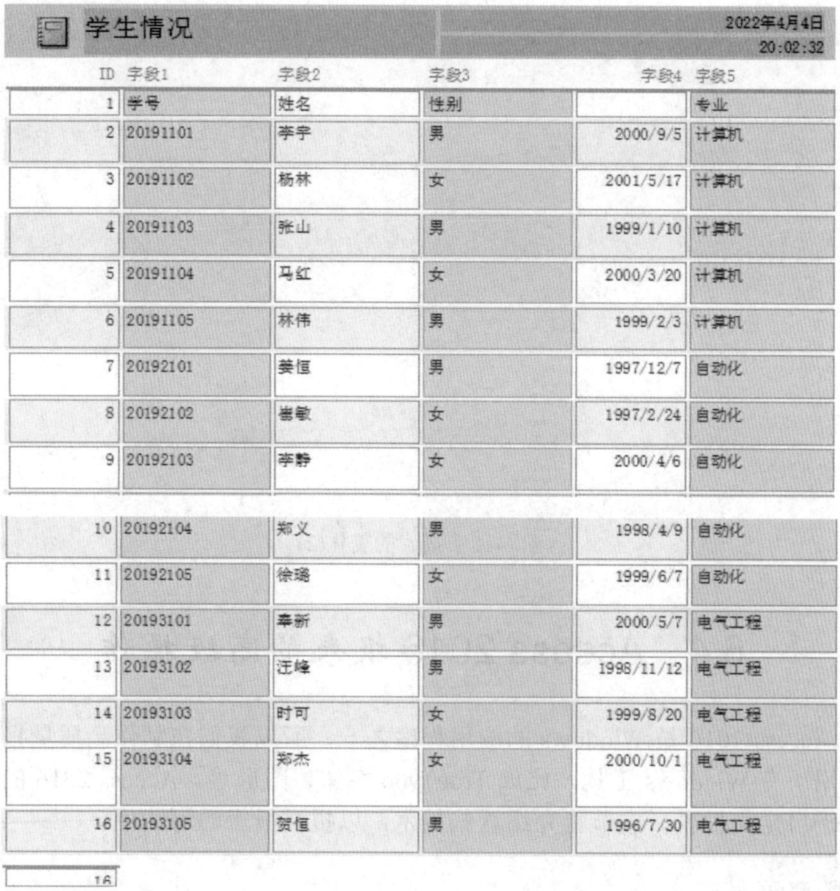

学生情况 2022年4月4日 20:02:32

ID	字段1	字段2	字段3	字段4	字段5
1	学号	姓名	性别		专业
2	20191101	李宇	男	2000/9/5	计算机
3	20191102	杨林	女	2001/5/17	计算机
4	20191103	张山	男	1999/1/10	计算机
5	20191104	马红	女	2000/3/20	计算机
6	20191105	林伟	男	1999/2/3	计算机
7	20192101	姜恒	男	1997/12/7	自动化
8	20192102	崔敏	女	1997/2/24	自动化
9	20192103	李静	女	2000/4/6	自动化
10	20192104	郑义	男	1998/4/9	自动化
11	20192105	徐璐	女	1999/6/7	自动化
12	20193101	秦新	男	2000/5/7	电气工程
13	20193102	汪峰	男	1998/11/12	电气工程
14	20193103	时可	女	1999/8/20	电气工程
15	20193104	郑杰	女	2000/10/1	电气工程
16	20193105	贺恒	男	1996/7/30	电气工程

16

图 6-17 报表的美化(1)

“控件”功能区中提供了直线、矩形等形状，利用这些简单的形状，我们也可以让报表看起来更加高级。

【例 6-5】 美化“教师情况”数据表。

(1) 在页面页眉的上下各设置一条蓝色的直线。

(2) 把字段名称和 ID 改成同样的蓝色。

这样就得到了一个清晰又美观的报表，如图 6-18 所示。

教师情况

ID	姓名	教师号	专业
1	林宏	010103	英语
2	高山	020211	自动化
3	周扬	020212	自动化
4	冯源	020213	自动化
5	王亮	030101	计算机
6	张静	030105	计算机
7	李元	030106	计算机

2022年4月21日

图 6-18　报表的美化(2)

6.4　Access 2016 报表的高级操作

由于 Access 2016 是 Windows 的应用程序之一，所以我们在制作高质量报表时，可以随意使用所有 Windows 工具，比如 TrueType 字体、图形等。Access 2016 的很多属性也可以用于自定义报表。本节将介绍这些技术，以提高报表的可读性。

6.4.1　隐藏重复信息

隐藏报表中重复的信息可以极大地改进报表的可读性，避免用户反复读到同样的信息，浪费时间和报表篇幅。

【例 6-6】 用报表向导创建如图 6-19(a)所示的“员工出勤记录”报表，用隐藏重复信息的思路将该报表处理得更加清晰明了。

图 6-19(a)中有大量重复的人名信息，非常冗余。如果一位员工的名字只显示一次，那么报表中的数据会清晰得多。

将报表调整至“设计视图”中，打开属性表，查看“员工姓名”字段，可以在属性表中找到“隐藏重复控件”选项(默认设置为“否”)，将其更改为“是”，将会看到报表发生了如图 6-19(b)所示的变化。

ID	员工姓名	出勤情况
1	李明	出勤
2	李明	出勤
3	李明	缺勤
4	李明	出勤
5	张思	出勤
6	张思	出勤
7	张思	出勤
8	张思	出勤
9	王丽	缺勤
10	王丽	出勤
11	王丽	出勤
12	王丽	出勤

(a)

出勤记录

ID	员工姓名	出勤情况
1	李明	出勤
2		出勤
3		缺勤
4		出勤
5	张思	出勤
6		出勤
7		出勤
8		出勤
9	王丽	缺勤
10		出勤
11		出勤
12		出勤

(b)

图 6-19　巧用“隐藏重复控件”功能

只有报表中的记录按顺序显示时，才可以使用“隐藏重复控件”的功能。如果一个报表中多次出现同一员工的姓名，但是该字段并未按照首字母排序，使该姓名的多条记录分散在报表中，则无法使用“隐藏重复控件”。

6.4.2　设置数据格式

采用合理的方式设置报表的格式也可以凸显特定信息，比如编号或使用项目符号。本节将使报表的设计更加专业化。

1. 创建编号列表

创建编号既有利于区分每条记录，又可以通过编号来计算报表中的项目数。Access 2016 既可以为报表中的每一条记录编号，也可以为报表中某个组中的每一条记录进行编号。编号的功能由 Access 2016 的"运行总和"来实现。

首先我们需要在报表中增加一列未绑定型控件，然后打开该控件的属性表，切换到"数据"栏，将"控件来源"设置为"=1"。"运行总和"也位于报表属性表中的"数据"栏中，有两种选项，分别是"工作组之上"和"全部之上"。当该属性设置为"工作组之上"时，Access 2016 会依据报表"主体"中的每条记录，将该文本框的值加一；当该属性设置为"全部之上"时，该文本框每在报表中出现一次，文本框中的值就会加一。

我们也可以在每个组内都设置一个"运行总和"，并且都设置为"工作组之上"，分别统计每组的总和。另外，主体节、页眉页脚节都可以使用该功能。

2. 添加项目符号字符

我们也可以用项目符号来代替编号，以区分每一条记录。这样不需要添加单独字段来承载项目符号，只需将项目符号与控件的"记录源"属性相连接。所以，添加项目符号比编号要简单得多。

接下来以"员工出勤情况"报表为例，说明如何向列表添加项目符号。注意，如需使用代码处理报表，则字段名称必须是英文。所以在此，我们将"员工姓名"改为"EmployerName"。将控件"EmployerName"的属性表打开后，切换至"数据"栏。在"控件来源"表格中输入表达式：

="•"&Space$(2)&[EmployerName]

或

= Chr(149)&Space$(2)&[EmployerName]

其中，"•"是利用 Windows 功能添加的，代码为 Alt+0149；Chr(149)会将返回的项目符号连接到字段上。如图 6-20 所示，项目符号已添加至员工姓名之前。

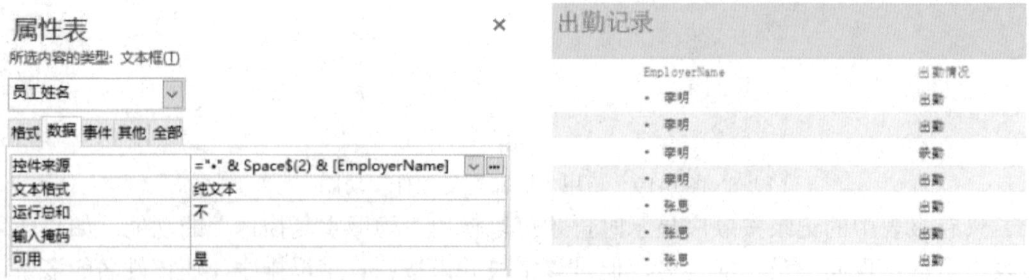

图 6-20　项目符号的使用

如果用户希望在报表中添加其他特殊字符，可以运行 Windows 字符映射应用程序。字符映射表完整的列举了文本框控件可以使用的字符，如图 6-21 所示。下面我们介绍 Windows 系统中打开字符映射表的方法。首先，使用快捷键 Windows+R，在弹出的"系统运行"对话框中输入"charmap"，即可打开字符映射表。其中包含的字符量是巨大的，绝大多数字符都可以通过 Chr$()访问。

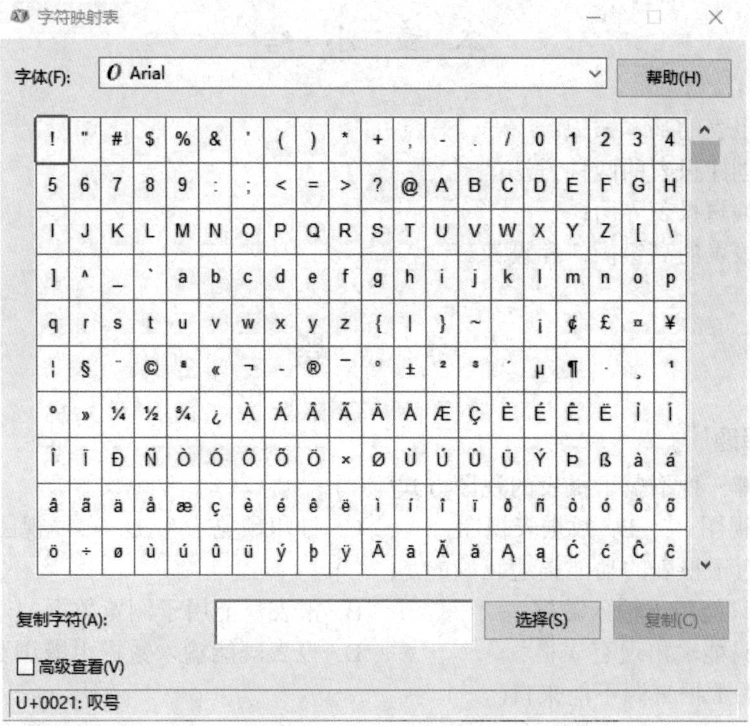

图 6-21 字符映射表

6.4.3 有条件地显示数据

在 Access 2016 中,用户可以根据另一个控件的情况,选择性地决定该控件是否显示。

【例 6-7】 我们打印商品采购单时,只希望看到有货并且有折扣的商品,那么把所有的商品信息都显示出来就显得不那么明智了。我们可以利用简单的一段代码,使报表只显示有货的商品及其库存量,隐藏缺货商品。其内在逻辑为:价格文本框被设置为"未绑定型控件",将另一个文本框绑定到代表单价的"UnitPrice"控件上,先将"可见"属性设置为"否",隐藏该文本框。在其左侧添加一个隐藏的复选框,用于提示缺货,我们将其命名为"discontinued",而 Me 是报表的快捷引用。当"discontinued"控件为"TRUE"时,"StockNumber"控件的可见属性就会切换到"是"。实现该功能的代码如下:

```
Private sub detail1_format(cancel as integer, _
  Formatcount as integer)


    Me.StudentAchievement.fontitalic = me. Discontinued.value
  Me.txtprice.fontitalic = me. Discontinued.value
  Me.txtprice.fontbold = me.discontinued.value


  End sub
```

本 章 小 结

➢ 掌握报表的基本知识；
➢ 掌握创建报表的两种方法；
➢ 学会编辑报表界面；
➢ 了解报表的高级操作和设计。

习   题

一、选择题

1. 以下哪一种不属于报表的视图方式(   )。

A. 设计视图   B. 数据表视图   C. 打印预览   D. 布局视图

2. 以下对于报表的功能描述正确的是(   )。

A. 报表只能用于输入数据   B. 报表只能用于浏览数据

C. 报表只能输出现有表格   D. 报表既能输入数据也能浏览数据

3. 报表的数据来源不能来自(   )。

A. 窗体   B. 数据表   C. 查询   D. SQL 语句

4. 如需在报表主体内容后添加一页，显示报表其他信息，正确的设置是在(   )。

A. 报表页眉   B. 报表页脚   C. 页面页眉   D. 页面页脚

5. 如需设置报表每一页底部都输出的信息，应该对哪一项进行设置(   )。

A. 报表页眉   B. 报表页脚   C. 页面页脚   D. 页面页眉

6. 报表不能完成以下哪类工作(   )。

A. 分组数据   B. 汇总数据   C. 输入数据   D. 格式化数据

7. 可以绑定数据表或查询的报表属性是(   )。

A. 记录源   B. 控制框   C. 模式   D. 排序依据

8. 在报表中添加绑定型控件时，显示字段数据的是(   )。

A. 文本框   B. 命令按钮   C. 标签   D. 图像

9. 用报表向导创建报表时，最多可以对几个字段的记录进行排序(   )。

A. 1   B. 2   C. 3   D. 4

10. 报表的标题一般放在哪一节(   )。

A. 页面页眉节   B. 报表页眉节   C. 页面页脚节   D. 报表页脚节

二、解答题

1. 请阐述用报表向导创建报表的步骤。

2. 含有区段的报表设计视图通常分为几个部分？

3. 图像控件的缩放、字体加粗等设计功能在报表的哪里可以实现？

第 7 章 宏

内容要点

➢ 了解宏的基本概念;
➢ 掌握宏的创建和操作方法;
➢ 掌握宏的运行与调试方法;
➢ 了解宏中条件的使用方法;
➢ 理解常用的宏的操作。

7.1 宏的基本概念

宏是由一个或多个操作组成的集合,其中每个操作都能自动执行,使用宏可以完成许多复杂的操作,而无需编写程序。Access 2016 提供了大量丰富的宏操作,如打开或关闭窗体、显示及隐蔽工具栏、打开和关闭数据库对象(表、窗体等)、预览或打印报表等。

7.1.1 宏的分类

可以从不同的角度对宏进行分类。不同类型的宏反映了设计宏的意图、执行宏的方式以及组织宏的方式。

1. 根据宏所依附的位置来分类

1) 独立的宏

独立的宏会显示在导航窗格中的"宏"选项卡下。宏对象是一个独立的对象,窗体、报表或控件的任何事件都可以调用宏对象中的宏。如果希望在应用程序的很多位置重复使用宏,则独立的宏就是很好的选择。

2) 嵌入的宏

嵌入在对象的事件属性中的宏称为嵌入的宏。嵌入的宏与独立的宏的区别在于:嵌入的宏在导航窗格中不可见,它是窗体、报表或控件的一部分;独立的宏可以被多个对象及不同的事件引用,而嵌入的宏只作用于特定的对象。

3) 数据宏

数据宏是从 Access 2010 版后新增的功能,该功能允许在插入、更新或删除表中的数据时执行某些操作，从而验证和确保表数据的准确性。数据宏也不显示在导航窗格的"宏"选项卡下。

2. 根据宏中的宏操作命令的组织方式来分类

根据宏中的宏操作命令的组织方式，宏可以分为操作序列宏、子宏、宏组和条件操作宏。

1) 操作序列宏

操作序列宏是指组成宏的操作命令按照顺序关系依次排列，运行时按顺序从第一个宏操作依次往下执行。如果用户频繁地重复一系列操作，则可以用创建操作序列宏的方式来执行这些操作。

2) 子宏

完成相对独立功能的宏操作命令可以定义成子宏，子宏可以通过其名称来调用。每个宏可以包含多个子宏。

3) 宏组

宏组是将相关操作分成一个组，并为该组指定一个名称，从而提高宏的可读性。分组的主要目的是表示一组相关的操作，帮助用户一目了然地了解宏的功能。此外，在编辑大型宏时，可将每个分组块向下折叠为单行，从而减少滚动操作。

4) 条件操作宏

条件操作宏就是在宏中设置条件，用来判断是否要执行某些操作。只有当条件成立时，宏操作才会被执行，这样可增强宏的功能，也使宏的应用更加广泛。使用条件操作宏可以根据不同的条件执行不同的宏操作。例如，在某个窗体中使用宏来校验数据，可能要用某些信息来响应记录的某些输入值，而用另一些信息来响应其他不同的值，此时就可以使用条件来控制宏的执行。

7.1.2 宏的操作界面

在"创建"选项卡的"宏与代码"命令组中，单击"宏"命令按钮，就可进入宏的操作界面。该界面包括"宏工具/设计"选项卡、"操作目录"窗格和宏设计窗口 3 个部分。宏的操作就是通过这些操作界面来实现的。

1. "宏工具/设计"选项卡

"宏工具/设计"选项卡有三个命令组，分别是"工具""折叠/展开""显示/隐藏"，如图 7-1 所示。

图 7-1　"宏工具/设计"选项卡

各命令组的作用如下：

(1)"工具"命令组的作用包括运行、调试宏以及将宏转换为 Visual Basic 代码 3 项。

(2) "折叠/展开"命令组提供浏览宏代码的几种方式，即展开操作、折叠操作、全部展开和全部折叠。展开操作可详细地阅读每个操作的细节，包括每个参数的具体内容。折叠操作可以把宏操作收缩起来，不显示操作的参数，只显示操作的名称。

(3) "显示/隐藏"命令组主要用于对"操作目录"窗格的隐藏和显示。

2．"操作目录"窗格

为方便用户操作，在"操作目录"窗格分类列出了所有宏操作命令，用户可以根据需要从中选择。"操作目录"窗格由三部分组成，分别是程序流程、操作和在此数据库中，如图 7-2 所示。

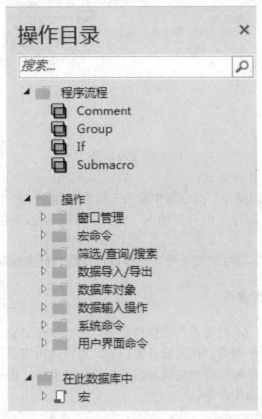

图 7-2 "操作目录"窗格

各部分的作用如下：

(1) "程序流程"包括 Comment(注释)、Group(组)、If(条件)、Submacro(子宏)等选项。其中：Comment 用于给宏添加注释说明，以提高宏程序代码的可读性；Group 允许对宏命令进行分组，以使宏的结构更清晰、可读性更好；If 通过条件表达式的值来控制宏操作的执行；Submacro 用于在宏内创建子宏。

注意：若在数据中没有使用宏，则不会显示此项。

(2) "操作"部分把宏操作按操作性质分成 8 组，分别是"窗口管理""宏命令""筛选/查询/搜索""数据导入/导出""数据库对象""数据输入操作""系统命令""用户界面命令"，共有 66 个操作。Access 2016 通过这种方式管理宏，用户创建宏更为方便和容易。

(3) "在此数据库中" 部分列出了当前数据库中的所有宏，方便用户重复使用所创建的宏和事件过程代码。展开 "在此数据库中"，通常显示下一级列表的 "报表" "窗体" "宏"，进一步展开报表、窗体和宏后，则会显示在报表、窗体和宏中的事件过程或宏。

3. 宏设计窗口

Access 2016 的宏设计窗口，使用非常方便。当创建一个宏后，在宏设计窗口中会出现一个组合框，在其中可以添加宏操作并设置操作参数，如图 7-3 所示。

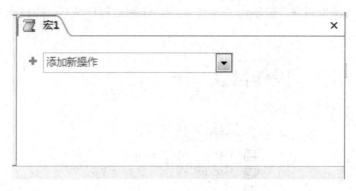

图 7-3　宏设计窗口

添加新的宏操作有 3 种方式：

(1) 直接在 "添加新操作" 组合框中输入宏操作名称。

(2) 单击 "添加新操作" 组合框的向下箭头，在打开的下拉列表中选择相应的宏操作。

(3) 从 "操作目录" 窗格中把某个宏操作拖拽到组合框中或双击某个宏操作。

7.1.3　常用的宏操作命令

Access 2016 提供了 66 种基本的宏操作命令，在 "操作目录" 窗格的 "操作" 列表项中会显示所有的宏操作命令。在宏设计窗口中，可以调用这些基本的宏操作命令，并配置相应的操作参数，就可以自动完成对数据库的各种操作。根据宏操作命令的用途来分类，有如下常用的宏操作命令。

1. 打开或关闭数据库对象

常用的宏命令有：

(1) OpenForm：打开窗体。

(2) OpenQuery：打开查询。

(3) OpenReport：打开报表。

(4) OpenTable：打开表。

(5) CloseDatabase：关闭当前数据库。

2. 查找记录

常用的宏命令有：

(1) FindNextRecord：查找符合制定条件的下一条记录。

(2) FindRecord：查找符合条件的第一条记录。

(3) GoToRecord：制定当前记录。

3. 用户界面

常用的宏命令有：

AddMenu：用于创建菜单栏。

4. 运行和控制流程

常用的宏命令有：

(1) RunMacro：执行一个宏。

(2) StopAllMacros：终止当前所有宏的运行。

(3) StopMacro：终止当前正在运行的宏。

(4) QuitAccess 2016：退出 Access 2016。

5. 窗口控制

常用的宏命令有：

(1) MaximizeWindow：将窗口最大化。

(2) MinimizeWindow：将窗口最小化。

(3) RestoreWindow：将窗口恢复为原来大小。

(4) CloseWindow：关闭制定或活动窗口。

6. 通知或警告

常用的宏命令有：

(1) Beep：通过计算机的扬声器发出嘟嘟声。

(2) MessageBox：显示消息框。

7.2　宏的创建

　　宏的创建方法与其他对象的创建方法稍微有点不同，其他对象的创建有多种方法，如可以通过自动方式、手动方式、向导创建，也可以通过设计视图创建，但宏只能通过设计视图创建。

7.2.1　创建独立的宏

　　要创建宏，需要在设计窗口中添加宏操作命令、提供注释说明及设置操作参数。选定一个操作后，在宏设计窗口的操作参数设置区会出现与该操作对应的操作参数设置表。通常情况下，当单击操作参数列表框时，会在列表框的右侧出现一个向下的箭头，单击该箭头，就可以在下拉列表中选择操作参数。

1. 创建操作序列宏

　　创建操作序列宏是最基本的创建宏的方法，操作序列宏也是比较常用的，其操作步骤如下：

(1) 在"创建"选项卡上的"宏与代码"组中,单击"宏",会打开如图 7-3 所示的宏设计窗口。

(2) 在"添加新操作"列表中选择某个操作,或在组合框中键入操作名称。Access 2016 将在显示"添加新操作"列表的位置添加该操作。也可以从右侧的操作目录中双击或拖动操作来实现添加操作到宏。

(3) 如有必要,可以选择一个操作,然后将光标移至参数上以查看每个参数的说明。如果有很多参数,则可从下拉列表中选择一个值,拖动到"注释"列中输入说明文字。

(4) 如需添加更多的操作,可以重复上述步骤(2)和步骤(3)。

(5) 在软件界面左上方快速访问工具栏上,单击"保存"按钮,并输入一个名称为宏命名。

保存宏设计的结果后,在"宏工具/设计"选项卡的"工具"命令组中单击"运行"命令按钮,即可运行设计好的宏,它将按顺序执行宏中的操作。

注意:运行宏是按宏名进行调用的。命名为 AutoExec 的宏在打开该数据库时会自动运行,要想取消自动运行,在打开数据库时按住 Shift 键即可。

【例 7-1】 创建单个宏示例。

本示例将创建一个宏,其功能是以只读方式打开"学生基本信息"窗体(可以先创建该窗体或用前面已有的窗体),并将其最大化。设计结果如图 7-4 所示。

操作步骤如下:

(1) 打开"教学管理系统"数据库文件。

(2) 单击"创建"选项卡的"宏与代码"组中的"宏"按钮,打开宏设计窗口。

(3) 在宏设计窗口的"添加新操作"组合框的下拉列表中选择"OpenForm"选项,在下方的"窗体名称"下拉列表中选择"学生基本信息"窗体,在"数据模式"那里选择"只读"。

(4) 在宏设计窗口的"添加新操作"组合框的下拉列表中选择"MaximizeWindow"操作。

(5) 保存宏的设计结果。单击"保存"按钮,在弹出的"另存为"对话框中输入宏的名称为"单个宏示例",然后点"确定"按钮,用户即可在导航窗格中看到新添加的"单个宏示例"宏对象。

(6) 单击宏工具"设计"选项卡的"工具"组中的"运行"按钮❗,可以查看该宏的运行结果。

(7) 最后,关闭宏设计窗口即可。

2. 创建子宏

子宏是宏的集合,将多个相关的宏组织在一起即构成子宏,它有助于用户方便地实施对数据库的管理和维护。

子宏的创建方法与单个宏的创建方法类似,操作步骤参照例 7-2。

【例 7-2】 创建子宏示例。

本示例将创建一个名为"子宏示例"的宏,该宏由两个子宏构成,设计结果如图 7-4 所示。

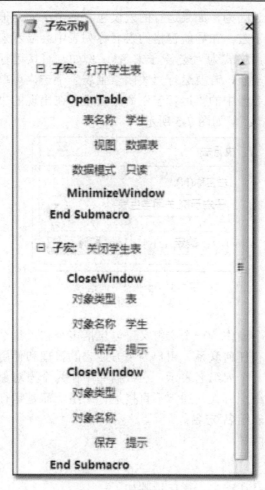

图 7-4　子宏设计结果

操作步骤如下：

(1) 打开"教学管理系统"数据库文件。

(2) 打开宏设计窗口。

(3) 在"操作目录"窗格中，把"程序流程"中的子宏"Submacro"拖到宏设计窗口，在显示的"子宏"行后面的文本框中输入子宏的名称，如"打开学生表"。

(4) 在"打开学生表"子宏的"添加新操作"组合框的下拉列表中选择所需的宏操作，这里选择"OpenTable"，设置"表名称"为"学生情况"，"数据模式"为"只读"。继续在"添加新操作"组合框中选择"MinimizeWindow"操作。

(5) 在宏的设计窗口中重复步骤(3)和步骤(4)，继续添加"关闭学生表"子宏的设计。

(6) 单击"保存"按钮，在弹出的"另存为"对话框中输入宏名称为"子宏示例"，然后单击"确定"按钮，即可在"导航窗格"中看到新添加的一个"子宏示例"宏对象。

(7) 输入完毕，保存子宏设计的结果。

(8) 单击宏工具"设计"选项卡的"工具"组中的"运行"按钮，可以查看该宏的运行结果。我们可以看到，只有第一个子宏中的操作被执行了。

说明：子宏运行时，会从第一个操作开始执行每个宏，直至遇到 StopMacro 操作或其他宏名已完成的操作。因为，如果运行的宏仅包含多个子宏，但没有指定要运行的子宏，则只会运行第一个子宏。在导航窗格的宏名称列表中会显示宏的名称。如果要引用宏中的某个子宏，其引用格式为"宏名.子宏名"。例如，直接运行"子宏示例"则会自动运行"打开学生表"子宏，若要运行"关闭学生表"子宏，可单击"数据库工具"选项卡，再单击"宏"命令组中的"运行宏"命令按钮，在出现的"执行宏"对话框中输入"子宏示例.关闭学生表"，如图 7-5 所示。

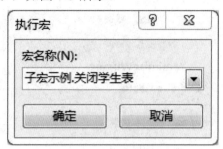

图 7-5　"子宏"的运行

3. 创建宏组

一个宏可以包括多个操作，一个宏组又可以包括多个宏。每个宏都是一个独立的数据库对象，相互之间没有任何联系。用户为了方便宏的管理和使用，可将多个功能相关的宏合并在一起，使用一个宏组名表示，在数据库中作为个宏对象出现。

宏组只是宏的一种组织方式，通常不直接运行宏组，而是运行宏组中的某个宏。调用宏组中宏的格式为：**宏组名.宏名**。

创建宏组的方式有两种。

方法 1：

如果要分组的操作已在宏中，操作步骤如下：

(1) 在宏设计窗口中选择要分组的宏操作。

(2) 右键单击所选的操作，然后选择"生成分组程序块"命令。

(3) 在生成的"Group"块顶部的框中，键入宏组的名称，完成分组。

方法 2：

如果操作不存在于宏中，则操作步骤如下：

(1) 将"Group"块从"操作目录"拖动到宏设计窗口中。

(2) 在生成的"Group"块顶部的框中，键入宏组名称。

(3) 将宏操作从操作目录拖动到步骤(2)创建的"Group"块中，或是在该块中的"添加新操作"列表中选择操作。

注意："Group"块可以包含其他的"Group"块，最多可以嵌套 9 级。

【例 7-3】 创建宏组示例。

操作步骤如下：

(1) 打开宏设计窗口。

(2) 在"操作目录"里把"Group"块拖到宏设计窗口里，并在"Group"顶部的框中输入宏组的名字，如"宏组 1"。

(3) 通过"添加新操作"添加相应的操作。本例中添加了打开"学生数据透视表窗体"(这里只是一个窗体名称而已，也可以是其他窗体)。

(4) 重复步骤(2)和步骤(3)添加其他的宏组及组内的操作。

(5) 保存宏组，并运行。

宏组创建结果如图 7-6 所示。运行时，会发现依次执行了"宏组 1"和"宏组 2"中的操作，所以分组只是宏的一种组织方式，它不改变宏的运行方式。

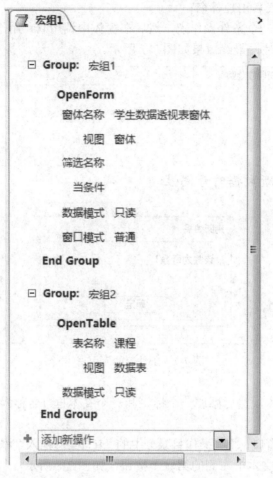

图 7-6　宏组创建结果

4. 创建条件宏

如果希望在满足一定条件时才执行宏的一个或多个操作，可以使用"操作目录"窗格中的"If"流程控制，通过设置条件来控制宏的执行，从而形成条件操作宏。这里的条件是一个逻辑表达式，返回值为真(True)或假(False)。运行时将根据条件表达式的结果决定是否执行对应的操作。

(1) 如果条件表达式的结果为 True，则执行"If"行与"Else"行(若没有"Else"行则为"End If"行)之间的所有宏操作。然后，执行宏中其他未设置"If"行的宏操作，直到遇到宏的结尾为止。

(2) 若条件表达式的结果为 False，则不执行 "If" 下面的操作，转而执行 "Else" 行和 "End If" 行之间的所有操作。然后，执行宏中其他未设置 "If" 行的宏操作，直到遇到宏的结尾为止。

在输入条件表达式时，可能会引用窗体或报表上的控件值，引用格式如下：

  forms![窗体名]![控件名]

或

  Reports![报表名]![控件名]

【例 7-4】 创建一个条件操作宏，然后在窗体中调用它，用于判断窗体的文本框控件中输入数据的奇偶性，最终效果如图 7-7 所示。

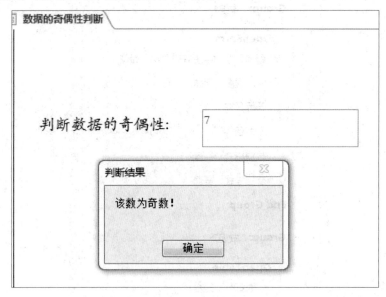

图 7-7　条件宏的应用窗体

操作步骤如下：

(1) 创建一个窗体，然后添加一个标签和一个文本框 (名称为 "text1")，并设置窗体和控件的其他属性。

(2) 打开宏设计窗口，把 "操作目录" 中的 "If" 操作拖入 "添加新操作" 组合框中，单击 "条件表达式" 文本框右侧的第一个按钮，如图 7-8 所示。

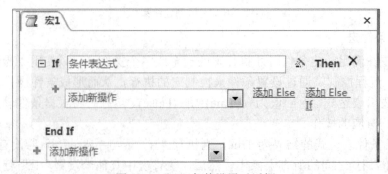

图 7-8　 "If" 条件设置对话框

(3) 打开 "表达式生成器" 对话框。在 "表达式元素" 窗口中，依次展开 "教学管理系统.accdb/Forms/所有窗体",选中"数据的奇偶性判断"窗体。在"表达式类别"窗口中,双击"Text1",在上面的编辑区表达式后面输入"Mod 2"(注:Mod 是求余数运算符),如图 7-9 所示,然后单击"确定",返回宏设计窗口。

图 7-9 "表达式生成器"设置宏操作条件

(4) 在"添加新操作"组合框中选择"MessageBox"命令,各参数设置如图 7-10 所示。

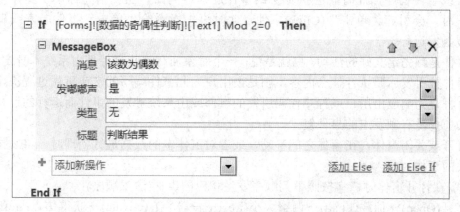

图 7-10 条件操作宏的设置(1)

(5) 重复步骤(2)~步骤(4),设置第二个 If 条件操作,设置结果如图 7-11 所示。

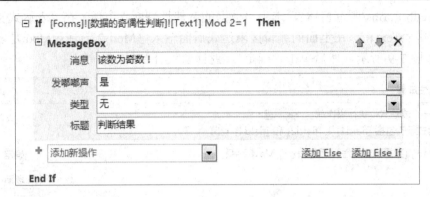

图 7-11　条件操作宏的设置(2)

(6) 将宏保存为"条件操作宏"。

(7) 在设计视图中打开"数据的奇偶性判断"窗体，在"Text1"属性表对话框的"事件"标签中将"Text1"的"更新后"事件属性设置为"条件操作宏"。如果没有设计好条件宏，此时也可单击"更新后"事件属性右边的省略号按钮，进入宏设计窗口，完成宏的设计。

(8) 在窗体视图中打开"数据的奇偶性判断"窗体，在"Text1"文本框中输入数据并按回车键，就会出现判断提示信息。

7.2.2　创建嵌入的宏

嵌入的宏与独立的宏不同。嵌入的宏存储于窗体、报表或控件的事件属性中。它们不会作为对象显示在导航窗格的"宏"对象下面，而是窗体、报表或控件的一部分。嵌入的宏与独立的宏其创建方法稍有不同，嵌入的宏必须先选择要嵌入的事件，然后编辑嵌入的宏。

事件(Event)是在数据库中执行的一种特殊操作，是对象所能辨识和检测的动作，当此动作发生于某一个对象上时，其对应的事件便会被触发，如单击光标，打开窗体或者打印报表。可以创建某一个特定事件发生时运行的宏。如果已经先给这个事件编写了宏或事件程序，此时就会执行宏或事件过程。例如，当使用光标单击窗体中的一个按钮时，会引起"单击"(Click)事件，此时事先指派给"单击"事件的宏或事件程序也被触发运行。

事件是预先定义好的活动。也就是说，一个对象拥有哪些事件是由系统本身定义的，至于事件被引发后要执行什么内容，则是由用户为此事件编写的宏或事件过程决定的。事件过程是为响应由用户或程序代码引发的事件或由系统触发的事件而运行的过程。宏运行的前提是有触发宏的事件发生。

打开或关闭窗体，在窗体之间移动，或者对窗体中的数据进行处理时，将发生与窗体相关的事件。

(1) 在打开窗体时，将按照下列顺序发生相应的事件(注意顺序)：

打开(Open)→加载(Load)→调整大小(Resize)→激活(Activate)→获得焦点(GotFocus)→成为当前(Current)。

(2) 在关闭窗体时，将按照下列顺序发生相应的事件：

卸载(Unload)→失去焦点(LostFocus)→停用(Deactivate)→关闭(Close)。

【例 7-5】 在"学生"窗体的"加载"事件中创建嵌入的宏，当打开"学生"窗体时将显示提示信息。

操作步骤如下：

(1) 打开"教学管理系统"数据库，以设计视图或布局视图打开"学生"窗体(若没有此窗体，可以先创建它)，打开"属性表"对话框，在对象列表中选择"窗体"。

(2) 在窗体属性表中，单击"事件"选项卡，选择"加载"事件属性，并单击右边的省略号按钮，在"选择生成器"对话框中，选择"宏生成器"选项，然后单击"确定"按钮。

(3) 进入宏设计窗口，添加"MessageBox"操作，"消息"参数填"打开学生窗体"，"标题"参数填"提示"。

(4) 保存宏设计结果，关闭宏设计窗体。

(5) 以窗体视图或布局视图打开"学生"窗体，该宏就会在"学生"窗体加载时触发运行，并弹出一个信息提示框。操作结果如图 7-12 所示。

图 7-12 嵌入的宏示例

【例 7-6】 通过嵌入式宏实现简单的查询功能，效果如图 7-13 所示。单击"查询学生信息"窗体中的组合框，从下拉列表中选择"性别"选项，然后单击"查询"按钮，将弹出"学生基本信息"窗体(若没有此窗体，可先创建它)，显示指定性别的学生信息。查询结果如图 7-14 所示。

图 7-13 "查询学生信息"窗体　　　　图 7-14 查询学生信息结果窗体

操作步骤如下：

(1) 打开"教学管理系统"数据库，创建"查询学生信息"窗体。

(2) 设置窗体及其中控件的属性，参考表 7-1 和表 7-2。

表 7-1　窗体属性表

对　象	属　性	属性值
窗体	标题	查询学生信息
	记录选择器	否
	导航按钮	否
	滚动条	两者均无

表 7-2　窗体中控件属性表

对　象	属　性	属性值
标签	标题	请输入性别：
组合框	名称	Combo1
	行来源	"男""女"
	行来源类型	值列表

(3) 在"查询学生信息"窗体中添加一个命令按钮，"标题"属性值为"查询"。打开该按钮的属性表，在"事件"选项卡中，点击"单击"事件行中的"生成器"，接着选择"宏生成器"，单击"确定"，打开宏生成器窗口。

(4) 宏生成器窗口按图 7-15 进行设置。条件参数选项可直接手动输入，也可以点击右边的按钮，打开"表达式生成器"，通过光标选择的方式进行输入，如图 7-16 所示。

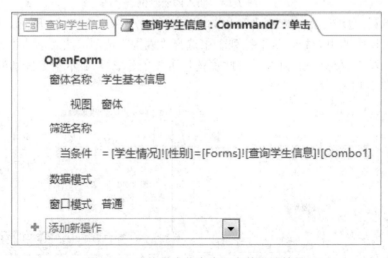

图 7-15　查询学生信息嵌入宏的设计结果

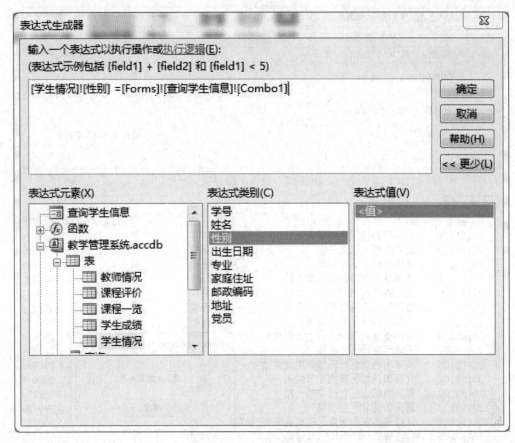

图 7-16 筛选条件的输入

7.2.3 创建数据宏

每当在表中添加、删除或更新数据时，都会发生表事件。因此，可以编写数据宏使其在发生表事件之前，或在更新或删除事件之后立即运行。根据数据宏的触发时机，数据宏分为更改前、删除前、插入后、更新后、删除后。

【例 7-7】 创建数据宏，当在"学生情况表"中输入"性别"字段时进行数据验证，若输入有错则给出提示信息。

操作步骤如下：

(1) 打开要创建数据宏的"学生情况表"。

(2) 单击"表格工具/表"选项卡，在"前期事件"命令组中单击"更改前"命令按钮，打开宏设计窗口。

(3) 在宏设计窗口添加相应的操作，如图 7-17 所示。

(4) 保存宏设置并关闭宏设计窗口。

(5) 在表中输入数据进行验证，当输入的性别不是"男"或"女"时，则弹出提示信息框，如图 7-18 所示。

图 7-17　数据宏的设置

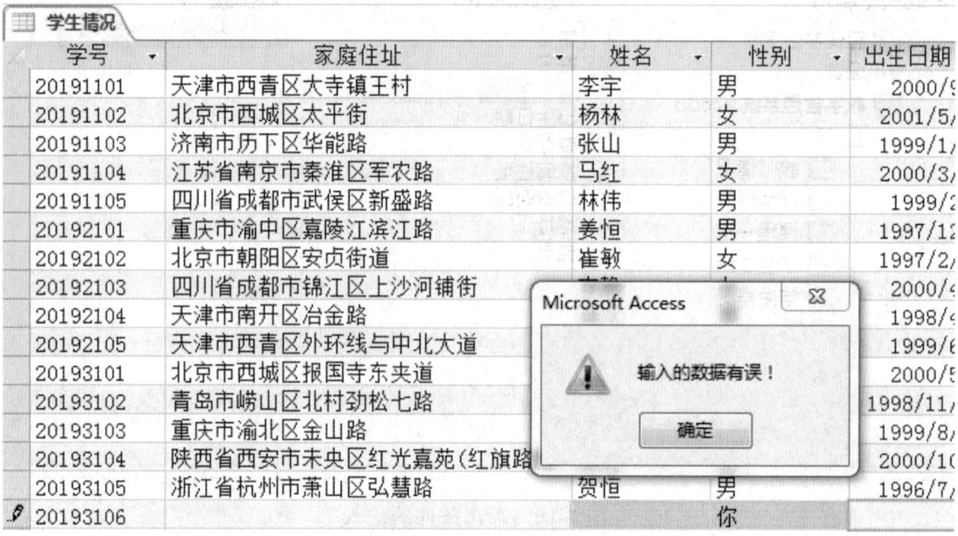

学生情况				
学号	家庭住址	姓名	性别	出生日期
20191101	天津市西青区大寺镇王村	李宇	男	2000/9
20191102	北京市西城区太平街	杨林	女	2001/5/
20191103	济南市历下区华能路	张山	男	1999/1/
20191104	江苏省南京市秦淮区军农路	马红	女	2000/3/
20191105	四川省成都市武侯区新盛路	林伟	男	1999/2
20192101	重庆市渝中区嘉陵江滨江路	姜恒	男	1997/12
20192102	北京市朝阳区安贞街道	崔敏	女	1997/2/
20192103	四川省成都市锦江区上沙河铺街			2000/9
20192104	天津市南开区冶金路			1998/9
20192105	天津市西青区外环线与中北大道			1999/6
20193101	北京市西城区报国寺东夹道			2000/5
20193102	青岛市崂山区北村劲松七路			1998/11/
20193103	重庆市渝北区金山路			1999/8/
20193104	陕西省西安市未央区红光嘉苑(红旗路			2000/10
20193105	浙江省杭州市萧山区弘慧路	贺恒	男	1996/7/
20193106			你	

Microsoft Access

⚠ 输入的数据有误！

确定

图 7-18　数据宏的运行结果

注意：在导航窗格的"宏"对象下并不显示数据宏，必须通过表的数据表视图或设计视图的功能区命令才能创建、编辑、重命名和删除数据宏。在导航窗格中，双击包含要编辑数据宏的表，在"表格工具/表"选项卡的"前期事件"或"后期事件"命令组中，单击要编辑的宏即可进行编辑。

7.3　宏的运行与调试

7.3.1　宏的运行

运行宏时，Access 2016 将从宏的起始点开始，执行宏中的所有操作，直至遇到另一个宏(如果宏在宏组中)或宏的结束点。在 Access 2016 中，可以直接运行某个宏，也可以从其他宏中执行宏，还可以通过响应窗体、报表或控件的事件来运行宏。

1. 直接运行宏

直接运行宏主要是对创建的宏进行调试，以测试宏的正确性。直接运行宏主要有如下 3 种方法。

(1) 从"宏"设计窗体中运行宏，单击工具栏上的"执行"按钮！即可。

(2) 在导航窗格中执行宏，双击相应的宏名即可。

(3) 在"数据库工具"选项卡下的"宏"命令组单击"运行宏"命令按钮，会弹出"执行宏"对话框，从它的下拉列表中选择要运行的宏，点击"确定"即可。

2．从其他宏中运行宏

如果想从其他宏中运行另一个宏，必须在宏设计视图中使用 RunMacro 宏操作命令，使用要运行的另一个宏的宏名作为操作参数。

3．通过响应窗体、报表或控件的事件运行宏

在 Access 2016 中可以通过设置窗体、报表或控件上发生的事件来响应宏或事件过程，操作步骤如下：

(1) 打开窗体或报表，将视图设置为"设计视图"。

(2) 设置窗体、报表或控件的有关事件属性为宏的名称或事件过程。

(3) 在打开窗体、报表后，如果发生相应事件，则会自动运行设置的宏或事件过程。

4．数据库启动时自动运行宏

在 Access 2016 中，若要求在启动数据库的同时某个宏能自动运行，则只需要将该宏的名字命名为 AutoExec，因为 AutoExec 是一个特殊的宏，它在数据库启动时会自动运行。如果打开数据库之后就想看到某个表格、窗体或报表，则可为它创建一个名为 AutoExec 的宏，这样数据库一打开，就可以看到用户想看的数据。

7.3.2　调试宏

在 Access 2016 系统中提供了"单步"执行的宏调试工具。使用单步跟踪执行，可以观察宏的流程和每个操作的结果，可以从中发现并排除出现问题或错误的操作。

调试操作步骤如下：

(1) 打开要调试的宏。

(2) 在工具栏上单击"单步"按钮，使其处于凹陷起作用的状态。在工具栏上单击"执行"按钮，系统将出现"单步执行宏"对话框。

(3) 单击"单步执行"按钮，执行其中的操作；单击"停止所有宏"按钮，停止宏的执行并关闭对话框；单击"继续"按钮，关闭"单步执行宏"对话框，并执行宏的下一个操作命令。如果宏操作有误，则会出现"操作失败"对话框。如果要在宏执行过程中暂停宏的执行，可按【Ctrl+Break】组合键。

【**例 7-8**】　利用单步执行，观察例 7-3 创建的宏组的执行过程。

操作步骤如下：

(1) 在导航窗格中选择相应的"宏"对象，打开宏的设计视图。

(2) 在"宏工具/设计"选项卡下，单击"工具"命令组的"单步"命令，然后单击"运行"命令按钮，即弹出"单步执行宏"对话框，如图 7-19 所示。此对话框显示与宏及宏操作相关的信息以及"错误号"。"错误号"框里如果为 0，表示没有发生错误。

(3) 在"单步执行宏"对话框中可以观察宏的执行过程，还可以对宏的执行进行干预。点击"单步执行"按钮，执行其中的操作；点击"停止所有宏"按钮，停止宏的执行并关闭该对话框；点击"继续"按钮，关闭单步执行方式，继续执行宏未执行的部分。若要在宏的执行过程中暂停宏的执行，可按【Ctrl+Break】组合键。

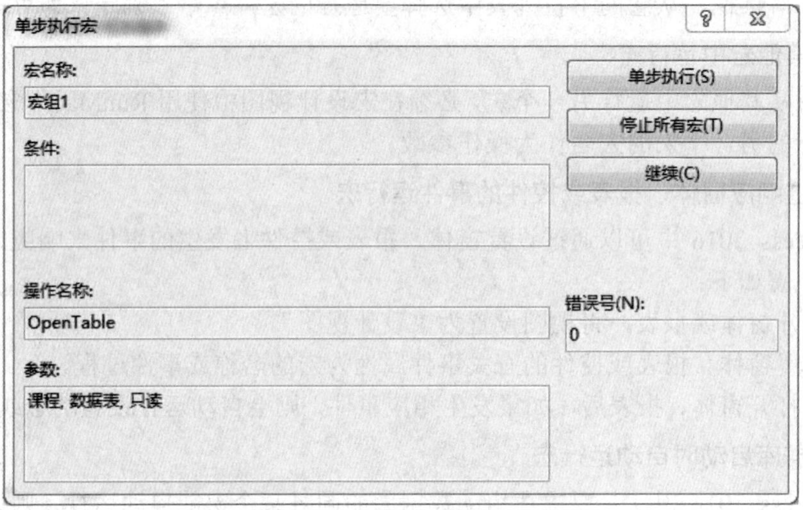

图 7-19　"单步执行宏"对话框

本 章 小 结

➢ 了解宏的基本概念；
➢ 掌握宏的创建及操作方法；
➢ 掌握宏的运行与调试；
➢ 掌握常用的宏操作。

习　　题

一、选择题

1. 以下关于宏的说法不正确的是(　　)。
A. 宏能够一次完成多个操作
B. 每一个宏命令都是由动作名和操作参数组成的
C. 宏可以是很多宏命令组成在一起的宏
D. 宏是用编程的方法来实现的
2. 以下关于宏操作的叙述错误的是(　　)。
A. 可以使用宏组来管理相关的一系列宏
B. 使用宏可以启动其他应用程序
C. 使用宏操作都可以转化为相应的模块代码
D. 宏的关系表达式中不能应用窗体或报表的控件值

3. 用于打开报表的宏命令是(　　)。

A. open form　　　B. open query　　　C. open report　　　D. run SQL

4. 先打开一个窗体，而后关闭该窗体的两个宏命令是(　　)。

A. open form，close　　　　　　B. open form，quit

C. open query，close　　　　　　D. open query，quit

5. 用于最大化激活窗口的宏命令是(　　)。

A. minimize　　　B. requery　　　C. maximize　　　D. restore

6. 打开查询的宏操作是(　　)。

A. OpenForm　　B. OpenQuery　　C. Open　　　D. OpenModule

7. 能够创建宏的设计器是(　　)。

A. 报表设计器　B. 查询设计器　　C. 宏设计器　　D. 窗体设计器

8. 若一个宏包含多个操作，在运行宏时是按照(　　)顺序来运行这些操作的。

A. 从上到下　　B. 从左到右　　　C. 从下到上　　D. 从右到左

9. 若要某个宏打开数据库时自动运行，此宏的名字应命名为(　　)。

A. Autobat　　B. ECHO　　　C. AutoExec　　　D. Auto

10. 在 Access 2016 中，宏是按照(　　)调用的。

A. 名称　　　B. 参数　　　C. 编码　　　D. 标示符

二、简答题

1. 简述宏的概念。

2. 简述宏的分类。

3. 如何创建独立的宏？如何创建嵌入的宏？

4. 如何运行宏？运行宏有几种方法？

第8章　模块与VBA程序设计

内容要点

➢ 理解模块的基本概念；
➢ 了解面向对象程序设计的基本概念；
➢ 掌握程序流程的三种基本结构：顺序结构、选择结构、循环结构；
➢ 掌握子过程与函数过程的定义和使用；
➢ 掌握VBA程序的调试方法；
➢ 了解VBA数据库编程。

在 Access 2016 中，一般的数据库操作可以借助各种向导来完成，借助于宏对象可以自动完成大量不同的数据处理，无须编写代码。但是要对数据库进行更复杂、更灵活的操作，宏就显得有些无能为力，这类操作需要通过编程来实现。在 Access 2016 中，编程是通过模块实现的，利用模块可以将各种数据库对象连接起来，从而构成一个完整的系统。

在 Access 2016 中内置了 VBA(Visual Basic for Application)，利用 VBA 可以解决数据库与用户交互中遇到的很多复杂问题。VBA 是 Office 软件内置的程序设计语言，其语法规则与 Visual Basic 语言兼容。

8.1　模　块

模块是 Access 2016 数据库的对象之一，它是存储程序代码的容器，用 VBA 语言编写了程序并编译通过之后，可将其保存在 Access 2016 的一个模块中，之后可以通过类似在窗体中激活宏的操作来启动该模块，从而实现特定功能。模块中的代码是以过程的形式组织的，每个过程都可以是一个 Sub 子过程或一个 Function 函数过程。

1. 模块的分类

在 Access 2016 中，模块分为类模块和标准模块两种类型。

1) 类模块

窗体和报表的特定模块属于类模块，其具有局部特性，作用范围局限在所属窗体和报表内部，而生命周期是随着窗体和报表的打开(关闭)而开始(结束)的。窗体模块和报表模块通常都包含时间过程，该过程用来控制窗体或报表的操作以及用户的操作。

2) 标准模块

标准模块一般用来承载其他程序模块中要引用的代码。标准模块不与具体的对象相关联，它的作用就是提供共享的 Sub 过程或一个 Function 函数过程，它的公共变量和公共过程具有全局特性。标准模块中的变量和过程可供整个数据库使用。每个标准模块都有一个唯一的名字，在导航窗格的"模块"对象中，可查看数据库中创建的标准模块。

注意：标准模块和类模块存储数据的方法不同。标准模块中的数据只有一个备份，即标准模块中的一个公共变量改变后，后面的程序再读取这个变量时，则是改变后的值；而类模块的数据是相对于类实例而独立存在的，类模块实例中的数据只存在于对象的生命期中，它随着对象的创建而创建。

2. 模块的组成

模块以过程为单元组成。一个模块包含一个声明部分及一个或多个过程，在声明部分对过程中使用的变量进行定义，过程又分为子过程和函数过程两种。

1) 子过程

子过程又称为 Sub 过程，以关键字 Sub 开头，以 End Sub 结束，用来执行一系列操作，没有返回值，其定义语法格式如下：

　　[Public | Private | Static] Sub 子过程名([<形参>]As 类型)

　　[<子过程语句>]

　　End Sub

说明：

(1) 使用 Public 关键字可以使这个过程适用于所有模块中的所有其他过程。

(2) 使用 Private 关键字可以使该子过程只适用于同一模块中的其他过程。

(3) 使用 Static 关键字表示在该过程中所有生命的变量均为静态变量，变量的值始终保留，即使程序执行完毕也是如此。

(4) 如果过程执行中需要传递数据，就要在过程中指明参数，否则可以省略参数，成为无参过程。

2) 函数过程

函数过程以 Function 为关键字，以 End Function 结束，通常都有返回值。Access 2016 提供了很多内置函数供用户使用，可在程序中直接调用这些函数。例如，Date()函数返回系统的当前日期。除了系统提供的内置函数以外，用户还可以创建自定义函数。自定义 Function 函数的语法格式如下：

　　[Public | Private | Static] Function 函数过程名([<形参>] As 类型)

　　执行语句

　　End Function

8.2　创　建　模　块

8.2.1 VBA 编程环境介绍

VBA 是微软为 Microsoft Office 开发设计的程序语言,它由 Visual Basic 简化而来,可以用来实现一些文档元素的复杂和自动化操作。VBA 不是一个独立的开发工具,通常被嵌入 Word、Excel、Access 2016 等宿主软件中,从而实现程序开发功能。

在 Office 中使用的 VBA 开发界面称为 VBE(Visual Basic Editor),如图 8-1 所示。VBE 集编辑、调试和编译于一体,主要由工具栏、工程窗口、属性窗口、代码窗口和立即窗口组成。

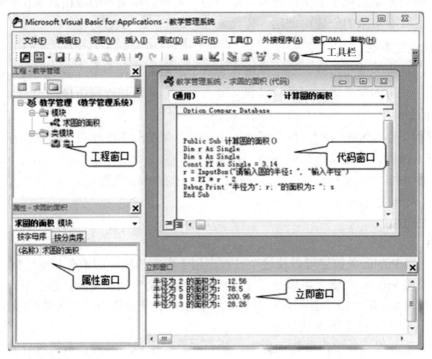

图 8-1　VBE 窗口

8.2.2　创建类模块

类模块与标准模块的编辑和调试环境都是一样的,均为 VBE 窗口,但是两种模块启动 VBE 的方式不同。

类模块是包含在窗体、报表等数据库对象之中的事件处理过程,只有在所依附的对象处于活动状态时有效。下面介绍使用 VBE 编辑类模块的两种方法。

方法一:

(1) 打开窗体或报表的设计视图,单击"数据库工具"选项卡。

(2) 在"宏"组中点击"Visual Basic"按钮，进入 VBE 窗口。

方法二：

(1) 打开窗体或报表的设计视图，选中窗体、报表的控件，右键单击选择"属性"选项，打开"属性表"对话框。

(2) 在"事件"选项卡中选中某个事件，点击右边的下拉箭头，在列表中选择"[事件过程]"选项，再点击"生成器"按钮即可进入 VBE，如图 8-2 所示。

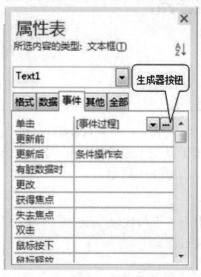

图 8-2　属性表的"事件"选项卡

8.2.3　创建标准模块

创建标准模块也有几种方法，下面分别进行介绍。

方法一：

(1) 点击"创建"选项卡下的"宏与代码"组中的"模块"按钮，即进入 VBE。

(2) 选择"插入"菜单中的"过程"命令，在弹出的对话框中输入过程名，如图 8-3 所示。

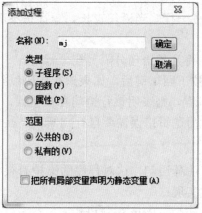

图 8-3　"添加过程"对话框

(3) 点击"确定"按钮，即进入代码编辑窗口，如图 8-4 所示。

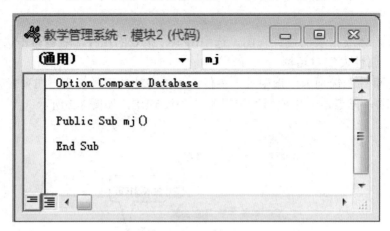

图 8-4 代码编辑窗口

(4) 编辑代码之后，点击工具栏上的绿色三角形按钮 ▶ 运行过程，在下面的"立即窗口"就可看到程序的结果，如图 8-1 所示。

方法二：

(1) 点击"创建"选项卡下"宏与代码"组中的"模块"按钮，即进入 VBE。

(2) 直接在代码窗口定义过程。

方法三：

(1) 在导航窗口的"模块"对象中双击选择的模块，进入 VBE。

(2) 在代码窗口定义过程。

8.3 VBA 程序设计基础

8.3.1 程序语句书写原则

1. 语句书写规定

(1) 通常将一个语句写在一行。当语句较长、一行写不下时，可以用续行符"-"将语句连接写在下一行。

(2) 可以使用冒号":"将几条语句分隔写在一行中。

(3) 当输入一行语句并按下回车键后，如果该行代码以红色文本显示(有时伴有错误信息出现，此类属于语法错误)，则表明该行语句存在错误，应更正。这类语法错误，系统是可以自动检测出来的，而逻辑错误需要自行判断。

2. 注释语句

一个好的程序一般都有注释语句，这对程序的维护有很大帮助。在 VBA 程序中，注释可以通过以下两种方式实现：

(1) 使用 Rem 语句，格式为：Rem 注释语句。

(2) 用单引号 "'"，格式为：' 注释语句。

【例 8-1】 定义变量并赋值。

> Rem 定义两个变量
>
> Dim Str1，Str2
>
> Str1 = 'Beijing'　：Rem 注释在语句之后要用冒号隔开
>
> Str2 = 'shanghai' ' 这也是一条注释。这时无须使用冒号

注释可以添加到程序模块的任何位置，并且默认以绿色文本显示。还可以利用"编辑"工具栏中的"设置注释块"按钮和"解除注释块"按钮，对大小代码进行注释或解除注释。

8.3.2　数据类型和数据对象

利用 VBA 进行程序设计时，必须熟悉各种数据类型及各种运算对象的表示方法。数据类型决定了数据在内存中的存储形式以及能参与的运算。VBA 的数据类型分为标准数据类型和自定义数据类型。

1. 标准数据类型

标准数据类型指 Access 2016 数据库系统创建表对象时所涉及的字段数据类型(除了 OLE 对象和备注数据类型外)。标准数据类型如表 8-1 所示。

表 8-1　VBA 标准数据类型列表

数据类型	类型标识	符　号	存储空间	字段类型
整数	Integer	%	2 字节	字节/整数/是/否
长整数	Long	&	4 字节	长整数/自动编号
单精度数	Single	!	4 字节	单精度数
双精度数	Double	#	8 字节	双精度数
货币	Currency	@	8 字节	货币
字符串	String	$	字符串的长度	文本
布尔型	Boolean		2 字节	逻辑值
日期型	Date	无	8 字节	日期/时间
变体类型	Variant		不定	任何

1) 布尔型数据(Boolean)

布尔型数据只有两个值：True 和 False。当布尔型数据转换为其他类型数据时，True 转换为 -1，False 转换为 0；当其他类型数据转换为布尔型数据时，0 转换为 False，其他值(非零)转换为 True。

2) 日期型数据(Date)

任何可以识别的文本日期数据都可以赋予日期变量。"时间/日期"类型常量必须前

后用"#"号封住，如#2003/11/12#。

3) 变体类型数据(Variant)

变体类型是一种特殊的数据类型。在 VBA 中规定，如果没有显式声明或使用符号来定义变量的数据类型，则默认为变体类型。

2. 自定义数据类型

自定义数据类型可以在 Type…End Type 关键字间定义，定义格式如下：

　　Type [数据类型名]
　　<变量名> As <数据类型>
　　<变量名> As <数据类型>
　　…
　　End Type

【例 8-2】 定义一个学生信息数据类型。

```
Type NewStudent
txtNo As String*7          '学号，7 位定长字符串
txtName As String          '姓名，变长字符串
txtSex As String*1         '性别，1 位定长字符串
txtAge   As Integer         '年龄，整型
End Type
```

上述例子定义了由 txtNo(学号)、txtName(姓名)、txtSex(性别)和 txtAge(年龄)4 个分量组成的名为 NewStudent 的类型。

8.3.3　变量和常量

1. 变量

变量是指程序运行时其值会发生变化的量。在高级语言中，变量可以看作一个被命名的内存单元，通过变量的名字可以访问相应的内存单元。

1) 变量的命名规则

(1) 变量名不能包含空格或除了下划线字符"_"外的任何其他标点符号，其长度不得超过 255 个字符。注意区分同字段名的命名规则。

(2) 变量名不能使用 VBA 的关键字。

(3) 变量名不区分大小写，即"NewVar"和"newvar"代表的是同一个变量。

(4) 变量名在同一作用域内不可同名。

2) 变量的声明

变量声明就是定义变量名称及其类型，即在系统中为变量分配存储空间。声明变量要使用 Dim 语句，其语句格式如下：

　　Dim 变量名 [As 数据类型|类型符], [, 变量名[As 数据类型|类型符]]

其中，As 后指明数据类型，或在变量名称后附加类型符来指明变量的数据类型。

例如：

Dim NewVar_1 As Integer	′NewVa 为整型变量
Dim Newvar_2% ，sum！	′NewVar_2 为整型变量，sum 为单精度型变量

Dim NewVar_2%, sum! 相当于 Dim NewVar_2 As Integer, sum As Single。

注意：默认数据类型为 Variant，即定义中省略了 As<VarType>短语的变量。例如：

Dim m ，n	′m、n 为变体类型变量
NewVar = 525	′NewVar 为变体类型变量，值是 525

3) 变量的作用域

在 VBA 编程中，变量定义的位置和方式不同，则它有效的时间和起作用的范围也有所不同，这就是变量的生命周期与作用域。VBA 中变量的作用域有 3 个层次：

(1) 局部变量(Local)。局部变量是定义在模块的过程内部(即 Sub 过程或 Function 过程内用关键字 Dim 定义)或不定义直接使用的变量。其作用域为定义该变量的 Sub 过程或 Function 过程。形式参数也属于过程内的局部变量。

(2) 模块级局部变量(Module)。模块级局部变量是在模块的通用声明段用 Dim 或 Private 关键字定义的变量，该变量的作用域是定义该变量的模块，该模块的各个过程中都可以使用该变量。

(3) 全局变量(Public)。

全局变量是指在模块的通用声明段用 Public 关键字定义的变量，该变量的作用范围是整个应用程序，即类模块和标准模块的所有过程都可以使用该变量。

4) 变量的生命周期

生命周期是变量的另一个特性，即变量的持续(有效)时间。按照变量的生存周期，可以将变量分为动态变量和静态变量。

(1) 动态变量：使用 Dim 语句声明的变量，在过程结束之前会一直保存着它的值，这种变量的生存周期与过程的持续时间一致，每次调用过程时该变量都被设置成默认值。对于不同类型的动态变量，系统赋予的默认值也不同。例如，数值类型变量的默认值为 0，字符串类型变量的默认值为空字符串″ ″。

(2) 静态变量：要在过程运行时保留局部变量的值，可以用 Static 关键字代替 Dim 来定义。静态(Static)变量的持续时间是整个模块执行的时间，但它的有效作用范围是由其定义位置决定的。

5) 数据库对象变量

Access 2016 建立的数据库对象及其属性，均可看成 VBA 程序代码中的变量及其指定的值来加以引用。例如，Access 2016 中窗体与报表对象的引用格式如下：

　　　　Forms！窗体名称！控件名称[.属性名称]

或

　　　　Reports！报表名称！控件名称[.属性名称]

关键字 Forms 或 Reports 分别表示窗口或报表对象集合；感叹号"！"用于分隔对象名称和控件名称；"属性名称"部分缺省，则为控件的基本属性。

如果对象名称中含有空格或标点符号，则要用方括号把名称括起来。

下面举例说明含有学生编号信息的文本框操作。

```
Forms! 学生管理! 编号 = " 980306 "
Forms! 学生管理! [编号] = " 980306 "        ' 对象名称含空格时用[ ]
```

此外，还可以使用 Set 关键字来建立控件对象的变量。当需要多次引用对象时，这样处理很方便。例如，要多次操作引用窗体"学生管理"上控件"姓名"中的值时，可以使用以下处理方式：

```
Dim txtName As Control                 ' 定义控件类型变量
Set txtName = Forms!  学生管理! 姓名     ' 指定引用窗体控件的对象
txtName = " 冯伟 "                      ' 操作对象变量
```

采用将变量定义为对象类型并使用 Set 语句将对象指派到变量的方法，可以将任何数据库对象定义为变量的名称。当给对象指定一个变量名时，不是创建而是引用内存的对象。

2. 常量

常量就是其值在程序运行期间不变的量。常量又可分为直接常量、符号常量和系统常量。

1) 直接常量

直接常量就是在程序中出现的字面常量，即数值、字符串、日期型常量和逻辑型常量，如 12、"hello"、#2021-10-02#等。

2) 符号常量

在 VBA 编程过程中，对于一些频繁使用的常量，可以用符号常量的形式来表示。这样可以提高代码的可读性，也便于进行程序的维护，可以做到"一改全改"。符号常量使用关键字 Const 来定义，定义格式如下：

　　　　Const 符号常量名称 = 常量值

例如，Const PI=3.141 59 定义了一个符号常量 PI。这样定义之后，在程序中遇到符号 PI 就会用 3.141 59 进行替换。

说明：

(1) 若在模块的声明区中定义符号常量，则建立了一个所有模块都可使用的全局符号常量，一般在 Const 前加上 Global 或 Public 关键字。

(2) 定义在时间过程中的符号常量，只在本过程中使用。

(3) 符号常量不能指明数据类型，系统会自动按存储效率高的方式确定数据类型。

(4) 为了与变量区别，符号常量名通常用大写字母命名。

(5) 在程序运行中，符号常量只能进行读取操作，不能修改其值，也不能重新赋值。

3) 系统常量

除了用户通过声明定义符号常量外，Access 2016 系统内部包含若干启动时就建立的系统常量，有 True、False、Yes、No、On、Off 和 Null 等。系统常量位于对象库中，单击"视图"菜单的"对象浏览器"命令，可以在"对象浏览器"中查看 Access 2016、

VBA 等对象库中提供的常量，在编写代码时可以直接使用它们。

8.3.4 数组

数组就是由一组具有相同数据类型的变量构成的集合，也称作数组元素变量，用一个数组名来标识。数组中的每一个数据称为数组元素，数组元素在数组中的序号称为下标。

数组变量由数组名和数组下标构成。有一个下标的数组称为一维数组，有两个下标的数组称为二维数组。例如，a(1)表示一维数组的一个数组元素，b(1,2)表示二维数组的一个数组元素。

数组在使用之前要先定义，通常用 Dim 语句来定义数组，定义格式如下：

一维数组：

    Dim 数组名(下标下限 to 下标上限)as 数据类型

二维数组：

    Dim 数组名(第一维下标上限，第二维下标上限)as 数据类型

说明：

(1) 缺省情况下，下标下限为 0，数组元素为从"数组名(0)"至"数组名(下标上限)"；如果使用 to 选项，则可以设置非 0 下限。VBA 也支持多维数组，可以在数组下标中加入多个数值并以逗号分开，最多可以定义 60 维。

(2) 模块声明部分可以使用"Option Base 0/1"来设置，数组下标不从 0 开始。0 表示下标下限为 0，1 表示下标下限为 1。其中，0 为缺省状态，此时不用声明语句。

例如，定义一个由 11 个整型数构成的数组，数组元素为 New Array(0)至 New Array(10)，代码如下：

    Dim New Array(10) As Integer

又如，定义一个由 10 个整型数构成的数组，数组元素为 New Array(1)至 New Array(10)，代码如下：

    Dim New Array(1 To 10) As Integer

定义一个三维数组 New Array，代码如下：

    Dim NewArray(5，5，5)As Integer   ' 有 6*6*6=216 个元素

例如：

    Option Base 1 Dim A(2 to 5，5)   ' 有 4*5=20 个元素

8.3.5 运算符和表达式

根据运算的不同，运算符可以分成 4 种类型：算术运算符、关系运算符、逻辑运算符和连接运算符。

1. 算术运算符

算术运算符用于算术运算。由算术运算符与操作数组合的式子称为算术表达式。算术运算符如表 8-2 所示。

表 8-2　算术运算符

算术运算符	含　义	示　例	结　果	优先级
—	负号	−5	−5	2
^	乘方	3^2	9	1
*	乘	4*5	20	3
/	除	3/10	0.3	3
\	整除	2\5	0	4
Mod	取模/取余	6 Mod 5	1	5
+	加	2 + 8	10	6
—	减	5 − 1	4	6

注意：对于整数除法(\)运算，如果操作数有小数部分，则系统会舍去小数部分后再运算；如果结果有小数，则也要舍去小数。对于求模运算(Mod)，如果操作数是小数，则系统会四舍五入变成整数后再运算；如果被除数是负数，则余数(结果)也是负数；如果被除数是正数，则余数(结果)为正数。

例如：

```
Dim My Value                        '定义变量
      My Value = 10 Mod 4           '返回 2
      My Value = 10 Mod 2           '返回 0
      My Value = 3 Mod 5            '返回 3
      My Value = 12 Mod -5          '返回 2
      My Value = -12.7 Mod -5       '返-3
      My Value = 3^2                '返回 9
      My Value = 2^2^2             '返回 16
      My Value =(-2)^3              '返回-8
      My Value = 10. 20\ 4.9        '返回 2
      My Value = 9\3                '返回 3
      My Value = 10\ 3              '返回 3
```

2. 关系运算符

关系运算符用来表示两个或多个值或表达式之间的大小关系，如表 8-3 所示。

表 8-3　关系运算符

关系运算符	含　义	示　例	结　果	优先级
<	小于	9<4	False	
>	大于	9>4	Ture	
<=	小于等于	9<=4	False	
>=	大于等于	9>=4	Ture	同优先级
=	等于	9=4	False	
<>	不等于	9<>4	ture	

注意:

(1) 关系运算符的优先级相同。

(2) 关系运算符的结合方向是从左到右。

用关系运算符连接操作数组成的式子称为关系表达式。关系表达式的结果为逻辑值 True 或 False, 依据比较结果来判定。

例如:

```
Dim My Value                            '定义变量
    My Value =(10>4)                    '返回 True
    My Value =(1> = 2)                  '返回 False
    My Value =(1 = 2)                   '返回 False
    My Value =(" ab " <  > " aaa ")     '返回 True
    My Value =("周" <  "刘")            '返回 False
    My Value =(#2003/12/25#< = #2004/2/28#)  '返回 True
```

3. 逻辑运算符

逻辑运算符用于逻辑运算, 包括与(And)、或(Or)和非(Not)3 个运算符, 如表 8-4 所示。运用这三个逻辑运算符可以对两个逻辑量进行逻辑运算, 其结果仍为逻辑值。

表 8-4　逻辑运算符

逻辑运算符	含　义	示　例	结　果	优先级
Not	逻辑非	Not 5	true	1
And	逻辑与	5 and 1	true	2
Or	逻辑或	0 or 1	true	3

例如:

```
Dim My Value                            '定义变量
    My Value =(10>4 AND 1>=2)           '返回 False
    My Value =(10>4 OR 1>=2)            '返回 True
    My Value =NOT(4 = 3)                '返回 True
```

4. 连接运算符

连接运算符具有连接字符串的功能, 主要有 "&" 和 "+" 两个运算符。

(1) "&" 用来强制将两个表达式当作字符串连接, 即它可以将非字符串类型的数据转换为字符串后进行连接。例如, 连接式 " 2＋3 " & " = " &(2+3)的运算结果为字符串 "2＋3=5"。注意: 使用 & 符号之前要在两边添加一个空格, 以避免将其作为类型符处理。

(2) "+" 运算符用于当两个表达式均为字符串数据时, 将两个字符串连接成一个新字符串。如果连接式写为 " 2＋3 " & " +(2+3), 则系统会提示出错信息 "类型不匹配", 只能写成 " 2＋3 " + " = " + " (2+3) ", 运算结果为 " 2＋3=2＋3 "。

注意: 字符串用双引号(" ")表示, 双引号里面的内容不会改变, 全部原样输出。

8.3.6 运算符的优先级

在 VBA 中，逻辑量在表达式里进行算术运算，True 值被当成 -1 处理，False 值被当成 0 处理。

当一个表达式由多个运算符连接在一起时，运算进行的先后顺序是由运算符的优先级决定的。优先级高的运算先进行，优先级相同的运算按照从左到右的顺序进行。关于运算符的优先级作如下说明：

(1) 优先级：算术运算符>连接运算符>关系运算符>逻辑运算符。

(2) 所有比较运算符的优先级相同。也就是说，按从左到右的顺序处理。

(3) 算术运算符和逻辑运算符必须按照表 8-5 所列的优先级顺序处理。

(4) 括号的优先级最高。可以用括号改变优先级的顺序，强制表达式的某些部分优先运行。

表 8-5　运算符的优先级

优先级	高←低			
	算数运算符	连接运算符	关系运算符	逻辑运算符
高↑低	指数运算(^)	字符串连接(&) 字符串连接(+)	等于(=)	Not
	负数(-)		不等于(<>)	And
	乘法和除法(*、/)		小于(<)	Or
	整数除法(\)		大于(>)	
	求模运算(Mod)		小于等于(<=)	
	加法和减法(+、-)		大于等于(>=)	

8.4　VBA 的程序流程控制结构

一个语句能够完成某项操作的一条命令，VBA 程序就是由大量的语句构成的。VBA 程序语句按照其功能不同可分为两大类型：一是声明语句，用于给变量、常量或过程定义命名；二是执行语句，用于执行赋值操作、调用过程、实现各种流程控制。

执行语句可分为三种结构：

(1) 顺序结构：按照语句顺序依次执行。如赋值语句、过程调用语句等。

(2) 分支结构：又称选择结构，根据条件选择执行路径。

(3) 循环结构：重复执行某一段程序语句。

8.4.1 赋值语句

赋值语句可为变量指定一个值或表达式，通常以等号(=)连接。在前面我们已经多次用到此语句，使用格式如下：

[Let]变量名=值或表达式

这里，Let 为可选项。

例如：

```
Dim txtAge As Interger
    txtAge = 20
Debug.Print txtAge
```

上面首先定义了一个整型变量 txtAge，然后对其赋值为 20，最后将整型变量 txtAge 的值输出在立即窗口中。

在程序执行时，顺序结构根据程序中语句的书写顺序依次执行语句序列，其程序执行的流程是按照顺序完成的，即按照语句的出现顺序依次执行。

8.4.2 输入输出语句

程序中有很多地方需要接受用户的输入数据，运算后又将结果进行输出。在 VBA 中处理数据的输入利用系统函数 InputBox( )，输出数据用系统函数 MsgBox( )和立即窗口。

1. InputBox 函数

用于在一个对话框中显示提示，等待用户输入正文并按下按钮，返回包含文本框内容的字符串数据信息。使用格式如下：

InputBox(prompt [，title][，default][，xpos][，ypos])

说明：中间若干个参数可以省略，但分隔符逗号"，"不能缺少。

(1) prompt 不能省略，用于在对话框上显示一个输入的提示项。

(2) title 用于指定该对话框的标题，若省略就用"Microsoft Office Access 2016"为标题。

(3) default 用于提供一个默认值，当用户不输入数据时，用该值作为输入的数据。

(4) xpos、ypos 用于指定对话框在屏幕中的位置，若省略则出现在屏幕的中央。

【例 8-3】 如图 8-5 所示的输入框，写出输入语句。

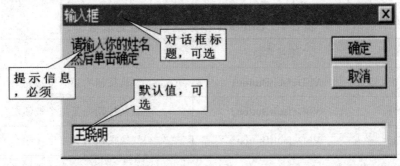

图 8-5 输入框示例

调用语句为：strName = InputBox("请输入你的姓名然后单击确定："，"输入框"，"王晓明"）

注意：一个 InputBox 函数一次只接受一个值的输入。

2. MsgBox 函数

使用消息框输出信息。使用格式如下：

  MsgBox(prompt [，buttons][，title])

说明：

（1）prompt 不能省略，最长为 1024 个字符，中间若干参数可以省略，但分隔符逗号
"，"不能缺少。

（2）buttons 用来指定对话框中按钮的个数及形式。buttons 由三部分组成，即其中
buttons＝[按钮]＋[图标]＋[缺省按钮]。其值与按钮数目和图标样式的对应关系见表 8-6 和
表 8-7。

（3）title 用于指定该对话框的标题，若省略就用"Microsoft Office Access 2016"为
标题。

表 8-6　MsgBox 函数按钮与图标参数值

取　值	符号常量	意　义
0	VbOkOnly	"确定"按钮
1	VbOkCancel	"确定"和"取消"按钮
2	VbAbortRetryIgnore	"终止""重试"和"忽略"按钮
3	VbYesNoCancel	"是""否"和"取消"按钮
4	VbYesNo	"是"和"否"按钮
5	VbRetryCancel	"重试"和"取消"按钮
16	VbCritical	停止图标
32	VbQuestion	问号图标
48	VbExclamation	感叹号图标
64	VbInformation	消息图标

表 8-7　Buttons 参数缺省按钮的取值

取　值	符号常量	意　义
0	VbDefaultButton1	默认按钮为第一个按钮
256	VbDefaultButton2	默认按钮为第二个按钮
512	VbDefaultButton3	默认按钮为第三个按钮

MsgBox 作为函数时返回值反映了用户选择的按钮，返回值与按钮类型的对应情况
如表 8-8 所示。

表 8-8　MsgBox 对话框返回值与按钮类型的对应情况

取　值	符号常量	意　义
1	VbOk	"确定"按钮
2	VbCancel	"取消"按钮
3	VbAbort	"终止"按钮
4	VbRetry	"重试"按钮
5	VbIgnore	"忽略"按钮
6	VbYes	"是"　按钮
7	VbNo	"否"　按钮

【例 8-4】　在输入对话框中输入名字，然后用消息框输出欢迎信息。

步骤如下：

(1) 创建模块，进入 VBE 窗口。

(2) 窗口输入如下代码。

```
Sub hello()
Dim stuinput, response As String
strinput = InputBox("请输入你的名字:")
response = MsgBox("请确认你输入的信息是否正确！", 4 + 48 + 0, "数据校验")
If response = VbYes Then
    MsgBox ("欢迎您" & strinput)
    Else: Close
End If
End Sub
```

运行结果如图 8-6～图 8-8 所示。

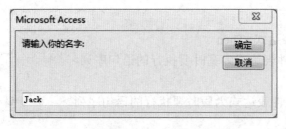

图 8-6　调用 InputBox 函数输入姓名

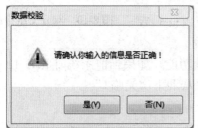

图 8-7　"数据校验"消息框

图 8-8　用 MsgBox 语句输出结果

8.4.3　分支结构

分支结构是按照给定的条件成立与否来确定程序的走向，即根据条件表达式的值来选择运行某些语句。

1. 单分支结构

语句结构为：

　　　If　　<条件表达式>　　Then
　　　　　语句序列
　　　End If

或者写成：

　　　If　　<条件表达式>　　Then　　语句序列

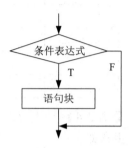

其功能是先计算条件表达式。当表达式的值为 True 时，执行语句序列；如果表达式的值为 False，则直接执行 End if 后面的语句。执行流程图如图 8-9 所示。

图 8-9　单分支结构流程图

【例 8-5】　过程 Procedure1 的功能是：如果当前系统时间超过 12 点，则在立即窗口显示"下午好!"。

在代码窗口输入下列自定义过程代码：

```
Sub Procedure1( )
If Hour(Time())>12 Then
Debug.Print " 下午好！  "
End If
End Sub
```

将光标放在过程中，按 F5 运行程序，即可查看结果。

2. 双分支结构

语句结构为：

　　　If　　<条件表达式>Then
　　　　　　<条件表达式为真时要执行的语句序列>
　　　Else
　　　　　　<条件表达式为假时要执行的语句序列>
　　　End If

双分支结构执行流程如图 8-10 所示。

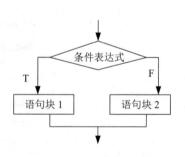

执行过程：判断条件表达式如果为真则执行 Then 后面的语句序列；否则，执行 Else 后面的语句序列。

图 8-10　双分支结构流程图

【例 8-6】　修改过程 Procedure1：对其新增功能，如果当前系统时间为 12 点至 18 点，则在立即窗口显示"下午好!"，否则显示"欢迎下次光临!"。

在代码窗口输入下列自定义过程代码：

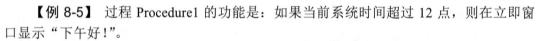

```
Sub Procedure2( )
```

```
        If   Hour(Time( ))>=12 And Hour(Time( ))<18 Then    ' 不含 18 点
            Debug.Print  " 下午好！ "
        Else
            Debug.Print " 欢迎下次光临！ "
        End If
    End Sub
```

3. 多分支结构

语句结构为：

```
    If   <条件表达式 1> Then
        <条件表达式 1 为真时要执行的语句序列 1>
    elseIf   <条件表达式 2> Then
        <如果条件表达式 1 为假，并且条件表达式 2 为真时要执行的语句序列 2>
        ……
    else
    语句序列 n+1
    End If
```

注意：Else 与 If 之间并没有空格。多分支结构流程图如图 8-11 所示。

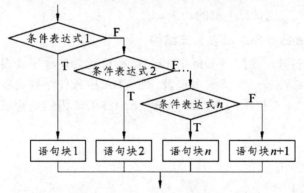

图 8-11　多分支结构流程图

【例 8-7】 定义过程 Procedure3 功能：如果当前系统时间为 8 至 12 点之间，在立即窗口显示"上午好！"，系统时间为 12 至 18 点之间，则显示"下午好！"，其他时间均显示"欢迎下次光临！"。

在代码窗口输入下列自定义过程代码：

```
    Sub Procedure3( )
        If Hour(Time( ))>=8 And Hour(Time( ))<12 Then
            Debug.Print  " 上午好！ "
        Else If   Hour(Time())>=12 And Hour(Time( ))<18   Then
            Debug.print  " 下午好！ "
        Else
            Debug .Print " 欢迎下次光临！ "
```

```
        End If
End Sub
```

【例 8-8】 试用 If-Else 语句结构编程实现由 x 的值计算表达式 y 的值。

$$y = \begin{cases} \sqrt{x}, x > 0 \\ 0, x = 0 \\ |x|, x < 0 \end{cases}$$

程序段 1：if 的嵌套方式　　　　　　　　程序段 2：多分支方式

```
If x>0 Then                        If x>0 Then
    y=Sqr(x)                           y=Sqr(x)
Else                               ElseIf  x=0 Then
    If  x=0 Then                       y=0
        y=0                        Else
    Else                               y=Abs(x)
        y=Abs(x)                   End If
    End If
End if
```

两个程序段均可实现计算 y 值的功能。

4. Select Case-End Select 多分支结构

当条件选项较多时，使用 If-End If 控制结构可能会使程序变得复杂难懂，因为要使用 If-End If 控制结构就必须依靠多嵌套，而 VBA 中条件结构的嵌套数目和深度是有限制的。此时使用 VBA 提供的 Select Case—End Select 语句结构就可以方便地解决这类问题。

语句结构为：

```
Select Case  表达式
  Case  表达式 1
    [语句 1]        '表达式的值与表达式 1 的值相等时执行的语句序列
  [Case  表达式 2 To 表达式 3]
    [语句 2]        '[表达式的值介于表达式 2 的值和表达 3 的值之间时执行的语句序列]
  [Case Is 关系运算符  表达式 4]
    [语句 3]        '[表达式的值与表达式 4 的值之间满足关系运算为真时执行的语句序列]
  [Case Else]
    [语句 4]        '[上面的情况均不符合时执行该语句序列]
End Select
```

Select Case 结构流程图如图 8-12 所示。Select Case 结构运行时，首先计算"表达式"的值，它可以是字符串、数值变量或表达式。然后会依次计算、测试每个 Case 表达式的值，直到值匹配成功，程序则会转入相应 Case 结构内执行语句。执行完该语句之后就退出。

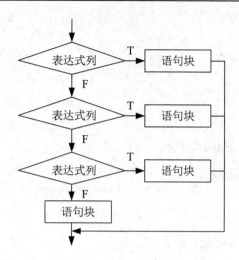

图 8-12 Select Case—End Select 语句结构流程图

Case 表达式可以是下面 4 种格式之一：

(1) 单一数值或一行并列的数值，用来与"表达式"的值相比较。成员间以逗号(,)隔开。

(2) 由关键字 To 分隔开的两个数值或表达式之间的范围。前一个值必须比后一个值要小，否则没有符合条件的情况。字符串比较是从它们的第一个字符的 ASCII 码值开始比较，直到比较出不相等的字母为止。

(3) 关键字 Is 接关系运算符，例如，<>、<、<=、=、>=或>，后面再接变量或精确的值。

(4) 关键字 Case Else 后的语句，是在前面的 Case 条件都不满足时执行的。

Case 语句是依次执行的，只执行第一个符合 Case 条件的相关的程序代码，即使再有其他符合条件的分支也不会再执行。

如果没有找到符合的且有 Case Else 的语句，就会执行接在该语句后的程序代码。然后程序从接在 End Select 终止语句的下一行程序代码处继续执行下去。

【例 8-9】在窗体上有一个名为 num 的文本框和 run 命令按钮，执行以下事件代码，在文本框中输入 80，单击命令按钮，结果是"通过"。

```
Private Sub run_Click(   )
Dim num As Integer
Dim result As String
num = Me.Text0.Value      'Me 代表当前窗体或当前报表
    Select Case num
        Case 0
        result = "0 分"
        Case 60 To 84
        result = "通过"
        Case Is >= 85
```

```
            result = "优秀"
        Case Else
            result = "不及格"
    End Select
    MsgBox result
End Sub
```

运行结果如图 8-13、图 8-14 所示。

图 8-13　窗体设计结果

图 8-14　运行结果

8.4.4　循环结构

循环语句可以实现重复执行一行或几行程序代码。VBA 支持以下循环语句结构：For-Next、Do-Loop 和 While-Wend。

1. For-Next 循环

For-Next 语句能够重复执行程序代码区域特定次数，使用格式如下：

```
For 循环变量 = 初值 To 终值 [ Step 步长]
    循环体语句序列
Next [循环变量]
```

其执行步骤如下：

(1) 循环变量取初值。

(2) 循环变量与终值比较,确定循环是否进行。

(3) 步长 > 0 时,若循环变量值 <= 终值,循环继续,执行步骤(4);若循环变量值 > 终值,循环结束,退出循环。

(4) 执行循环体。

(5) 循环变量值增加步长(循环变量=循环变量 + 步长),程序跳转至步骤(2)。

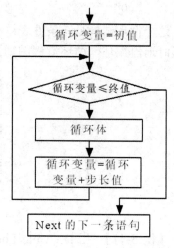

循环变量的值如果在循环体内不被更改,则循环执行次数可以使用公式"循环次数 N=Int [(终值 − 初值)/步长]+1"计算。例如,如果初值=5,终值=10,且步长=2,则循环体的执行重复(10−5+1)/2=3 次。但如果循环变量的值在循环体内被更改,则不能使用上述公式来计算循环次数。For 语句的流程图如图 8-15 所示。

图 8-15　For 循环语句流程图

说明:

(1) 如果步长为 1,可以省略 Step 1。

(2) 如果终值小于初值,步长应该为负值,否则循环一次也不执行。

(3) 在循环体中可以有条件 Exit for 语句提前中断并退出循环。

(4) 如果在 For-Next 循环中,步长为 0,则该循环会重复执行无数次,造成"死循环"。

【例 8-10】　将 A 到 Z 的大写字母赋予字符数组 Str,然后再输出数组里的数据。

代码如下:

```
Sub shuzu()
    Dim str(1 To 26)
    For i = 1 To 26
    str(i) = Chr$(i + 64)        '大写字母"A"的 ASCII 码值为 65
     Next i
    For i = 1 To 26        '输出数组 str(i)里的数据
        Debug.Print str(i)
        Next i
    End Sub
```

运行此程序后,就会在立即窗口输出 26 个大写英文字母。

2. Do While-Loop 循环

使用格式如下:

Do While<条件表达式>

　　循环体语句

  [Exit Do]

  Loop

  这个循环结构是在条件表达式结果为真时，执行循环体，并持续到条件表达式结果为假时退出循环，循环流程图如图 8-16 所示。

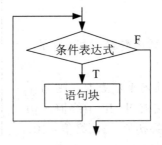

图 8-16　Do-Loop 循环语句流程图

【例 8-11】　用 Do while-Loop 语句实现 $1+2+\cdots+100$ 的和。代码如下：

```
Sub qiuhe()
  Dim i As Integer
   Dim sum As Integer
   Do While i <= 100
      sum = sum + i        '实现自然数的累加
      i = i + 1            '使循环变量的值加 1
    Loop
    Debug.Print sum
 end sub
```

运行结果如图 8-17 所示。

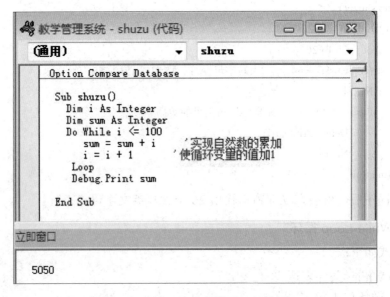

图 8-17　例 8-11 的代码及运行结果

3. Do-Loop While 循环

语法格式如下：

> Do
>> 循环体
> Loop While 条件表达式

此循环与 Do While-Loop 循环不同的是：先执行一次"循环体"，执行到 Loop While 时判断"条件表达式"的值，如果为真，继续执行 Do 和 Loop While 之间的"循环体"，否则，结束循环。

【例 8-12】　Loop while 语句实现 $1+2+\cdots+100$ 的和。代码如下：

```
Sub qiuhe()
 Dim i As Integer
  Dim sum As Integer
  Do
      sum = sum + i          '实现自然数的累加
      i = i + 1              '使循环变量的值加 1
  Loop    While i <= 100
  Debug.Print sum
end sub
```

运行结果与例 8-11 相同。

8.4.5　辅助控制

1. GoTo 语句

GoTo 语句用于实现无条件转移，它可以转移到指定的行。

语法格式如下：

> GoTo　标号

程序运行到此结构，会无条件转移到其后的"标号"位置，并从那里继续执行下去。GoTo 语句使用时，"标号"位置必须首先在程序中定义好，否则跳转无法实现。程序中如果有太多的 GoTo 语句会使程序代码不容易阅读及调试，所以应尽量少使用它。

2. Exit 语句

Exit 语句用于退出 Do 循环、For 循环、Function 过程、Sub 过程或 Property 过程代码块。相应的包括 Exit Do、Exit For、Exit Function、Exit Sub、和 Exit Property 几个语句。

8.5　VBA 过程调用与参数传递

一个过程在执行时可以调用另一个过程，同时将参数传递过去。调用结束后，再返回到本过程继续执行。

8.5.1　Sub 过程调用

1. Sub 过程的定义

Sub 过程的定义格式如下：

> [Public|Private|Static] Sub 子过程名(变量名 1 as 类型，变量名 2 as 类型，…)
> 　语句序列
> 　[Exit Sub]
> End Sub

说明：

(1) 使用 Public 关键字是全局过程，可以被应用程序的任何模块中的任何过程调用。系统默认值为 Public。

(2) 使用 Private 关键字只能被定义它的模块中的过程调用。

(3) 使用 Static 关键字表示在该过程中所有声明的变量均为静态变量，变量的值在整个程序运行期间都会保留。

(4) 过程名后面括号内的变量称为形式参数(简称形参)。

(5) Exit Sub 语句可以提前退出过程。

2. Sub 过程的调用

Sub 过程的调用格式如下：

格式 1：Call 子过程名([实参])
格式 2：子过程名 实参

说明：调用过程时，实参与形参的顺序、类型和个数要保持一致。

【例 8-13】　创建一个模块，在其中创建两个过程 add 和 substract，分别实现两个数的加法和减法。然后，再创建第三个过程，在其中调用 add 和 substract 过程，计算两数相加及相减的结果。

实现步骤如下：

(1) 打开数据库，在单击"创建"选项卡下的"模块"按钮，进入 VBE 窗口。

(2) 在代码窗口输入以下过程代码。

```
Sub add(x As Integer, y As Integer)
Dim s As Integer
s = x + y
MsgBox x & "+" & y & "=" & s
End Sub


Sub substract(x As Integer, y As Integer)
Dim subs As Integer
subs = x - y
```

```
    MsgBox x & "-" & y & "=" & subs
    End Sub


Sub addsubst()
    Dim a As Integer
    Dim b As Integer
    a = InputBox("a=")
     b = InputBox("b=")
              Call add(a, b)
              Call substract(a, b)          '也可写成  substract a,b
    End Sub
```

(3) 保存后运行，先后输入变量 a、b 的值，如图 8-18、图 8-19 所示，点击"确定"后，出现加与减的结果，如图 8-20 所示。

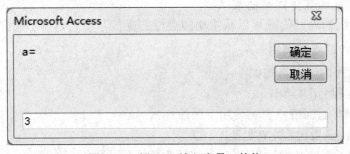

图 8-18　例 8-13 输入变量 a 的值

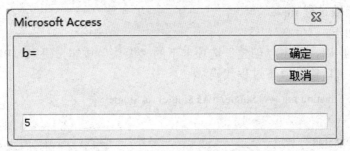

图 8-19　例 8-13 输入变量 b 的值

(a) 加法结果　　　　　　　　　　(b) 减法结果

图 8-20　例 8-13 的运行结果

8.5.2 函数过程(Function)调用

1. Function 过程的定义

Function 过程的定义格式如下：

[Public|Private|Static] Function 过程名(变量名 1 as 类型,变量名 2 as 类型,…)As 类型

    执行语句

    函数名=表达式

    [Exit Function]

    End Function

说明：关键字 Public、Private、Static 以及形参的定义与 sub 过程相同。

(1) 与子过程不同的是，函数过程有返回值，因此在定义函数时要指明函数返回值的类型，而且要在函数体内给函数赋值。

(2) 函数过程的返回值既可以赋给相同类型的变量，也可以输出到立即窗口。

2. Function 过程的调用

Function 过程的调用格式如下：

    函数过程名([实参])

若函数过程有返回值，也可使用下面的格式：

    变量名=函数过程名([实参])

【例 8-14】 创建函数过程 mj，此过程的功能是计算矩形的面积。然后再创建一个子过程来调用函数过程 mj。

操作步骤如下：

(1) 打开数据库，单击"创建"选项卡下的"模块"按钮，进入 VBE 窗口。

(2) 在代码窗口输入以下过程代码。

```
Public Function mj(a As Single, b As Single) As Single
   mj = a * b
End Function
Public Sub test_sub()
 Dim x As Single
 Dim y As Single
 Dim area As Single
 x = InputBox("x=")    '输入变量 x 的值
 y = InputBox("y=")    '输入变量 y 的值
 area = mj(x, y)
 Debug.Print "矩形的面积是：" & area
End Sub
```

(3) 保存后运行程序，先后输入变量 x，y 的值并点击"确定"，在"立即窗口"会

看到计算结果。

　　运行截图如图 8-21～图 8-23 所示。

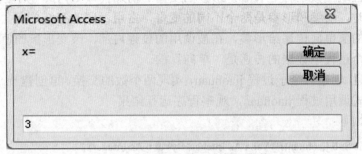

图 8-21　例 8-14 输入变量 x 的值

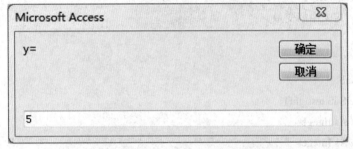

图 8-22　例 8-14 输入变量 y 的值

图 8-23　例 8-14 的程序运行结果

8.5.3　参数传递

　　在调用子过程或函数过程时，常常会有数据需要传递，即把主调过程的实参传递给被调过程的形参。实参向形参传递数据有两种方式，分别是引用传递和值传递。

1. 引用传递

　　在定义子过程或函数过程时，形参的变量名前省略或加前缀 ByRef，即是引用传递方式。

　　在调用过程中，实际上是把实参的地址传给形参。不管形参与实参的名字是否相同，在内存中都是占用相同的内存单元，即同一个数据在两个过程中使用不同的名字。如果在被调过程中改变了形参的值，那么主调过程中相应实参的值也会发生改变，因此在这个过程中数据的传递具有"双向"性。

　　默认的参数传递方式是地址传递，前面几个例子中过程的调用都是引用传递方式。

2. 值传递

若在子过程或函数过程定义时，形参的变量名前加前缀 ByVal，则是值传递方式。

按值传递时，实参和形参是两个不同的变量，占用不同的存储单元。过程调用就是相应位置实参的值单向传递给形参，在被调用的过程内部，改变形参的值不影响实参的值，因此在这个过程中数据的传递是"单向"的。

【例 8-15】 创建一个子过程 jiaohuan，实现两个数的交换。再创建一个过程 test_jh，用值传递的方式调用过程 jiaohuan，观察程序运行结果。

实现代码如下：

```
Public Sub jiaohuan(ByVal a As Integer, ByVal b As Integer)
Dim t As Integer
t = a    '定义中间变量
a = b
b = t
End Sub
Public Sub test_jh()
Dim x As Integer
Dim y As Integer
x = 6
y = 8
MsgBox "x=" & x & "  y=" & y    '输出调用交换函数前 x,y 的值
Call jiaohuan(x, y)
MsgBox "x=" & x & "  y=" & y    '输出调用交换函数后 x,y 的值
End Sub
```

运行后，两次输出的结果均如图 8-24 所示。

图 8-24　例 8-15 的程序输出结果

可见，在被调过程中形参的值改变了，但在主调过程里实参的值并未改变。

8.5.4　常用标准函数

在 VBA 中，除在模块创建中可以定义子过程与函数过程完成特定功能外，又提供了近百个内置的标准函数，可以方便地完成许多操作。

标准函数一般用于表达式中，其使用形式如下：

函数名(<参数 1><，参数 2>[，参数 3][，参数 4][参数 5]…)

其中，函数名必不可少，函数的参数放在函数名后的圆括号中，参数可以是常量、变量或表达式，参数之间用逗号(,)间隔。每个函数被调用时，都有一个返回值。需要指出的是：函数的参数和返回值都有特定的数据类型对应。接下来介绍一些常用标准函数的使用。

1. 测试函数

常用的测试函数如表 8-9 所示。

表 8-9　常用的测试函数

函数名	功 能 说 明	举 例	结 果
IsNumeric(x)	测试 x 是否为数值类型，结果为 True 或 False	IsNumeric(6)	True
IsDate(x)	测试 x 是否是日期，返回结果 True 或 False	IsDate(a)	False
IsEmpty(x)	测试 x 是否被初始化，返回结果 True 或 False	Div b IsEmpty(b)	True
IsArray(x)	测试 x 是否为一个数组,返回结果 True 或 False	Dim a(10) IsArray(a)	True
IsNull(expression)	指出表达式是否包含任何有效数据，返回结果 True 或 False	IsNull(null)	True

2. 数学函数

常用的数学函数如表 8-10 所示。

表 8-10　常用的数学函数

函数名	功 能 说 明	示 例	结 果
Sin(X)、Cos(X)、Tan(X)、Atan(x)	三角函数，单位为弧度	Sin(0)	0
Log(x)	返回 x 的自然对数	Log(2.718)	1
Exp(x)	返回 ex	Exp(1)	2.718
Abs(x)	返回绝对值	Abs(-3)	3
Int(number)、Fix(number)	返回参数的整数部分	Int(-8.4) Fit(-8.4)	-9 -8
Sgn(number)	返回正负 1 或 0，即指出参数的正负号	Sgn(4) Sgn(-4) Sgn(0)	1 -1 0
Sqr(number)	返回一个 Double 型参数的平方根	Sqr(25)	5
Rnd (x)	返回 0-1 之间均匀分布的随机数，x 为随机数	Rnd (1)	产生(0,1)之间的随机数

3. 字符串函数

常用的字符串函数如表 8-11 所示。

表 8-11　常用的字符串函数

函数名	功 能 说 明	示 例	结 果
Trim(s)	去掉 s 左右两端空格	Trim("□□AB□□")	"AB"
Ltrim(s)	去掉 s 左端空格	Ltrim(("□□AB□□")	"AB□□"
Rtrim(s)	去掉 s 右端空格	Rtrim(("□□AB□□")	"□□AB"
Len(s)	计算 s 长度	Len("2015 你好！")	7
Left(s)	取 s 左段 x 个字符组成的字符串	Left("共产党好"，3)	"共产党"
Right(s)	取 s 右段 x 个字符组成的字符串	Left("共产党好"，1)	"好"
Mid(s,start,x)	取 s 从 start 位开始的 x 个字符组成的字符串	Mid("ABCDEF",2,4)	"BCDE"
Ucase(s)	将 s 转换为大写	Ucase("abc")	"ABC"
Lcase(s)	将 s 转换为小写	Lcase("ABC")	"abc"
Space(x)	返回 x 个空格的字符串	Space(3)	"□□□"

4. 日期/时间函数

日期/时间函数的功能是处理日期和时间的，主要包括以下函数，如表 8-12 所示。

表 8-12　常用的日期/时间函数

函数名	功 能 说 明	示 例	结 果
Now()	返回系统当前日期和时间	Now()	
Date()	返回系统当前日期	Date()	
Time()	返回一个指明当前系统时间的 Variant(Date)	Time()	
DateDiff(C,D1,D2)	返回 D1 和 D2 的间隔时间	DateDiff("D",#2013-5-1#, #2014-5-1#)	365
Second(time)	计算 time 的秒	Second(#13:15:11#)	11
Minute(time)	计算 time 的分钟	Minute(#13:15:11#)	15
Hour(time)	计算 time 的小时	Hour(#13:15:11#)	13
Day(date)	计算 date 的日	Day(#2014-5-1#)	1
Month(date)	计算 date 的月	Month(#2014-5-1#)	5
Year(date)	计算 date 的年	Year(#2014-5-1#)	2014
Weekday(date)	计算 date 为星期几	Weekday(#2022-1-25#)	3

在使用 Weekday 函数时，返回的函数值是 1-7 的数字，此数字与星期数的对应关系如表 8-13 所示。

表 8-13　星　期　常　数

常　数	值	描　述	常　数	值	描　述
vbsunday	1	星期日(默认)	vbthursday	5	星期四
vbmonday	2	星期一	vbfriday	6	星期五
vbtuesday	3	星期二	vbsaturday	7	星期六
vbwednesday	4	星期三			

5. 类型转换函数

常用的类型转换函数如表 8-14 所示。

表 8-14　常用的类型转换函数

函数名	功 能 说 明	示　例	结　果
Asc(S)	将 S 的首字符转换为 ASCII 值	Asc("BD")	66
Chr(N)	将 ASCII 值 N 转换为对应的字符	Chr(68)	D
Val(S)	将 S 转换为数值型	Val("13.24")	13.24
Str(number)	将数值 number 转换为字符串	Str("1001")	"1001"

8.6　VBA 数据库编程

在实际应用中，有时要设计功能强大、操作灵活的数据库应用系统，就需要了解数据库访问的相关知识。本节重点介绍 ActiveX 数据对象(ADO)技术及其简单应用。

8.6.1　数据库引擎及其接口

数据库访问是复杂的技术，直接编程通过数据库本地接口与底层数据进行交互是比较困难的，但是数据库访问接口技术可简化这一过程。微软公司提供了多种方式使用 Access 2016 数据库，常用的数据库访问接口技术包括 ODBC、DAO 和 ADO 等。

(1) ODBC：开放式数据库连接(Open Database Connectivity)，它建立了一组规范，并提供了一组对数据库访问的标准 API(应用程序编程接口)。一个基于 ODBC 的应用程序对数据库的操作不依赖任何数据库管理系统，不直接与数据库管理系统打交道，所有的数据库操作由对应的数据库管理系统的 ODBC 驱动程序完成。即像 Access 2016、SQL Server、Oracle 数据库都可以使用 ODBC API 进行访问。

(2) DAO：数据访问对象(Data Access 2016 Objects)提供了一个访问数据库的对象模型，以实现对数据库的各种操作。它是 Visual Basic 最早引入的数据库访问技术，使用 Microsoft Jet 数据引擎(由 Microsoft Access 2016 使用)，并且，允许 Visual Basic 开发者像通过 ODBC 对象直接连接到其他数据库一样，直接连接 Access 2016 表格。DAO 技术比较适用于单系统应用程序或小范围本地分布使用。

(3) ADO：ActiveX 数据对象(ActiveX Data Ojects)是基于 COM 的应用程序级接口。ADO 对 DAO 所使用的对象模型进行了扩展，在操作上它更加简单、灵活。

目前，Microsoft 的数据库访问一般都采用 ADO 方式，而 ODBC 和 DAO 是早期连接数据库的技术，使用的越来越少。因此，本书重点介绍如何在 VBE 环境中使用 ADO 对象模型数据库访问技术访问 Access 2016 数据库。

8.6.2. ActiveX 数据对象(ADO)

在 ADO2.1 版本之前，ADO 对象模型包含 7 个对象，分别是：Connection、Command、Error、Recordset、Parameter、Property、Field。在 ADO2.5 以后又新增加了两个对象，即 Record 和 Stream 对象，它们是一个分层的结构，如图 8-25 所示。ADO 对象模型的 9 个对象功能说明如表 8-15 所示，其中，ADO 对象模型的核心对象是 Connection、Command 和 RecordSet。

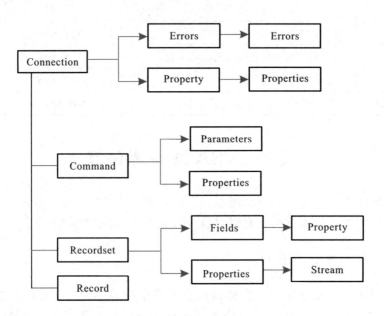

图 8-25　ADO 对象模型简图

表 8-15　ADO 对象模型中的 9 个对象

对　象	功　能　说　明
Connection	用来建立数据源和 ADO 程序之间的连接
Command	通过 ADO 对象实现对数据源执行特定的命令
Parameter	体现 SQL 语句参数
Recordset	处理数据源的数据
Field	体现 Recordset 对象列
Error	有关数据访问错误的详细信息
Property	体现由提供者定义 ADO 对象的动态特性
Record	表示电子邮件、文件或目录
Stream	用来读取或写入二进制数据的数据流

要在 VBA 的程序中使用 ADO，必须要先添加对 ADO 的引用。添加 ADO 引用的方法是，在 VBE 窗口选择"工具"→"引用"菜单命令，然后在弹出的对话框中根据需要选择相应的版本选项即可。如图 8-26 所示。

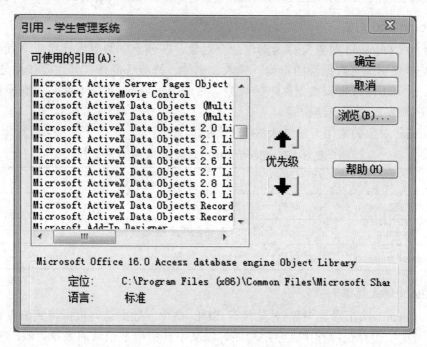

图 8-26　VBA 引用对话框

8.6.3　ADO 对象简介

ActiveX 数据对象(ActiveX Data Objects,ADO)是 Microsoft 提供的应用程序接口 (API)，用来实现访问关系数据库或非关系数据库中的数据。

1. Connection 对象

ADO 的 Connection 可以创建一个到达某个数据源的开发连接。建立连接成功后，才可以使用 Command 对象和 Recordset 对象对数据库中的数据进行操作。

1) Connection 对象的常用方法

Connection 对象的常用方法如表 8-16 所示。

表 8-16　Connection 对象的常用方法

方　法	功　能　说　明
Open	打开一个数据库连接
Execute	执行查询、SQL 语句或者存储过程
Close	关闭与数据库连接

2) 创建数据库的连接

首先在 VBE 窗口添加对 ADO 库的引用，见 8.6.2 节所讲。然后，就可以添加下面的两行代码创建数据库连接。

　　　　　Dim cn As New ADODB.Connection　'定义一个 Connection 对象
　　　　　Set cn= CurrentProject. Connection '设置连接当前数据库，CurrentProject 表示当前工程项目

2. Command 对象

　　ADO 的 Command 对象又称为操作命令对象，在创建了数据库连接后，就可以使用 Command 对象实现对数据源的查询、插入、删除、修改等操作。其主要作用是在 VBA 中用 SQL 语句访问或查询数据库中的数据，完成 Recordset 对象不能完成的操作，比如创建表、删除表、修改表结构等。

　　Command 对象的常用方法如表 8-17 所示。

表 8-17　Command 对象的常用方法

方　法	功　能　说　明
Cancel	取消一个方法的一次执行
Execute	执行查询、SQL 语句或者存储过程
CreaateParameter	创建一个 Parameter 对象

3. Recordset 对象

　　使用 Recordset(记录集对象)对象执行 SQL 命令或数据访问可以得到一个动态记录集，此记录集被缓存在内存中，应用程序可以从中获得每条记录的字段。Recordset 对象在对数据库访问中比较常用，它可以访问表或查询对象。通过该对象就可以浏览记录、修改记录、添加记录或者删除某条记录。

　　1) Recordset 对象的常用属性

　　Recordset 对象的常用属性如表 8-18 所示。

表 8-18　Recordset 对象的常用属性

方　法	功　能　说　明
BOF	若记录指针在数据表第一条记录之前，返回 True，否则返回 False
EOF	若记录指针在数据表最后一条记录之后，返回 True，否则返回 False
RecordCount	返回 Recordset 对象中的记录数目
AbsolutePosition	设置或返回一个值，制定 Recordset 对象中当前记录的顺序位置
ActiveConnection	若连接是打开的，设置或返回当前的 Connection 对象；若连接是关闭的，设置或返回连接的定义

　　注意：第一次打开一个 Recordset 对象时，当前记录指针指向第一条记录，并且 BOF 和 EOF 的值均为 False。如果 Recordset 对象没有记录，BOF 和 EOF 的值均为 True。

　　2) Recordset 对象的常用方法

　　Recordset 对象的常用方法如表 8-19 所示。

表 8-19 Recordset 对象的常用方法

方　法	功　能　说　明
Open	打开一个记录集
Cancel	取消一个方法的一次执行
Addnew	向记录集中添加一条新记录
Close	关闭打开的对象
Delete	删除记录集中的当前记录或记录组
Find	查找记录集中满足条件的记录
GetRows	把多条记录从 Recordset 对象拷贝到一个二维数组中
GetString	将 Recordset 作为字符串返回
Move	将记录指针移动到指定位置
MoveFirst	将记录指针移动到记录集中的第一条记录
MoveLast	将记录指针移动到记录集中的最后一条记录
MoveNext	将记录指针向前移动一条记录(移向记录集的底部)
MovePrevious	将记录指针向后移动一条记录(移向记录集的顶部)
Update	把记录集缓冲区的记录写到数据库中
CancelUpdate	取消对当前记录所做的修改或放弃添加新的记录

3) Recordset 对象的集合

Recordset 对象的常用集合有如下两个：

(1) Fields 集合：指出在此 Recordset 对象中 Field 对象的数目。

(2) Properties 集合：它包含了 Recordset 对象中的所有 Property 对象。

4) Recordset 对象的使用

(1) 声明并对其初始化。

　　　　Dim rs As ADODB.Recordset

　　　　rs.ActiveConnection=cn　　　　　　'cn 是前面已经创建的连接

(2) 打开一个 Recordset 对象。

　　　　rs.Open Source

或

　　　　ActiveConnection

命令可打开一个 Recordset 对象，Open 方法的参数如表 8-20 所示。

表 8-20 Open 方法的参数

方法	功　能　说　明
Source	表名或 SQL 语句
ActiveConnection	数据库连接信息，或 Connection 对象名
CursorType	记录集中的游标(指针)类型，可选
LockType	锁定类型，可选
Options	数据库查询信息类型，可选

4. 记录字段的引用

当打开数据表时，默认当前记录为第一条记录，对记录集的任何的操作(如查询)都是针对当前记录进行的。当我们想要引用记录中的某个字段时，有如下两种方法：

(1) 在记录集对象中引用字段名，如 rs("字段名")。

(2) 通过记录集对象的 Fields(n)属性，n 是字段在记录中从左到右的排序，第一个字段序号为 0，往右依次为 1、2、……。

8.6.4　数据库连接的关闭

当对数据库的所有操作结束后，应及时关闭数据库连接，释放资源。代码如下：

```
rs.Close          '关闭记录集对象
cn.Close          '关闭数据库连接对象
Set rs = Nothing  '清空记录集对象
Set cn = Nothing  '清空数据库连接对象
```

8.6.5　应用实例

【例 8-16】　设计图 8-27 所示的窗体，在窗体上添加 4 个文本框，两个命令按钮。单击"追加"按钮时，程序先判断学号是否有重复，若没有则添加到"学生"表中，并提示"追加成功，请继续！"；若有重复则提示"该学生已存在，不能追加！"信息。单击"退出"按钮则关闭当前窗体。这里为了不改变原来"学生情况"表，对"学生情况"表进行了复制，命名为"学生"表。

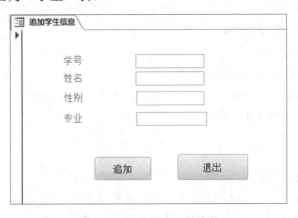

图 8-27　添加学生记录窗体

实现代码如下：

```
Private Sub btAdd_Click()                     '追加按钮代码
Dim ADOcn As New ADODB.Connection             '定义 Connection 对象
Dim ADOrs As New ADODB.Recordset              '定义 Recordset 对象
Set ADOcn = CurrentProject.Connection         '建立连接
ADOrs.ActiveConnection = ADOcn                 '设置数据库的连接信息
```

```
        Dim strSQL As String
        ADOrs.Open "select 学号 from 学生 where 学号='" + tno + " '",, adOpenForwardOnly,
adLockReadOnly
        '查找有没有重复的学号
        If ADOrs.EOF = False Then
            MsgBox "该学生已存在，不能追加！"
        Else
            strSQL = "insert into 学生(学号,姓名,性别,专业)"
            strSQL = strSQL + "values('" + tno + "','" + tname + "','" + tsex + "','" + tzhye + "')"
                        'tno、tname、tsex、tzhye 分别是四个文本框的名称
            ADOcn.Execute strSQL
            MsgBox "追加成功，请继续！"
        End If
        ADOrs.Close
        ADOcn.Close
        Set ADOrs = Nothing
        Set ADOcn = Nothing
        End Sub
        '退出按钮代码
        Private Sub btexit_Click()
        DoCmd.Close
        End Sub
```

运行结果如图 8-28～图 8-30 所示。

图 8-28　追加信息界面

图 8-29　追加学生信息成功提示信息

20193106			
20101200		章来	男
20220001		郝美丽	女

图 8-30　添加到学生表中的信息

【例 8-17】 学生信息的浏览与删除。创建如图 8-31 所示的窗体，打开窗体视图时

即显示"学生"表中的一条记录的四个字段。单击下面的四个按钮可以逐条浏览记录，单击"删除"按钮则删除当前记录，单击"退出"按钮则关闭当前窗体。

图 8-31　浏览学生信息窗体

主要步骤如下：

(1) 进入代码编辑窗口，在代码编辑窗口的对象组合框中选择"通用"选项，在过程组合框中选择"声明"，声明对象的代码如下：

```
Dim ADOcn As New ADODB.Connection
Dim ADOrs As New ADODB.Recordset
Option Compare Database
```

如此，这个窗体的其他过程都可以使用此对象了，不需要再重复定义。

(2) 再在代码窗口的对象组合框选择"Form"窗体对象，在过程组合框中选择"Load"事件，事件过程代码如下：

```
Private Sub Form_Load()          '窗体加载事件代码
Set ADOcn = CurrentProject.Connection
ADOrs.ActiveConnection = ADOcn
ADOrs.Open "select 学号,姓名,性别,专业  from 学生 ", , adOpenForwardOnly,
adLockPessimistic
If ADOrs.BOF = True Then          ' 若没有记录
    MsgBox "没有学生记录！"
Else
  Me.tno = ADOrs.Fields(0)        '记录集里字段按从左到右编号，第一列序号为 0
  Me.tname = ADOrs.Fields(1)      'tno、tname、tsex、tzhye 分别是显示学号、姓名、
                                  '性别和专业的文本框名称。
    Me.tsex = ADOrs.Fields(2)
    Me.tzhye = ADOrs.Fields(3)    ' 为了引用方便，把专业列向左移动了一下
End If
End Sub
```

此代码的作用是在窗体首次打开时就显示学生表里的记录。

(3) 其他按钮的过程代码如下：

```
'删除按钮代码
Private Sub btDel_Click()
Dim s As String
s = MsgBox("确定要删除吗？", vbQuestion + vbYesNo, "删除确认")
If s = vbYes Then
    ADOrs.Delete        '删除当前记录
    ADOrs.MoveNext
    If ADOrs.EOF Then ADOrs.MoveLast
End If
MsgBox "删除成功！"
'ADOrs.MoveFirst          '回到第一条记录
End Sub
'退出按钮代码
Private Sub btexit_Click()
DoCmd.Close                 '关闭当前窗体
ADOrs.Close                 '关闭记录集对象
ADOcn.Close                 '关闭数据库连接对象
Set ADOrs = Nothing
Set ADOcn = Nothing
End Sub
'首记录按钮代码
Private Sub btFirst_Click()
ADOrs.MoveFirst
  Me.tno = ADOrs.Fields(0)
  Me.tname = ADOrs.Fields(1)
  Me.tsex = ADOrs.Fields(2)
  Me.tzhye = ADOrs.Fields(3)
End Sub
'末记录按钮代码
Private Sub btLast_Click()
ADOrs.MoveLast
  Me.tno = ADOrs.Fields(0)
  Me.tname = ADOrs.Fields(1)
  Me.tsex = ADOrs.Fields(2)
  Me.tzhye = ADOrs.Fields(3)
End Sub
'下一条按钮代码
```

```
Private Sub btNext_Click()
ADOrs.MoveNext
If ADOrs.EOF = True Then
    ADOrs.MoveLast
End If
  Me.tno = ADOrs.Fields(0)
  Me.tname = ADOrs.Fields(1)
  Me.tsex = ADOrs.Fields(2)
  Me.tzhye = ADOrs.Fields(3)
End Sub
'上一条按钮代码
Private Sub btPre_Click()
ADOrs.MovePrevious
If ADOrs.BOF = True Then
    ADOrs.MoveFirst
End If
Me.tno = ADOrs.Fields(0)
  Me.tname = ADOrs.Fields(1)
  Me.tsex = ADOrs.Fields(2)
  Me.tzhye = ADOrs.Fields(3)
End Sub
```

8.7　VBA 程序调试与错误处理

8.7.1　VBA 程序的调试

Access 2016 的编程环境提供了一套调试工具和调试方法。使用这些工具和调试方法可以快速、准确地找到程序中的错误，以便修改其中的错误并完善程序。

1. 程序的模式

在 VBE 环境中测试和调试应用程序代码时，程序所处的模式包括：设计模式、运行模式和中断模式。用户在设计模式下创建应用程序；在运行程序时，则是运行模式；在中断模式下，能够中断程序的运行，从而检查程序。

在 VBE 的标题栏，会显示出当前所处的模式。

2. 设置断点

设置和使用断点是调试程序的重要方法，断点就是在过程的某个特定语句上设置一个位置点中断程序的执行。

一个程序可以根据需要设置多个断点。在 VBE 环境里，设置了断点的行以不同颜色的亮条显示。

设置和取消断点的方法如下：

(1) 单击"调试"工具栏(见图 8-32)中的"切换断点"按钮(手形按钮)，可以在相应代码行设置或取消断点，即先在要设置断点的行单击鼠标，再点一下"切换断点"按钮，然后单击"切换断点"取消断点。

图 8-32　调试工具栏

(2) 选择"调试"菜单下的"切换断点"命令，也可设置或取消断点，同方法(1)。

(3) 通过快捷键 F9，设置或取消断点，同方法(1)。

(4) 用光标点击代码行左边的灰色区域，可以快速设置或取消断点。

3．调试工具的使用

在 VBE 环境中，如果没有显示出"调试"工具栏，则可以通过执行"视图"→"工具栏"→"调试"命令，使其显示出来，也可以把它拖动固定在上面的工具栏处。

调试工具栏各按钮的功能如表 8-21 所示。

表 8-21　调试工具栏的常用按钮

按钮	名称	功　　能
▶	运行子过程/用户窗体	运行或继续运行终端的程序
▮▮	中断	用于暂时中断程序的运行
▪	重新设置	用于终止程序的调试运行，返回编辑状态
🖐	切换断点	用于设置/取消断点
🗐	逐语句	用于单步跟踪调试，每操作一次，程序执行一步
🗐	逐过程	与逐语句相似，当遇到调用过程语句时，不会跟踪到被调用过程的内部，而是在本过程内单步执行
🗐	跳出	用于被调用过程内部正在调试运行的程序提前结束，返回到主调过程中调用语句的下一条语句

4．使用调试窗口

用于调试的窗口有本地窗口、立即窗口、监视窗口和快速监视窗口。下面简单介绍它们。

1) 本地窗口

在"调试"工具栏上有"本地窗口"按钮，单击即可打开它，在该窗口内部会自动显示所有当前过程中的变量声明及变量值。

2) 立即窗口

单击"调试"工具栏上的"立即窗口"按钮，即可打开"立即窗口"。在中断模式下，可以在"立即窗口"中设置一些调试语句，这些语句是根据显示在"立即窗口"区域的内容或范围来执行的。

3) 监视窗口

单击 "调试"工具栏上的"监视窗口"按钮，即可打开"监视窗口"。在中断模式下，右键单击"监视窗口"将弹出快捷菜单，选择"编辑监视"或"添加监视"选项，弹出"编辑"对话框，在"表达式"文本框可以对监视表达式进行修改或添加新的表达式，选择"删除监视"选项则会删除现存的监视表达式。

4) 快速监视窗口

若在中断模式下，想要查看某个变量或表达式的值，可选中该变量或表达式，然后单击"调试"工具栏上的"快速监视"按钮，即可打开它。从中可以快速观察到该变量或表达式的当前值，达到快速监视的效果，既快捷又方便。

8.7.2　VBA 错误的处理

程序运行中的有些错误一旦发生将可能造成程序崩溃，无法继续执行。因此，要避免程序崩溃，必须对可能发生的运行错误加以处理。即在系统发出警告之前截获该错误，并在错误处理程序中提示用户采取行动，是解决问题还是取消操作。如果用户解决了问题，程序就会继续执行；若是取消操作，就会跳出这段程序，继续执行后面的代码。这就是处理运行时错误的方法，我们把这个过程称为错误捕获。

1. 激活错误捕获

要捕获运行时错误，首先要激活错误捕获功能。此功能由 On Error 语句实现，On Error 语句的形式有三种。

1) On Error GoTo 行号

此语句的功能是，在遇到错误发生时，程序转移到行号所指位置，执行下面的错误处理程序。

2) On Error Resume Next

该语句在遇到错误发生时采取忽略错误，并继续执行下一条语句。即激活错误捕获功能，但没有指定错误处理程序。当错误发生时，不做任何处理，直接执行产生错误的下一行语句。

3) On Error GoTo 0

此语句用于关闭错误处理，即强制性取消错误捕获功能。

2. 错误处理程序

在捕获的运行时错误后，将会按照用户的安排进入错误处理程序。在错误处理程序中，要对错误进行相应的处理，例如，判断错误的类型并提示用户出错，以及向用户提供解决方法，再根据用户的选择将程序流程返回到指定位置继续执行等。

错误处理程序的编写，要用到 Err 对象，它是 VBA 中的预定对象，用于发现和处理错误。Err 对象有两个重要的属性，一个是 Number 属性，它可以返回或设置错误代码(编号)，因为每一个错误都有唯一的数值；另一个是 Description，它是对错误号的描述。Err 对象是具有全局范围的固有对象，无需在代码中创建它的实例。

【例 8-18】　在使用数组时，如果数组下标超出所定义的范围，会产生运行时错误，编写相应的错误处理程序对其进行处理。

参考代码如下：

```
Sub ErrorTest()
On Error GoTo E1            '打开错误处理程序
Dim b(10) As Integer
b(11) = 8                   '用于触发运行时错误
E1:
    Debug.Print "错误编号是：" & Err.Number            '打印错误代码
    Debug.Print "错误类型是：" & Err.Description
    MsgBox "数组下标越界！"
End Sub
```

运行上面的代码，可以看到提示信息，在"立即窗口"会看到打印输出的如下信息：

```
错误编号是：9
错误类型是：下标越界
```

因此，在不知道确切的错误类型时可以先通过 Description 属性把错误信息打印出来，从而帮助进行更好的错误处理。

本 章 小 结

- 了解 VBA 中模块的概念；
- 掌握 VBA 程序设计基础知识；
- 掌握三种基本的程序流程控制；
- 了解了解子过程和函数过程的定义与调用；
- 了解参数的传递；
- 掌握数据库编程基础；
- 了解程序的调试方法。

习　　题

一、选择题

1. 以下有关 VBA 中变量的叙述错误的是(　　)。

A. 变量名的命名同表中字段命名一样，但变量名不能包含有空格或除了下划线符号外的其他标点符号

B. 变量名不能使用 VBA 的关键字

C. VBA 区分变量名的大小写，变量名"Hello"和"hello"不一样

D. 根据变量直接定义与否，将变量划分为隐含型变量和显式型变量

2. 在"NewVar =5"语句中，变量 NewVar 的类型默认为(　　)。

A. Boolean　　　B. Variant　　　C. Double　　　D. Integer

3. 以下(　)选项定义了 10 个整型数构成的数组，数组元素为 New Array(1)至 New Array(10)。

A. Dim New Array(10)As Integer　　　B. Dim New Array(1 To 10)As Integer

C. Dim New Array(10)Integer　　　D. Dim New Array(1 To 10)Integer

4. 程序段：
```
For s=2 to 8 step 1
    s=2*4
Next s
```
该循环执行的次数为(　)。

A. 1　　　B. 2　　　C. 3　　　D. 4

5. 程序段：
```
D=#2004-8-1#
MM=Month( )
```
MM 的返回值是(　)。

A. 2004　　　B. 8　　　C. 1　　　D. 2004-8-1

6. 程序段：
```
Str1= " helloworld "
Str2=Right(str1，3)
```
Str2 的返回值是(　)。

A. hel　　　B. loworld　　　C. rld　　　D. hellowo

7. VBA 程序的多条语句可以写在一行中，其分隔符必须使用符号(　)。

A. :　　　B. '　　　C. ;　　　D. ,

8. Sub 过程与 Function 过程最根本的区别是(　)。

A. Sub 过程不能通过过程名返回值，而 Function 过程能通过过程名返回值

B. Sub 过程可以使用 Call 语句或直接使用过程名调用，而 Function 过程不可以

C. 两种过程参数的传递方式不同

D. Function 过程可以有参数，Sub 过程不可以

9. 使用 Function 语句定义一个函数过程，其返回值的类型(　)。

A. 只能是符号常量　　　B. 是除数组之外的简单数据类型

C. 可在调用时由运行过程决定　　　D. 由函数定义时 As 子句声明

10. 下面是运算符优先级的比较，正确的是(　)。

A. 算术运算符>逻辑运算符>关系运算符

B. 逻辑运算符>关系运算符>算术运算符

C. 算术运算符>关系运算符>逻辑运算符

D. 以上都不正确

11. 在 Access 2016 中，如果变量定义在模块的过程内部，当过程代码执行时才可见，则这种变量的作用域为(　)。

A. 程序范围　　　B. 全局范围　　　C. 模块范围　　　D. 局部范围

12. 下列数组声明语句中，正确的是(　　)。

A. Dim A [3，4] As Integer　　　　　　B. Dim A(3，4)As Integer

C. Dim A [3；4] As Integer　　　　　　D. Dim A(3；4)As Integer

13. 在过程定义中有语句：

　　Private Sub GetData(ByRef f As Integer)

其中"ByRef"的含义是(　　)。

A. 传值调用　　　　B. 传址调用　　　　C. 形式参数　　　　D. 实际参数

14. 在过程定义中有语句：

　　Private Sub GetData(ByVal data As Integer)

其中"ByVal"的含义是(　　)。

A. 传值调用　　　　B. 传址调用　　　　C. 形式参数　　　　D. 实际参数

15. 在 VBA 中，下列关于过程的描述正确的是(　　)。

A. 过程的定义可以嵌套，但过程的调用不能嵌套

B. 过程的定义不可以嵌套，但过程的调用可以嵌套

C. 过程的定义和过程的调用均可以嵌套

D. 过程的定义和过程的调用均不能嵌套

二、简答题

1. 什么是 VBA？它与 VB 有什么关系？

2. 什么是模块？模块的类型有几种？

3. 变量的作用域有几种？它们的区别是什么？

4. 什么是数组？数组与变量的区别与联系是什么？

5. 循环结构语句有几种？

6. Sub 过程与 Function 过程有什么不同？调用方法有什么区别？

7. 形参与实参的概念。值传递与地址传递的区别。

8. 简要回答 ADO 对象操作数据库的基本过程。

9. VBA 程序调试的工具有哪些？

10. 如何设置与取消断点？

第9章　项目综合实训

内容要点

➢ 掌握创建数据表；

➢ 掌握数据类型及常规项设置；

➢ 掌握维护和编辑数据表；

➢ 掌握数据查询；

➢ 掌握窗体创建及应用；

➢ 掌握报表的应用。

数据库和数据表是 Access 2016 数据库管理系统重要的管理对象。Access 2016 用数据表和数据库来组织、存储和管理数据，并提供数据表创建、数据查询、窗体设计、报表以及宏等功能。本章就将从数据表的建立、维护到数据查询、窗体界面设计以及最后形成报表等进行完整的演示。

9.1　创建数据表

表是 Access 2016 数据库的基础，是存储和管理数据的对象。对数据进行操作之前，首先要创建数据表。在 Access 2016 中，可以通过使用表设计、表向导、输入数据和从其他数据源中导入等 4 种方法创建数据表。

【任务 1】　采用从 Excel 数据源中导入数据的方式创建数据表。

(1) 打开 Access 2016 应用程序，然后创建一个空白的数据库，将数据库命名为 DB，并选择保存位置，如图 9-1 所示。

图 9-1　新建文件窗体

(2) 单击创建，Access 2016 默认打开一张空白表 1，此时单击右键选择"导入"→"Excel"，如图 9-2 所示。

图 9-2　导入数据选项

(3) 在弹出的对话框中，点击"浏览"按钮，找到 Excel 数据文件保存位置并选择"打开"，在"指定数据在当前数据库中的存储方式和存储位置"下选择"将源数据导入当前数据库的新表中"，如图 9-3 所示。

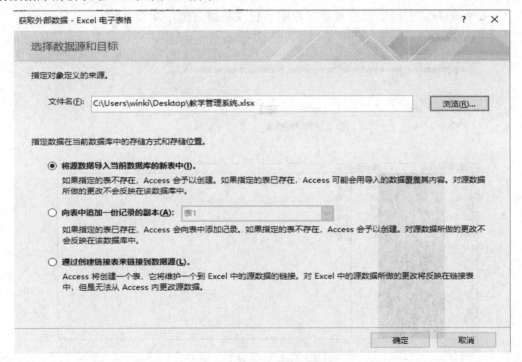

图 9-3　选择数据源和目标

(4) 单击"确定"，在"导入数据表向导"窗体的"显示工作表"列表中，会显示导入的 Excel 中所包含的所有数据表，下方会显示相应数据表中的示例数据预览，选择第一张"课程一览"数据表，如图 9-4 所示。

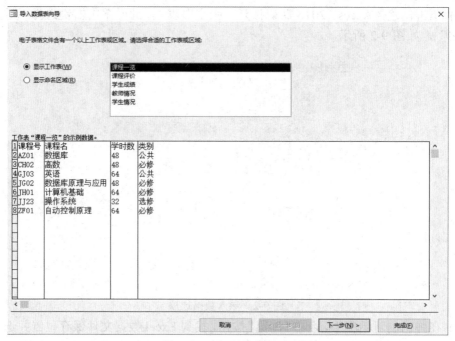

图 9-4　选择导入数据表

(5) 单击"下一步"，在弹出框中选中"第一行包含列标题"选项，单击"下一步"，在新的窗体中修改设置每个字段的名称及数据类型，如图 9-5 所示。

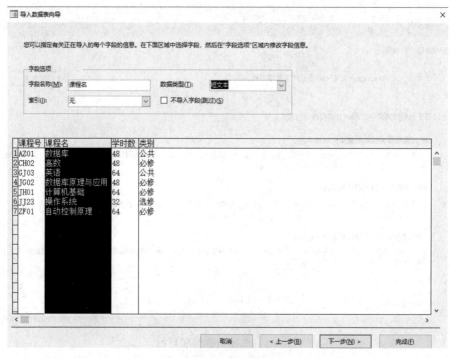

图 9-5　导入数据表向导

(6) 单击"下一步"，弹出的对话框中有设置主键的 3 个选项，分别是"让 Access 添加主键""我自己选择主键""不要主键"，此时选择"不要主键"，如图 9-6 所示。

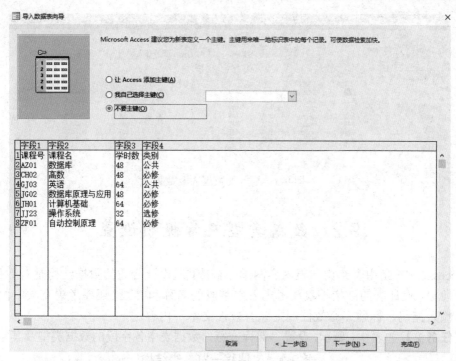

图 9-6 主键设置

(7) 单击"下一步",弹出对话框,在"导入到表"处使用默认的数据表名,单击"完成",如图 9-7 所示。

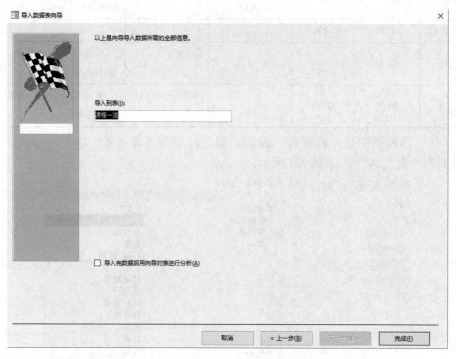

图 9-7 输入导入的数据表名称

(8) 重复步骤(2)~(5),分别导入 Excel 中的其他数据表,其结果如图 9-8 所示。

图 9-8　导入的数据表及数据

9.2　数据类型及常规项设置

Access 2016 是由表结构和表内容两部分构成的，设计合适的数据结构是对数据操作的必要前提。设计表的结构不仅要考虑表中字段的名称和类型，还要考虑有关字段大小、格式、输入掩码、标题、有效性规则和有效性文本等内容。

【任务 2】如表 9-1 所示，设置"课程一览"数据表中各字段的数据类型及其常规项。

表 9-1　"课程一览"表结构

字段名称	数据类型	字段大小	掩　码	验证要求	其他要求描述
课程号	文本	4	数字或大写字母		前 2 位为大写字母，后 2 位为数字
课程名称	文本	12			
类别	文本	3			从选修课、公共课、必修课中选择其一
学时数	数值	整型		学时在 0～10 之间	学时数超过范围时给出正确提醒

(1) 在设计视图中打开数据表"课程一览"，单击"课程号"字段，设置该字段的数据类型为"短文本"，如图 9-9 所示。

图 9-9　设置数据类型

(2) 在"常规"选项卡中设置字段大小为 4，在 "输入掩码"中输入">LL00"，确定课程号最长为 4，且前 2 位要求为大写字母，后 2 位为数字，其他项没有要求可以不设置，如图 9-10 所示。

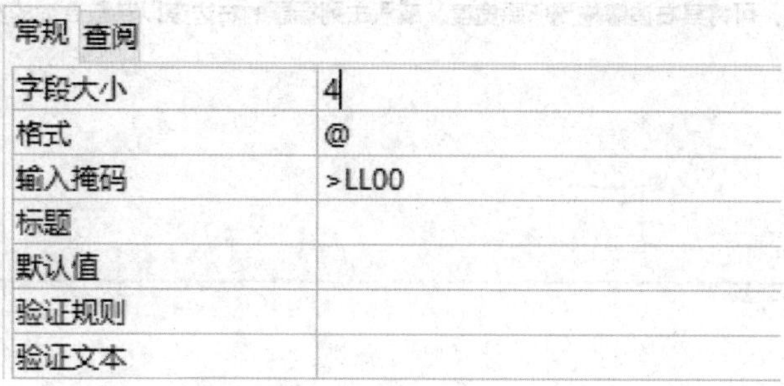

常规 查阅	
字段大小	4
格式	@
输入掩码	>LL00
标题	
默认值	
验证规则	
验证文本	

图 9-10　字段大小及掩码设置

(3) 重复步骤(1)和(2)，根据表 9-1，分别设置字段"课程名称""类别"和"学时数"的数据类型及字段大小。

(4) 选中"类别"字段，设置其数据类型为"短文本"，在"数据类型"下拉菜单中选中"查阅向导…"，弹出"查阅向导"对话框，如图 9-11 所示。选中"自行键入所需的值"。

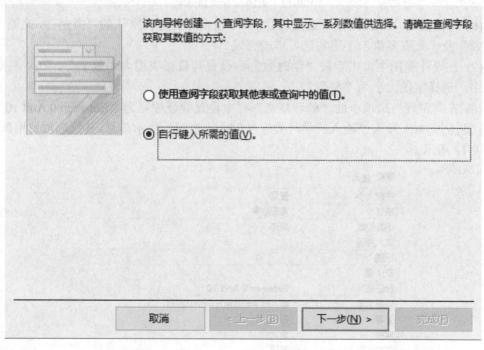

图 9-11　输入查阅字段值

(5) 单击"下一步"，根据要求，在"查阅向导"对话框中"列数"项使用默认的"1"，下方分别输入"选修课""公共课"和"必修课"，如图 9-12 所示，单击"下一步"。

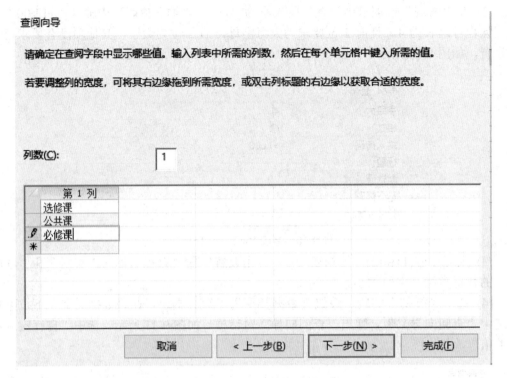

图 9-12　查阅向导数值选项

(6) 在弹出的"查阅向导"设置对话框中，指定标签选择默认的"类别"，此处"限于列表"及"允许多值"不用勾选，单击完成。

(7) 在设计视图中单击字段"学时数"，设置其数据类型为"数字"，在"常规"选项中，选择字段大小为"整型"。

(8) 在"常规"选项卡的"验证规则"栏中设置验证规则为"Between 0 And 10"，并在"验证文本"输入"输入的学时数应在 0 到 10 之间"提示信息，其他选项使用默认，如图 9-13 所示。

常规	查阅
字段大小	整型
格式	常规数字
小数位数	自动
输入掩码	
标题	
默认值	
验证规则	Between 0 And 10
验证文本	输入的学时数应在0到10之间
必需	否
索引	无
文本对齐	常规

图 9-13　"学时数"字段常规设置

【任务 3】　按照以上步骤，分别完成数据表"学生情况""教师情况""学生成绩""课程评价"中各字段的数据类型和常规项设置。具体要求如表 9-2～表 9-5 所示。

表9-2 学生情况表

字段名称	数据类型	字段大小	掩 码	验证要求	其他要求描述
学号	文本	8			主键,学号只能是数字
姓名	文本	6			
性别	文本	2		男或女二选其一	若输入错误,则给出提醒
出生日期	日期				格式为"短日期"
家庭地址	文本	20			
邮编	文本	6			只能由数字组成

表9-3 教师情况表

字段名称	数据类型	字段大小	掩 码	验证要求	其他要求描述
教师号	文本	10			只能是数字
姓名	文本	6			
年龄	数字	整型			大于0
专业	文本	12			
职称	文本	12			
性别	文本	2		男或女二选其一	若输入错误,则给出提醒
部门	文本	12			
评定职称日期	日期	短日期			

表9-4 学生成绩表

字段名称	数据类型	字段大小	掩 码	验证要求	其他要求描述
学号	文本	8			只能是数字
课程号	文本	4			前两位为大写字母,后两位为数字
分数	数字	整型			分数在0~100之间

表9-5 课程评价表

字段名称	数据类型	字段大小	掩 码	验证要求	其他要求描述
教师号	文本	10			只能是数字
课程号	文本	4			前两位为大写字母,后两位为数字
分数	数字	整型			分数在0~100之间
评价	文本	2			Y/N

9.3 维护和编辑数据表

当用户创建好数据表以后,还需要对数据表进行修改、删除、增加和查看等工作。

Access 2016 提供了修改数据表格式、创建数据表间关系、排序、筛选等维护功能。

【任务 4】 本节主要实现对数据表属性的修改，字段的隐藏、筛选、排序等，并创建“学生情况”表、“学生成绩”表和“课程一览”表三张表的数据表关系。

(1) 导入“教师数据”表后，如图 9-14 所示，“评定职称日期”显示不正确，在“教师情况”标签处右击，选择“设计视图”。

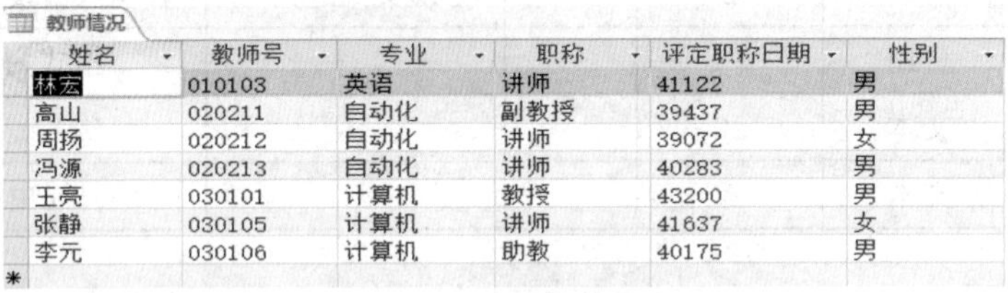

姓名	教师号	专业	职称	评定职称日期	性别
林宏	010103	英语	讲师	41122	男
高山	020211	自动化	副教授	39437	男
周扬	020212	自动化	讲师	39072	女
冯源	020213	自动化	讲师	40283	男
王亮	030101	计算机	教授	43200	男
张静	030105	计算机	讲师	41637	女
李元	030106	计算机	助教	40175	男

图 9-14　日期数据丢失

(2) 在“设计视图”界面，设置“评定职称日期”的数据类型为“日期/时间”类型，设置常规项中的格式为“短日期”格式，设置“年龄”字段为“数字”类型，如图 9-15 所示。

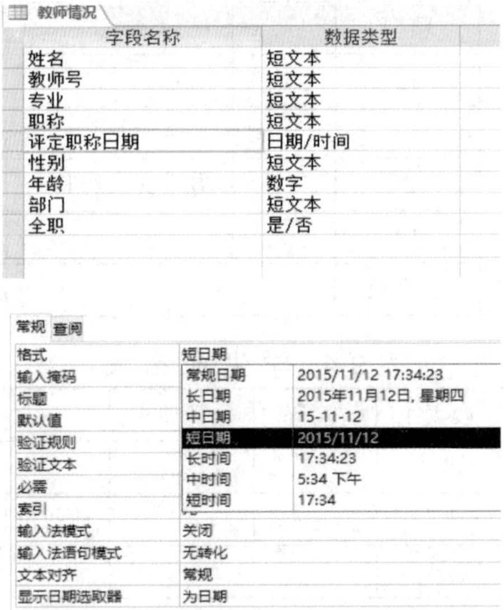

字段名称	数据类型
姓名	短文本
教师号	短文本
专业	短文本
职称	短文本
评定职称日期	日期/时间
性别	短文本
年龄	数字
部门	短文本
全职	是/否

格式	短日期	
输入掩码	常规日期	2015/11/12 17:34:23
标题	长日期	2015年11月12日, 星期四
默认值	中日期	15-11-12
验证规则	短日期	2015/11/12
验证文本	长时间	17:34:23
必需	中时间	5:34 下午
索引	短时间	17:34
输入法模式	关闭	
输入法语句模式	无转化	
文本对齐	常规	
显示日期选取器	为日期	

图 9-15　日期时间类型的设置

(3) 点击“保存”，切换至“数据表视图”，数据格式会自动恢复正常，如图 9-16 所示。

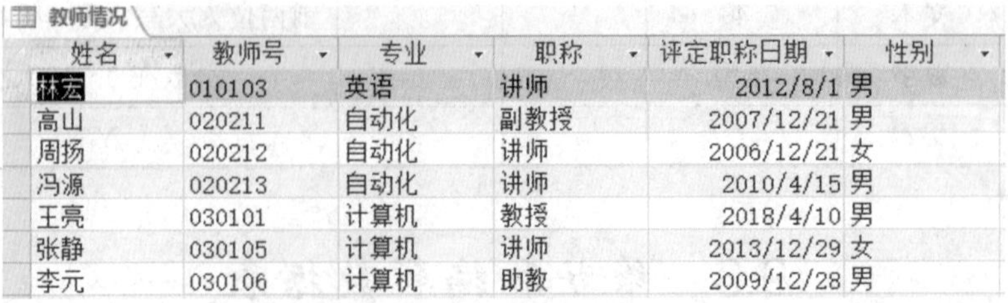

姓名	教师号	专业	职称	评定职称日期	性别
林宏	010103	英语	讲师	2012/8/1	男
高山	020211	自动化	副教授	2007/12/21	男
周扬	020212	自动化	讲师	2006/12/21	女
冯源	020213	自动化	讲师	2010/4/15	男
王亮	030101	计算机	教授	2018/4/10	男
张静	030105	计算机	讲师	2013/12/29	女
李元	030106	计算机	助教	2009/12/28	男

图 9-16　日期格式数据列恢复正常显示

(4) 打开“教师情况”数据表，选中“全职”字段，单击鼠标右键，在弹出的选项中选择"隐藏字段"，如图 9-17 所示。

图 9-17　隐藏"全职"字段

(5) 点击"专业"字段右下角的倒三角，在下拉框中选中"计算机"，其他字段均不选，如图 9-18 所示。

图 9-18　筛选出"计算机"专业教师信息

(6) 点击"姓名"字段右下角的倒三角，在下拉框中选择"升序"图标，点击确定，如图 9-19 所示。

图 9-19　设置"姓名"字段升序

(7) 在数据表视图界面，右击"课程一览"数据表标签，切换至"设计视图"，选中"课程号"字段，设为"主键"，如图 9-20 所示。

图 9-20　设置字段主键

(8) 重复步骤(7)的操作，设置"学生情况"表中"学号"字段为"主键"。

(9) 设置"学生情况"表与"学生成绩"表和"课程一览"表的关系，在数据表视图界面，选择"表"选项卡下的"关系"按钮，如图 9-21 所示。

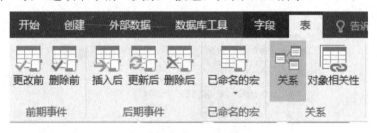

图 9-21　选择关系按钮

(10) 在弹出的"显示表"对话框中，选中"学生情况""学生成绩""课程一览"，然后单击"添加"，如图 9-22 所示。

图 9-22　显示表选项

(11) 在"编辑关系"对话框中，分别选中"学生情况"中的"学号"以及"学生成绩"中的"学号"字段，勾选"实施参照完整性""级联更新相关字段"和"级联删除相关记录"，并且"关系类型"显示为"一对多"，如图 9-23 所示。

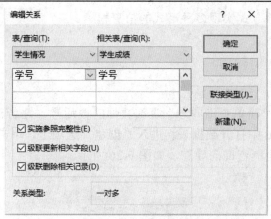

图 9-23　关系创建

(12) 点击"确定"，用同样的方法创建"学生成绩"表与"课程一览"表的关系，关系窗格中显示如图 9-24 所示。

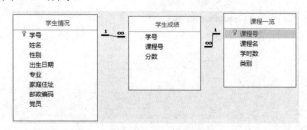

图 9-24　编辑关系

(13) 在数据表视图中打开"学生情况"表，在第一条记录前单击"+"符号展开，显示"学生成绩"表中的"课程号"字段以及"分数"字段，且每个字段下的数据内容为该记录所选修的课程号和分数，如图 9-25 所示，表明关系创建成功。

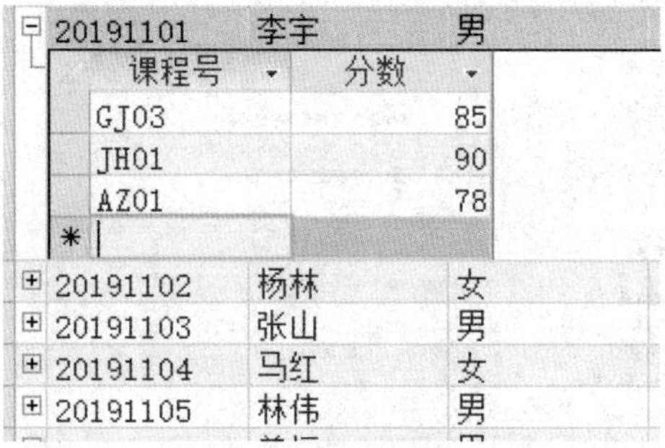

	20191101	李宇	男
	课程号 ▾	分数 ▾	
	GJ03	85	
	JH01	90	
	AZ01	78	
＊			
⊞	20191102	杨林	女
⊞	20191103	张山	男
⊞	20191104	马红	女
⊞	20191105	林伟	男

图 9-25　关系创建完成

9.4　数 据 查 询

数据库的表中存储着大量不同值和不同类型的数据，而存储这些数据的目的是通过多种处理方式和分析方式从中检索出所关心的信息。查询就是 Access 2016 处理和分析数据非常重要的工具。在 Access 2016 中数据的查询主要有查询向导和查询设计两种方式。下面分别用这两种方式实现多种形式的信息检索。

9.4.1　查 询 向 导

1. 简单查询向导

【**任务 5**】　利用"简单查询向导"查询教师的教师号、姓名、专业与部门。

(1) 在 Access 2016 中打开数据表，进入"创建"选项卡，单击"查询向导"，在弹出的对话框中选择"简单查询向导"，如图 9-26 所示。

图 9-26　新建查询

(2) 在弹出的"简单查询向导"对话框中，在"表/查询"选项框选择要查询的数据表，此时选择"教师情况表"，在"可选字段"处选择我们要查询的字段，此时选择"教师号""姓名""专业"和"部门"字段，添加到右侧"选定字段"框中，如图 9-27 所示。

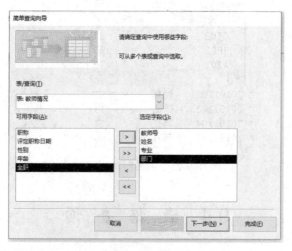

图 9-27　简单查询向导

(3) 点击下一步，在"请为查询指定标题"处使用默认名称，在"打开查询查看信息"或"修改查询设计"选项处，选中"打开查询查看信息"，如图 9-28 所示。

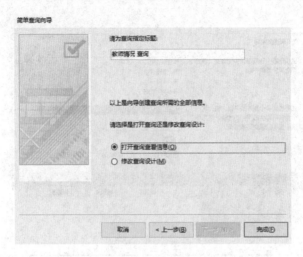

图 9-28 简单查询指定标题

(4) 点击完成，查询结果如图 9-29 所示。

教师号	姓名	专业	部门
010103	林宏	英语	基础部
020211	高山	自动化	自动化系
020212	周扬	自动化	自动化系
020213	冯源	自动化	自动化系
030101	王亮	计算机	计算机系
030105	张静	计算机	计算机系
030106	李元	计算机	计算机系

图 9-29 简单查询结果

2. 交叉表查询向导

【任务 6】 采用"交叉表查询向导"统计各专业男生与女生人数情况。

(1) 在 Access 2016 中打开数据表，进入"创建"选项卡，单击"查询向导"，在弹出对话框中选择"交叉表查询向导"，如图 9-30 所示。

图 9-30 交叉表查询向导

(2) 点击确定，在弹出框中选择"表：学生情况"，视图选项中选择"表"，如图

9-31 所示。

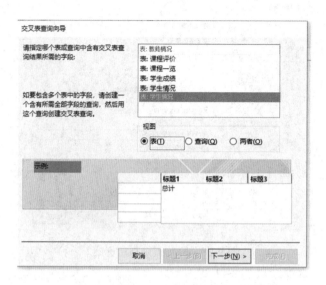

图 9-31　交叉表查询

(3) 点击下一步，在弹出的选项框中，选定 "专业"为行标题，选定"性别"为列标题，并选择"学号"字段为计算内容，选择的函数为"计数"，如图 9-32 所示。

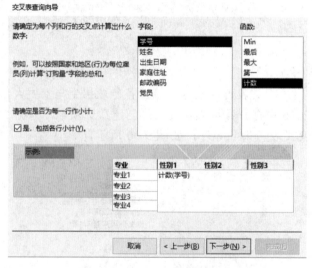

图 9-32　选择行列标题及函数

(4) 点击下一步，在"请为查询指定标题"处使用默认名称为交叉查询表命名，并选择"查看查询"选项，点击完成。

(5) 交叉表查询统计出各专业中男生、女生的人数情况如图 9-33 所示。

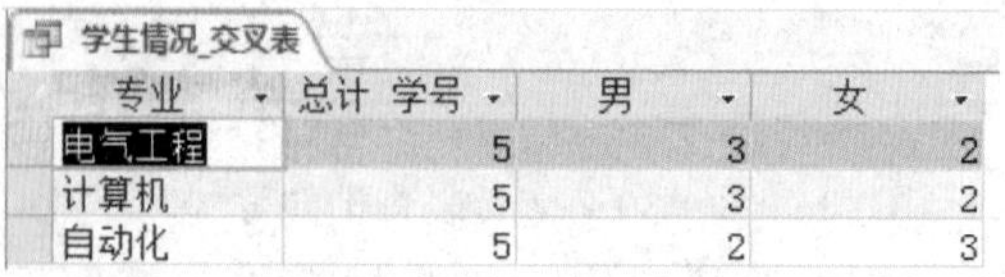

专业	总计 学号	男	女
电气工程	5	3	2
计算机	5	3	2
自动化	5	2	3

图 9-33　交叉表查询统计

9.4.2　查询设计

1. 条件查询

【**任务 7**】　查找所有姓"李"的且英语成绩在 70 分及以上的学生情况，查询结果中显示出符合条件的同学的学号、姓名、课程名和相应的分数，并保存在名为"英语成绩"的查询表中。

(1) 在"创建"选项卡中选择"查询设计"，通过任务要求知道，需要查询的条件和显示的结果在"学生成绩""课程一览"和"学生情况"三张数据表中，于是在显示表中选中并添加这三张表，如图 9-34 所示。

图 9-34　添加数据表

(2) 添加数据表后，表之间会自动生成 1∶n 的关系，如图 9-35 所示。

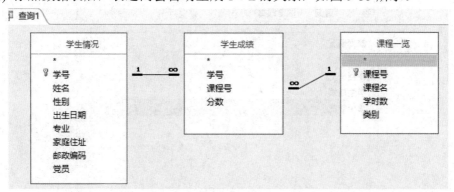

图 9-35　添加数据表并建立关系

(3) 添加数据表和关系创建好后，在下方条件区域，字段行分别添加"学号""姓名""课程名"和"分数"字段。

(4) 在条件行区域，"姓名"字段下方写入"李*"，"课程名"字段下方写入"英语"，"分数"字段下方写入">70"，如图 9-36 所示。

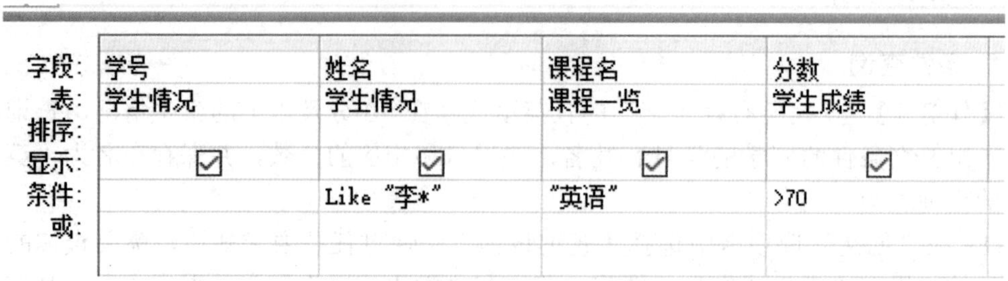

字段：	学号	姓名	课程名	分数
表：	学生情况	学生情况	课程一览	学生成绩
排序：				
显示：	☑	☑	☑	☑
条件：		Like "李*"	"英语"	>70
或：				

图 9-36　英语成绩查询

(5) 在"查询设计"选项卡下的"结果"组中，单击运行，则查询结果如图 9-37 所示。

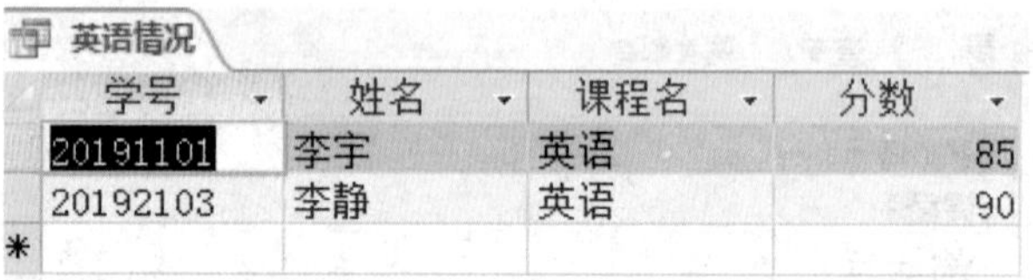

学号 ▼	姓名 ▼	课程名 ▼	分数 ▼
20191101	李宇	英语	85
20192103	李静	英语	90

图 9-37　李姓同学英语成绩查询结果

(6) 点击快速访问工具栏的"保存"按钮，在"另存为"对话框中输入"英语成绩"并单击确定。

2. 利用计算查询班级学生情况

【任务 8】　查询出生日期在 2000 年 1 月 1 日以后的 1 班(学号的第 5 位)的女同学，要求显示姓名、出生日期、性别、班级，并保存在名为"1 班女同学情况查询"的表中。

(1) 在"创建"选项卡中选择"查询设计"，通过任务要求知道，需要查询的条件和显示的结果可以在"学生情况"一张数据表中得到，于是选中该表，如图 9-38 所示。

图 9-38　添加"学生情况"表

（2）单击添加，在条件区域的字段行分别添加 "姓名""性别"和"出生日期"字段，在第四列的字段行写入"班级: Mid([学号], 5, 1) & "班""。

（3）在条件行区域"性别"字段下方写入"女"，"出生日期"字段下方写入">#2000/1/1#"，"班级"字段下方写入"1 班"，如图 9-39 所示。

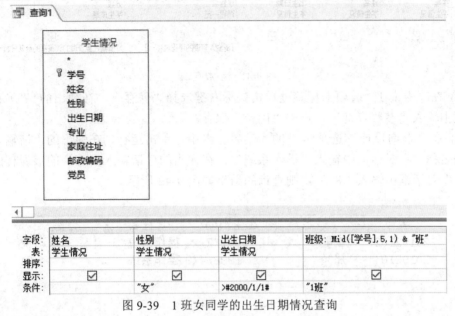

图 9-39　1 班女同学的出生日期情况查询

（4）在"查询设计"选项卡下的"结果"组中，单击"运行"，则查询到 1 班在 2000 年 1 月 1 日以后出生的女同学，如图 9-40 所示。

姓名	性别	出生日期	班级
杨林	女	2001/5/17	1班
马红	女	2000/3/20	1班

图 9-40　1 班女同学的出生日期情况查询结果

（5）在"查询 1"选项卡标签处右击选择 "保存"，在弹出的"另存为"对话框中输入"1 班女同学情况查询"，点击"确定"保存。

3. 参数查询

【任务 9】 通过输入课程名称和分数，查询考试成绩不小于输入值的学生情况，查询结果中显示相应的学号、姓名、课程名、分数、出生日期，并保存在名为"参数查询"的表中。

（1）在"创建"选项卡中选择"查询设计"，通过任务要求知道，需要查询的条件和显示的结果可以在"学生情况"表、"学生成绩"表和"课程一览"表三张数据表中得到，于是选中这三张表，如图 9-34 所示。

（2）单击"添加"，表之间会自动生成 1：n 的关系。

（3）在条件区域的字段行分别添加"学号""姓名""出生日期""课程名"和

"分数"字段。

(4) 在"课程名"字段下的条件行输入"[请输入查询的课程名称:]",在"分数"字段下的条件行输入">[请输入要查询的该课程的最低分数:]",如图 9-41 所示。

字段:	学号	姓名	出生日期	课程名	分数
表:	学生情况	学生情况	学生情况	课程一览	学生成绩
排序:					
显示:	☑	☑	☑	☑	☑
条件:				[请输入查询的课程名称:]	>[请输入要查询的该课程的最低分数:]
或:					

图 9-41　参数查询

(5) 在"查询 1"选项卡标签处单击鼠标右键选择"保存",在弹出的 "另存为"对话框中输入"参数查询",点击"确定"保存。

(6) 在"查询设计"选项卡下的"结果"组中,单击运行,在弹出的"请输入查询的课程名称: "对话框中输入"操作系统",在弹出的"请输入要查询的该课程的最低分数: "对话框中输入"81",则查询的结果如图 9-42 所示。

学号	姓名	出生日期	课程名	分数
20192102	崔敏	1997/2/24	操作系统	86
20192104	郑义	1998/4/9	操作系统	91

图 9-42　参数查询结果

4. 追加查询

【任务 10】 将新表中的数据通过"追加查询"的方式录入到另一个表对应的字段中。

(1) 单击"文件"选项卡,选择"打开"选项,选择新建的数据库文件"新教师情况"表,查看"新教师情况"与"教师情况"表的结构,确认相同,如图 9-43 所示。

字段名称	数据类型
姓名	短文本
教师号	短文本
性别	短文本
专业	短文本
部门	短文本
职称	短文本
全职	是/否
年龄	数字
评定职称日期	日期/时间

图 9-43　查看新表数据及表结构

(2) 在"创建"选项卡中选择"查询设计",弹出"显示表"中选择"新教师情况"表并添加。

(3) 依次在查询设计"字段"行添加 "新教师情况"中全部的字段,如图 9-44 所示。

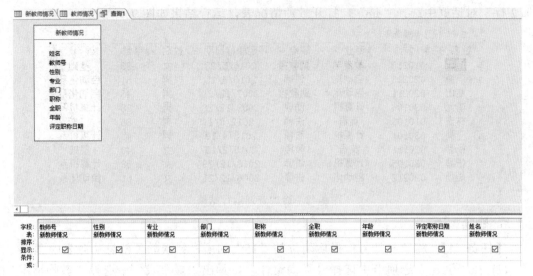

图 9-44 添加新表的字段和表名

(4) 在"设计"选项卡下"查询类型"组中单击 "追加"按钮，如图 9-45 所示。

图 9-45 追加查询

(5) 弹出的"追加到"对话框的表名称处选择"教师情况"表，如图 9-46 所示。

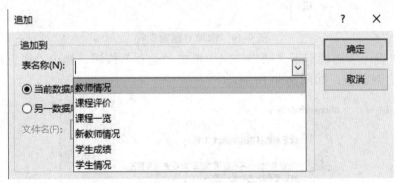

图 9-46 选择追加数据表

(6) 单击确定，此时查询设计网格中自动增加"追加到"行并自动填充了追加的字段名，如图 9-47 所示。

字段	教师号	性别	专业	部门	职称	全职	年龄	评定职称日期	姓名
表	新教师情况	新教师情况	新教师情况	新教师情况	新教师情况	新教师情况	新教师情况	新教师情况	新教师情况
排序									
追加到	教师号	性别	专业	部门	职称	全职	年龄	评定职称日期	姓名
条件									
或									

图 9-47 增加"追加到"行

(7) 在"设计"选项卡下"结果"组中单击 "运行"按钮，在弹出的"您正准备追加 2 行"对话框中选择"是",打开教师情况表,运行结果如图 9-48 所示。

姓名	教师号	专业	职称	评定职称日期	性别	年龄	部门
程兰	010215	教育学	副教授	2016/5/23	女	38	基础
冯源	020213	自动化	讲师	2010/4/15	男	51	自动化系
高山	020211	自动化	副教授	2007/12/21	男	43	自动化系
李元	030106	计算机	助教	2009/12/28	男	28	计算机系
林宏	010103	英语	讲师	2012/8/1	男	36	基础部
王亮	030101	计算机	教授	2018/4/10	男	45	计算机系
杨春	020111	英语	教授	2015/2/15	女	40	基础
张静	030105	计算机	讲师	2013/12/29	女	58	计算机系
周扬	020212	自动化	讲师	2006/12/21	女	61	自动化系

图 9-48　追加查询运行结果

5. 删除查询

【任务 11】　将"教师号"最后两位是"15"的所有错误教师信息从源表中删除。

(1) 在"创建"选项卡中选择"查询设计",弹出"显示表"中选择"教师情况"表并添加。

(2) 在查询设计网格字段行添加"教师号"和"姓名"字段。

(3) 在"设计"选项卡下"查询类型"组中单击"删除"按钮,在查询设计网格部分将自动添加"删除"行,并在"教师号"列的条件单元格中输入"Like "*15"",如图 9-49 所示。

字段:	教师号	姓名
表:	教师情况	教师情况
删除:	Where	Where
条件:	Like "*15"	
或:		

图 9-49　增加"删除"行

(4) 在"设计"选项卡下"结果"组中单击"运行"按钮,弹出"您正准备从指定表删除 1 行"对话框,如图 9-50 所示。

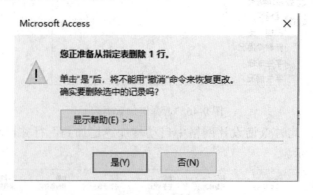

图 9-50　确认删除数据

(5) 单击"是",则"教师号"列中最后两位是"15"的数据记录将会从数据表中删除。

6. 更新查询

【任务 12】　数据表中部分数据与其他不一致，通过"更新查询"将所有不一致的信息进行更新。

(1) 在"创建"选项卡中选择"查询设计"，弹出"显示表"中选择"教师情况"表并添加。

(2) 在查询设计网格字段行添加"姓名"和 "部门"字段。

(3) 在"设计"选项卡下"查询类型"组中单击 "更新"按钮，在查询设计网格部分将自动添加"更新到"行，并在"部门"列的"更新到"行输入"基础部"，在条件单元格中输入"Like "基础""，如图 9-51 所示。

字段:	姓名	部门
表:	教师情况	教师情况
更新到:		"基础部"
条件:		Like "基础"
或:		

图 9-51　增加"更新到"行和参数设置

(4) 在"设计"选项卡下"结果"组中单击"运行"按钮，弹出"您正准备更新 2 行"对话框，如图 9-52 所示。

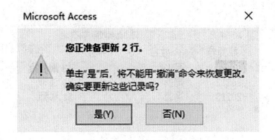

图 9-52　更新数据提示

(5) 单击"是"，则"部门"列中数据是"基础"的数据记录将全部更新为"基础部"，运行结果如图 9-53 所示。

评定职称日期	性别	年龄	部门
2016/5/23	女	38	基础
2010/4/15	男	51	自动化系
2007/12/21	男	43	自动化系
2009/12/28	男	28	计算机系
2012/8/1	男	36	基础部
2018/4/10	男	45	计算机系
2015/2/15	女	40	基础
2013/12/29	女	58	计算机系
2006/12/21	女	61	自动化系

评定职称日期	性别	年龄	部门
2016/5/23	女	38	基础部
2010/4/15	男	51	自动化系
2007/12/21	男	43	自动化系
2009/12/28	男	28	计算机系
2012/8/1	男	36	基础部
2018/4/10	男	45	计算机系
2015/2/15	女	40	基础部
2013/12/29	女	58	计算机系
2006/12/21	女	61	自动化系

(a)　　　　　　　　　　　　　　　(b)

图 9-53　数据更新前后对比

7. 生成表查询

【任务 13】　将"教师情况"表中的"自动化系"的教师信息全部提取出来形成一

个新的数据表。

(1) 在"创建"选项卡中选择"查询设计",弹出"显示表"中选择"教师情况"表并添加。

(2) 在"设计"选项卡下"查询类型"组中单击"生成表"按钮,设置"表名称"为"自动化系教师情况汇总"。

(3) 依次在查询设计"字段"行添加"教师情况"表中"教师号""姓名""年龄""职称""性别""专业"和"部门"的字段。

(4) 设置"部门"列不显示,并在条件单元格中输入"Like "自动化系"",如图 9-54 所示。

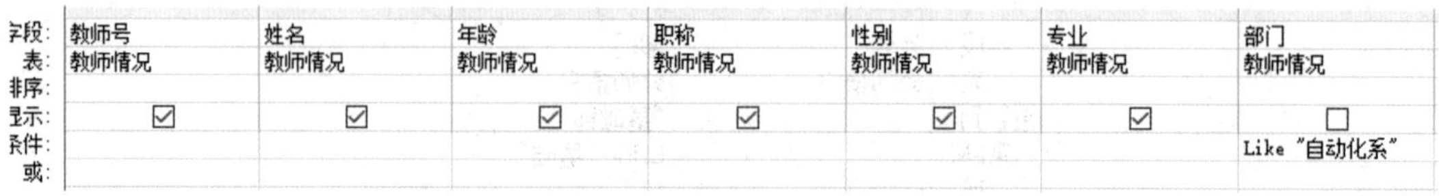

字段:	教师号	姓名	年龄	职称	性别	专业	部门
表:	教师情况	教师情况	教师情况	教师情况	教师情况	教师情况	教师情况
排序:							
显示:	☑	☑	☑	☑	☑	☑	☐
条件:							Like "自动化系"
或:							

图 9-54　设置生成表参数

(5) 在"设计"选项卡下"结果"组中单击 "运行"按钮,弹出"您正准备向新表粘贴 3 行"对话框,单击"是",则在"表"对象中新生成"自动化系教师情况汇总"表,双击打开该表,如图 9-55 所示。

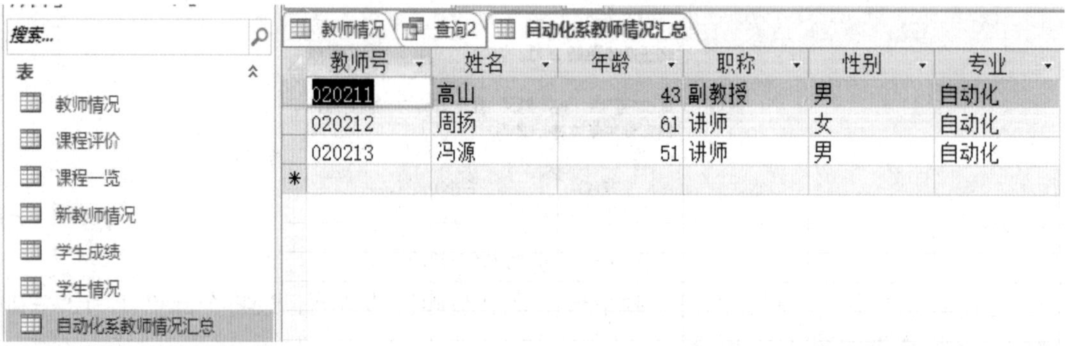

图 9-55　自动化系教师情况汇总

9.5　窗体创建及应用

窗体是用户与数据库之间进行交互的界面,窗体本身并不存储数据,但通过窗体使得用户在对数据进行检索和编辑时变的方便直观。Access 2016 提供了"窗体"按钮、"窗体向导""窗体设计"等多种功能的窗体创建方法,本节将通过多种方法实现窗体的设计和数据库的关联。

9.5.1　使用"窗体"按钮创建"学生情况"窗体

(1) 在 Access 2016 页面左侧的导航窗格,选择"学生情况"表并双击打开,其结果如图 9-56 所示。

学生情况							
学号 ▾	姓名 ▾	性别 ▾	出生日期 ▾	专业 ▾	家庭住址 ▾	邮政编码 ▾	党员 ▾
20191101	李宇	男	2000/9/5	计算机	天津市西青区大寺镇王村	300015	No
20191102	杨林	女	2001/5/17	计算机	北京市西城区太平街	100012	Yes
20191103	张山	男	1999/1/10	计算机	济南市历下区华能路	250121	No
20191104	马红	女	2000/3/20	计算机	江苏省南京市秦淮区军农路	210121	No
20191105	林伟	男	1999/2/3	计算机	四川省成都市武侯区新盛路	610026	Yes
20192101	姜恒	男	1997/12/7	自动化	重庆市渝中区嘉陵江滨江路	400028	No
20192102	崔敏	女	1997/2/24	自动化	北京市朝阳区安贞街道	100021	No
20192103	李静	女	2000/4/6	自动化	四川省成都市锦江区上沙河铺街	610105	Yes
20192104	郑义	男	1998/4/9	自动化	天津市南开区冶金路	300101	No
20192105	徐璐	女	1999/6/7	自动化	天津市西青区外环线与中北大道	300102	No
20193101	秦新	男	2000/5/7	电气工程	北京市西城区报国寺东夹道	100061	No
20193102	汪峰	男	1998/11/12	电气工程	青岛市崂山区北村劲松七路	266640	Yes
20193103	时可	女	1999/8/20	电气工程	重庆市渝北区金山路	400062	No
20193104	郑杰	女	2000/10/1	电气工程	陕西省西安市未央区红光嘉苑(红旗路南	710640	Yes
20193105	贺恒	男	1996/7/30	电气工程	浙江省杭州市萧山区弘慧路	311262	No

图 9-56　学生情况信息表

(2) 在导航窗格中选择刚打开的"学生情况"表作为新建窗体的数据源，然后在
"创建"选项卡中单击"窗体"按钮，如图 9-57 所示，即可快速创建"学生情况"窗体。

图 9-57　窗体按钮

(3) 在"窗体"选项卡标签上单击鼠标右键，在弹出的快捷菜单中选择"保存"命
令。在弹出的"另存为"对话框中，窗体名称的文本框中输入"学生情况信息窗体"，
如图 9-58 所示。

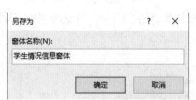

图 9-58　设置窗体名称

(4) 单击"确定"，即可保存新建的窗体，并显示在左侧 Access 2016 对象 "窗体"
子对象中，双击打开，运行结果如图 9-59 所示。

　学生情况

字号	20191101
姓名	李宇
性别	男
出生日期	2000/9/5
专业	计算机
家庭住址	天津市西青区大寺镇王村
邮政编码	300015
党员	No

图 9-59　学生情况窗体

9.5.2 使用"窗体向导"创建 "课程一览"窗体

(1) 在"创建"选项卡"窗体"组中单击"窗体向导"。

(2) 弹出"窗体向导"对话框，在"表/查询(T)"列表框中选择"表：课程一览"，在"可用字段"列表框中选择要显示的字段，并添加到"选定字段"列表框中，此处选择所有字段，如图 9-60 所示，并点击下一步。

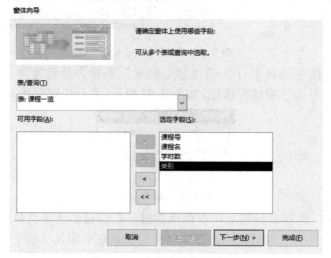

图 9-60　选定窗体显示字段

(3) 在弹出的"请确定窗体使用的布局"对话框中，选择"纵栏表"，如图 9-61 所示，并单击下一步。

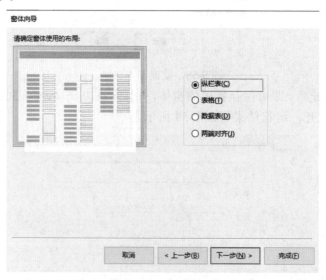

图 9-61　设置纵栏表

(4) 进入"请为窗体指定标题"对话框，并将其窗体标题修改为"课程一览窗体"，在"请确定是要打开窗体还是要修改窗体设计"处选择"打开窗体查看或输入信息"选项，如图 9-62 所示，单击完成。

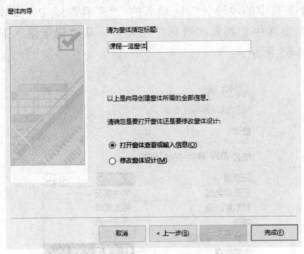

图 9-62　添加"课程一览窗体"标题

(5) 创建成功后，"课程一览窗体"显示如图 9-63 所示。

图 9-63　"课程一览窗体"运行效果

9.5.3　使用"窗体设计"创建"教师信息查询"窗体

(1) 在"创建"选项卡"窗体"组中单击"窗体设计"。

(2) 在窗体中任意位置单击鼠标右键，选中"窗体页眉/页脚"，其窗体结构显示如图 9-64 所示。

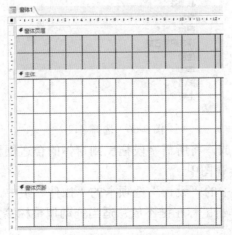

图 9-64　窗体结构设计

(3) 在窗体设计工具中的"设计"选项卡的 "工具"组中，单击"属性表"按钮，在弹出的"属性表"窗格中切换到"数据"选项卡，从"记录源"下拉列表中选择"教师情况"表，如图 9-65 所示。

图 9-65　选择"记录源"

(4) 在窗体设计工具中的"设计"选项卡的 "工具"组中，单击"添加现有字段"按钮，在弹出的"字段列表"窗格中选择要显示的字段，如图 9-66 所示。

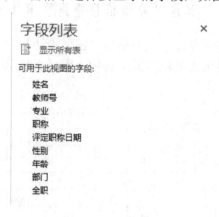

图 9-66　选择字段

(5) 按住鼠标左键不放，将所需字段拖曳到窗体的合适位置，松开鼠标左键，即可将选择的字段添加至窗体视图中。

(6) 在窗体设计工具中的"设计"选项卡的"控件"组中，选中"标签"控件，将光标移动至窗体页眉，单击鼠标左键不放，适当拖动调整标签大小，在其中输入"教师信息查询"。

(7) 在窗体设计工具中的"设计"选项卡的"控件"组中，选中"文本框"控件，将光标移动至窗体页脚，单击鼠标左键不放，适当拖动调整标签大小，在标签中输入"查询时间"，在文本框中输入"=Date()&Time()"，如图 9-67 所示。

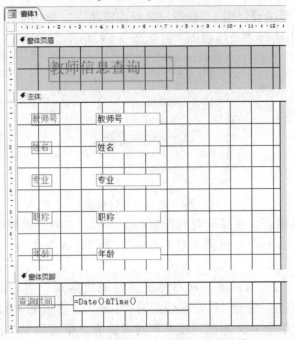

图 9-67　在窗体中添加字段及其他信息

（8）在"窗体"选项卡标签上单击鼠标右键，选择"保存"命令，在弹出的"另存为"对话框中输入"教师信息查询窗体"，然后点确定，即可保存新建窗体对象。

（9）单击窗体设计工具中的"设计"选项卡的"视图"下拉框，单击"窗体视图"选项，切换至窗体视图，则新创建的窗体对象运行效果如图 9-68 所示。

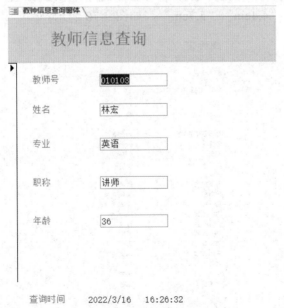

图 9-68　运行教师信息查询窗体效果

9.5.4 设置窗体格式和效果

(1) 打开 9.5.3 节中设计的 "教师信息查询窗体"，在视图标签上单击鼠标右键，在弹出的快捷菜单中选择"布局视图"，如图 9-69 所示。

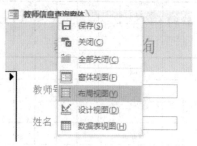

图 9-69　选择"布局视图"

(2) 进入布局视图后，选择所有的标签和文本框，在右侧的属性表"格式"中，设置字体名称为"华文宋体"，设置字号为"16"，文本对齐方式为"居中"，字体粗细为"加粗"。

(3) 选择窗体中的所有标签，在右侧的属性表"格式"中，设置背景样式为"透明"，背景色为"白色，背景 1"，左边距为"1cm"，高度为"0.8cm"。

(4) 选择窗体中的所有文本框，在右侧的属性表"格式"中，设置背景样式为"透明"，背景色为"白色，背景 1"，左边距为"3.8cm"，高度为"0.8cm"，宽度为"6cm"。

(5) 选择窗体中的第一行的文本框和标签，在右侧的属性表"格式"中，设置上边距为"0.5cm"。

(6) 重复步骤(5)，依次选择窗体中其他行的文本框和标签，分别设置上边距为"1.8cm""3.1cm""4.4cm""5.7cm"，如图 9-70 所示。

图 9-70　窗体属性设置

（7）在窗体设计工具中的"设计"选项卡的 "主题"组中，单击"主题"下的三角按钮，选择"丝状"主题，如图 9-71 所示，在窗体中即可套用主题样式。

图 9-71　"丝状"主题套用

（8）设置完成后点保存，"教师信息查询"窗体的显示效果如图 9-72 所示。

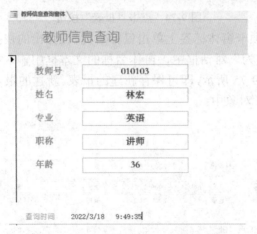

图 9-72　"教师信息查询"窗体显示效果

9.6　报表的应用

在数据库应用中，需要按多种要求对数据进行不同形式打印或显示。Access 2016 中提供了"报表"按钮、"报表向导""报表设计"等多种报表功能，以满足工作需要，可实现对数据的排序、分组、筛选和汇总，可通过添加控件来确定报表中显示数据的内容、格式，也可以运用函数或公式对数据进行必要的计算等。本节将通过多种创建报表的方法，实现不同情况下的报表功能。

9.6.1　使用"报表"创建"图书信息备份"报表

(1) 在 Access 2016 页面左侧的导航窗格，选择"图书信息"表并双击"打开"，其结果如图 9-73 所示。

书号	书名	作者姓名	出版日期	类型	页数	价格	出版社名称
I310/210	教育与发展	林崇德	2002-10	著	743	36	北京师范大学出版社
0125/78	项目采购管理	冯之楹	2000-12	编著	241	15	清华大学出版社
Tp311.138ac	轻松掌握Access 2000中文版	罗运模	2001-9	编写	240	24	中国人民大学出版社
Tp313/450	数据库原理与应用	赵杰	2002-2	编写	273	24	中人民大学出版社
Tp316/355	中文Windows 98快速学习手册	Jennifer Fu	1998-8	译著	189	15	机械工业出版社
Tp393.4/71	带你走进Internet整装待发一一上网前	于久威	1998-1	编著	107	8	电子工业出版社

图 9-73　图书信息数据表

(2) 在导航窗格中选择刚打开的"图书信息"表作为新建报表的数据源，然后在"创建"选项卡中单击"报表"按钮，如图 9-74 所示。

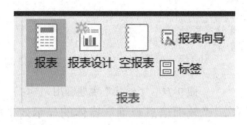

图 9-74　点击"报表"按钮

(3) 在"报表 1"选项卡窗体标签上单击鼠标右键，在弹出的快捷菜单中选择"保存"命令。在弹出的"另存为"对话框中，窗体名称的文本框中输入"图书信息备份"，然后单击"确定"，如图 9-75 所示，即可保存新建的报表。新建的报表将显示在左侧 Access 2016 对象边框的报表子对象中。

图书信息备份						2022年3月18日，星期五 12:44:18	
书号	书名	作者姓名	出版日期	类型	页数	价格	出版社名称
I310/210	教育与发展	林崇德	2002-10	著	743	36	北京师范大学出版社
0125/78	项目采购管理	冯之楹	2000-12	编著	241	15	清华大学出版社
Tp311.138ac/15	轻松掌握Access 2000中文版	罗运模	2001-9	编写	240	24	中国人民大学出版社
Tp313/450	数据库原理与应用	赵杰	2002-2	编写	273	24	中人民大学出版社
Tp316/355	中文Windows 98快速学习手册	Jennifer Fulton	1998-8	译著	189	15	机械工业出版社
Tp393.4/71	带你走进Internet整装待发一一上网前的准备	于久威	1998-1	编著	107	8	电子工业出版社

共 1 页，第 1 页

图 9-75　"图书信息备份"报表

9.6.2　使用"报表向导"创建"借阅信息"报表

(1) 在"创建"选项卡"报表"组中单击"报表向导"，如图 9-76 所示。

图 9-76　选择"报表向导"

(2) 弹出"报表向导"对话框，在"表/查询(T)"列表框中选择"表：借阅信息"，在"可用字段"列表框中选择要显示的字段，并添加到"选定字段"列表框中，此处选择所有字段，如图 9-77 所示，并点击"下一步"。

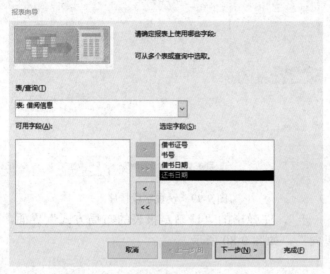

图 9-77　选择报表的表与字段

(3) 在弹出的"是否添加分组级别"对话框中，选择"借书证号"字段，添加至右侧预览框，如图 9-78 所示。

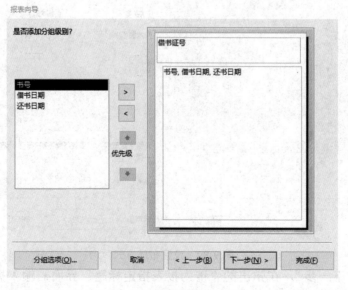

图 9-78　设置分组级别

(4) 点击"下一步",在弹出的"请确定明细记录使用的排序次序"界面,设置排序字段"书号"和"借书日期"为升序,如图 9-79 所示。

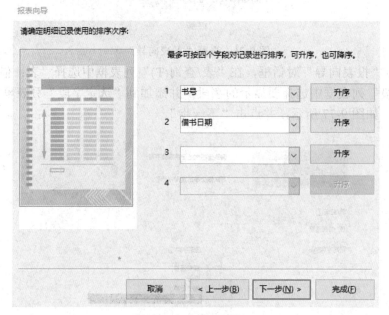

图 9-79　设置字段排序

(5) 点击"下一步",在弹出的"请确定报表的布局方式"界面,设置布局为"递阶",方向为"纵向",如图 9-80 所示。

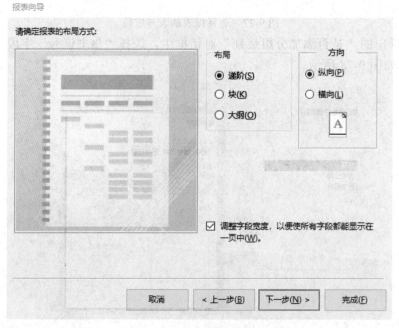

图 9-80　设置布局方式

(6) 点击"下一步",在弹出的"请为报表指定标题"界面,输入标题为"借阅信息",点击完成,如图 9-81 所示,则完成使用报表向导创建报表。

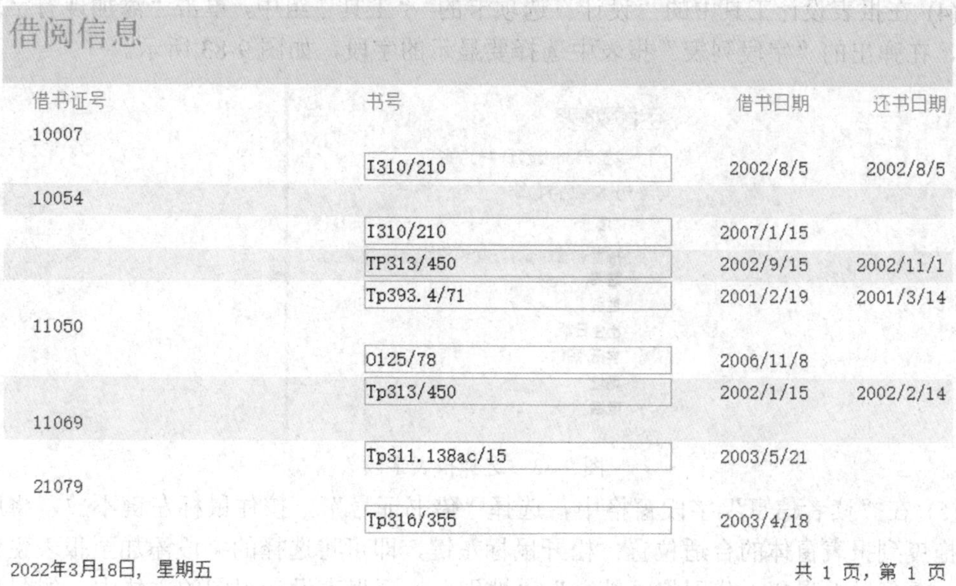

借阅信息
借书证号
书号
借书日期
还书日期
10007
I310/210
2002/8/5
2002/8/5
10054
I310/210
2007/1/15
TP313/450
2002/9/15
2002/11/1
Tp393.4/71
2001/2/19
2001/3/14
11050
0125/78
2006/11/8
Tp313/450
2002/1/15
2002/2/14
11069
Tp311.138ac/15
2003/5/21
21079
Tp316/355
2003/4/18
2022年3月18日，星期五
共 1 页，第 1 页

图 9-81　使用报表向导创建报表效果

9.6.3　使用“报表设计”创建“读者信息”报表

(1) 在“创建”选项卡“报表”组中单击“报表设计”图标。

(2) 在报表设计工具中的“设计”选项卡的 “工具”组中，单击“属性表”按钮，在弹出的“属性表”窗格中切换到“数据”选项卡，从“记录源”下拉列表中选择“读者信息”表，如图 9-82 所示。

属性表
所选内容的类型：报表
报表
格式
数据
事件
其他
全部
记录源
筛选
加载时的筛选器
排序依据
加载时的排序方式
允许筛选
未还图书总数
图书信息备份
图书信息_交叉表
图书信息
借阅信息备份
借阅信息
借阅查询
借书总数
读者信息备份
读者信息

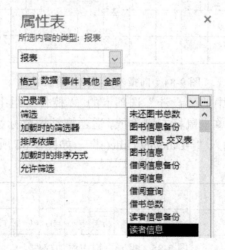

图 9-82　选择报表数据源

(3) 在报表设计工具中的“设计”选项卡的“控件”组中，选中“标签”控件，将鼠标移动至报表的页面页眉，单击鼠标左键不放，适当拖动调整标签大小，在其中输入“读者信息报表”。

(4) 在报表设计工具中的"设计"选项卡的 "工具"组中，单击"添加现有字段"按钮，在弹出的"字段列表"报表中选择要显示的字段，如图 9-83 所示。

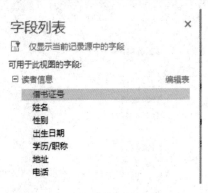

图 9-83　选择报表字段

(5) 在"读者信息"字段窗格中，选择"借书证号"，按住鼠标左键不放，将所需字段拖曳到报表窗体的合适位置，松开鼠标左键，即可将选择的字段添加至报表主体窗格中。重复以上步骤，分别将"姓名""性别"拖至报表设计视图的主体中，如图 9-84 所示。

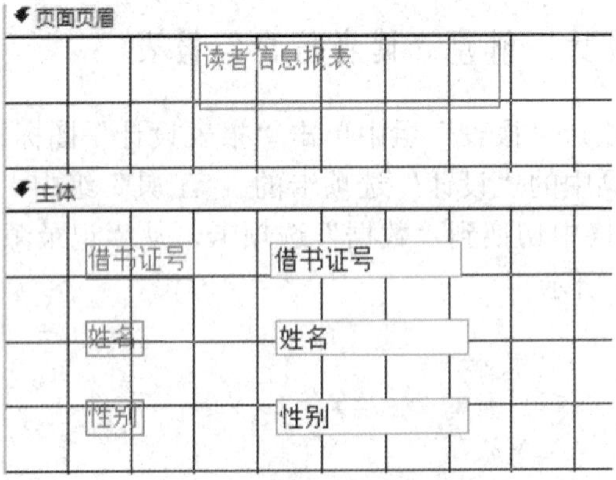

图 9-84　向报表中添加标签及字段

(6) 在报表设计工具中的"设计"选项卡的 "控件"组中，选中 "文本框"控件，将鼠标移动至页面页眉，单击鼠标左键不放，适当拖动调整标签大小，在标签中输入"查询时间"，在文本框中输入"=Date()&Time()"，如图 9-85 所示。

图 9-85　报表页眉中添加控件

(7) 在"字段列表"窗格的"其他表中可用字段"中，展开"借阅信息"表，双击"借书证号"字段，在弹出的"指定关系"对话框的"'借阅信息'中的此字段中"选择"借书证号"，在"与'读者信息'中的此字段相关联"选择"借书证号"字段，如图 9-86 所示。

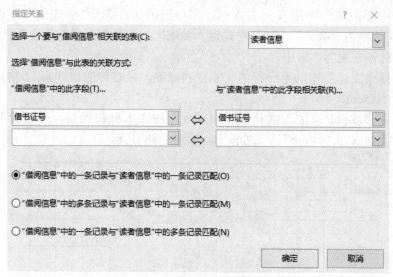

图 9-86　指定表间关系

(8) 点击确定，即可在表之间指定字段关系，将 "图书信息"表中的"书名"字段和"出版社"字段添加至报表设计视图的主体中，如图 9-87 所示。

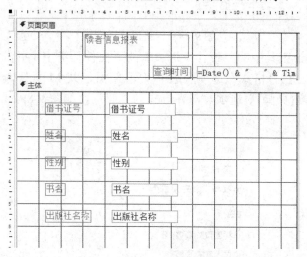

图 9-87　添加其他数据表字段

(9) 在报表设计工具中的"设计"选项卡的"工具"组中，单击"属性表"按钮，选中"页面页眉"中名为"读者信息报表"的标签，设置字体名称为"华文宋体"，设置字号为"18"，文本对齐方式为"居中"，字体粗细为"加粗"。

(10) 选中"页面页眉"部分，设置背景色为"蓝色，个性色5，淡色60%"，再选中文本框，在右侧的属性表"格式"中，设置边框样式为"透明"，设置背景样式为"透明"，左边距为"8.5cm"，高度为"0.5cm"，字体名称为"华文中宋"，字号为"12"。

(11) 选中"主体"中所有的标签和文本框，在右侧的属性表"格式"中，设置高度为"0.8cm"，字体名称为"华文中宋"，字号为"12"，文本对齐方式为"居中"。

(12) 选中"主体"中所有的标签，在右侧的属性表"格式"中，设置宽度为"2.2cm"，左边距为"1.2cm"，背景样式为"透明"，对齐方式为"分散"。

(13) 选中"主体"中所有的文本框，在右侧的属性表 "格式"中，设置宽度为"6cm"，左边距为"4cm"，背景样式为"常规"，背景色为"蓝色，个性色为1，淡色60%"，对齐方式为"居中"。

(14) 选择"主体"中的第一行的文本框和标签，在右侧的属性表 "格式"中，设置上边距为"0.5cm"。

(15) 重复步骤(14)，依次选择报表中其他行的文本框和标签，分别设置上边距为"1.8cm""3.1cm""4.4cm""5.7cm"，如图 9-88 所示。

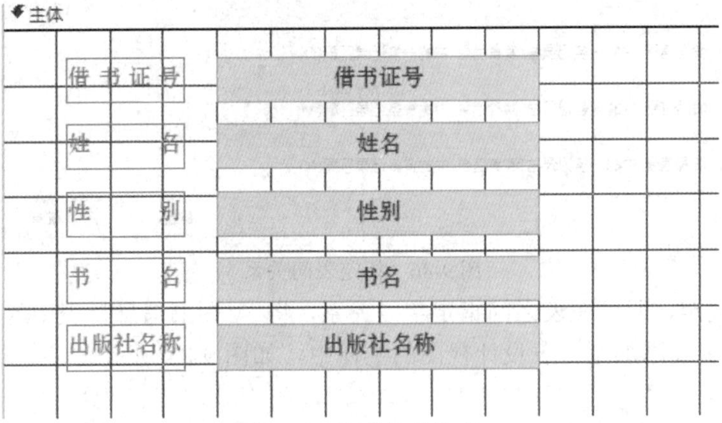

图 9-88　调整控件格式

(16) 在报表设计工具中的"设计"选项卡的"控件"组中，单击"页码"按钮，弹出"页码"选项框，在"格式"选项区选中"第 N 页，共 M 页"选项，在"位置"选项区选中"页面底端(页脚)"选项，对齐方式为"右"，如图 9-89 所示。

图 9-89　设置报表页码

(17) 单击"确定"按钮，在"页面页脚"即可添加页码，选中页码文本框，在"格式"属性表中设置字体为"华文中宋"，字号为"12"。

(18) 在"报表 2"选项卡标签上单击鼠标右键，选择"保存"命令，在弹出的"另存为"对话框中输入"读者信息"报表，然后点确定，即可保存新建报表对象。

(19) 单击报表设计工具中的"设计"选项卡的"视图"下拉框，单击"视图"选项，切换至报表视图，则新创建的报表对象运行效果如图 9-90 所示。

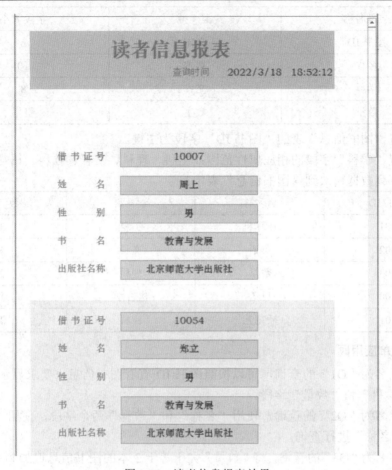

图 9-90　读者信息报表效果

本 章 小 结

➤ 掌握创建数据表的不同方法；
➤ 掌握数据类型和域的设置；
➤ 掌握查询向导和查询设计中不同查询方法的应用；
➤ 掌握窗体的设计方法和应用；
➤ 掌握报表的设计方法和应用；
➤ 理解 Access 2016 数据管理的综合应用。

习 题

一、基础设计题

1. 建立数据库命名"学号-姓名"，在数据库中建立新表，表名为"图书信息"，表结构如下所示：

字段名称	类　型	字段大小
图书 ID	文本	6
名称	文本	10
学科	文本	8
数量	数字	整型

2. 设置"图书信息"表的"图书 ID"字段为主键。

3. 设置"学科"字段的相应属性范围：工科、理科、文科、社科、语言学。

4. 将下列数据输入到"图书信息"表中。

图书 ID	名　称	学　科	数　量
001	计算机	工科	3
002	英语	文科	5
003	数学	理科	2
100	日语	语言学	1
101	插花艺	社科	3

二、简单应用题

1. 建立名为"Q1"的查询，可以按照图书 ID 查看图书信息，要求显示"图书 ID""名称""学科"和"数量"字段。

2. 建立名为"Q2"的查询，使用"名称"和"数量"两个字段，使用"参数查询"方式输入"名称"进行查询。

3. 建立名为"Q3"的查询，将"数量"大于等于 3 本的图书信息追加到"热门书籍"表中。

4. 以"图书信息"表为数据源，创建各学科的数据透视图。(以学科名称为行字段，数量为列字段)。

三、综合应用题

1. 以"图书信息"表为数据源建立一个名为"图书信息"的标签报表，标签上显示"图书 ID、名称、学科、数量"信息。标签以"图书 ID"升序排序。

2. 以"图书信息表"建立窗体，完成以下操作：

(1) 设计相应的宏实现图书信息的查询，当输入图书 ID 后，点"查询记录"按钮，窗体上可以显示相应图书的信息。

注意：窗体名为"图书信息窗体"，独立宏(组)名为"查询记录"宏。

(2) 添加窗体页眉，并显示"图书"。

参 考 文 献

[1]　王秀英，张俊玲. 数据库原理与应用[M]. 北京：清华大学出版社，2016.

[2]　曾建成，刘战雄，孟凡明. Access 数据库实用技术与实训[M]. 黑龙江：哈尔滨工程大学出版社，2019.

[3]　张慈，张航，封超. Access2010 数据库技术与应用[M]. 广东：华南理工大学出版社，2017.

[4]　盛魁，马健. Access 数据库实用教程[M]. 武汉：武汉大学出版社，2012.

[5]　陈薇薇，冯莹莹，巫张英. Access2010 数据库基础与应用教程[M]. 2 版. 北京：人民邮电出版社，2019.

[6]　卢山. Access 数据库实用教程[M]. 微课版. 北京：人民邮电出版社，2021.

[7]　王红. Access 2010 数据库实用教程[M]. 武汉：武汉大学出版社，2016.

[8]　舒军，王晓丽. Access 2016 数据库基础与应用[M]. 上海：同济大学出版社，2020.

[9]　程凤娟，赵玉娟. Access 2010 数据库应用教程[M]. 2 版. 北京：清华大学出版社，2019.